U0592290

中国外来海洋生物及其快速检测

林更铭　杨清良　主编

科学出版社

北　京

内容简介

本书共收录梳理我国外来海洋生物141种，其中入侵海洋生物23种，有意引进的外来海洋生物106种，我国自有分布的引种复壮海洋生物12种。每个物种包括图谱和生物生态学信息；通过对外来船舶压舱水生物的物种组成、环境适应性和竞争机制的试验研究，阐述了外来海洋生物的入侵机制和潜在生态危害；介绍了外来船舶压舱水生物和海洋病原微生物的国内外研究进展和检测技术，并建立了针对副溶血性弧菌的CPA-核酸试纸条快速检测技术和青蟹呼肠孤病毒免疫金标试纸条检测方法。

本书能为我国外来海洋生物的监测预警、风险评估、防控治理提供科学依据，可供相关领域的研究人员及管理部门参考。

图书在版编目（CIP）数据

中国外来海洋生物及其快速检测 / 林更铭，杨清良主编．—北京：科学出版社，2018.1

ISBN 978-7-03-054835-1

Ⅰ.①中…　Ⅱ.①林…　②杨…　Ⅲ.①海洋生物–外来种–检测–中国　Ⅳ.①Q178.53

中国版本图书馆CIP数据核字（2017）第253322号

责任编辑：朱　瑾　郝晨扬 / 责任校对：郑金红

责任印制：张　伟 / 封面设计：北京图阅盛世文化传媒有限公司

科学出版社 出版

北京东黄城根北街16号

邮政编码：100717

http://www.sciencep.com

北京虎彩文化传播有限公司 印刷

科学出版社发行　各地新华书店经销

*

2018年1月第　一　版　开本：787×1092　1/16

2018年9月第二次印刷　印张：22 3/4

字数：536 000

定价：198.00元

（如有印装质量问题，我社负责调换）

《中国外来海洋生物及其快速检测》编写成员名单

主持编写单位： 国家海洋局第三海洋研究所

主　编： 林更铭　杨清良

副主编： 项　鹏　叶又茵　房月英　刘静雯　王金辉

编　委：（按姓氏笔画排序）

王　雨　王立俊　刘守海　李炳乾

吴清天　宋　坚　陈杨航　林习强

周茜茜　秦玉涛　蒋爱国　缪锦来

PREFACE

前言

随着全球化的加速发展、国际交流的日益增多和国家开放程度的不断扩大，各种海洋生物在世界范围内更加频繁地流动，生物入侵作为全球变化的一个重要组成部分，被认为是当前最棘手的三大环境问题之一。2003年我国首次公布的外来入侵物种调查结果显示，全国共有283种入侵物种，其中微生物19种，水生植物18种，陆生植物170种，水生无脊椎动物25种，陆生无脊椎动物33种，两栖爬行类3种，鱼类10种，哺乳类5种[①]。截至2013年10月，入侵我国的外来物种已达544种，其中大面积发生、危害严重的有100多种。2013年世界自然保护联盟(IUCN)公布的全球100种最具威胁的外来物种中，入侵我国的就有50余种[②]。据不完全统计，自新中国成立以来，我国有记录的水生动植物引种达140种，其中鱼类89种，虾类10种，贝类12种，藻类17种，其他12种。李家乐等[③]收集、归纳和整理了我国外来水生(包括海洋和淡水)动植物145种。我国近海海洋综合调查与评价专项“外来物种灾害控制与生态修复对策”的调查结果表明：全国有137种外来海洋种，它们隶属于原核生物界、原生生物界、植物界和动物界4个界。

我国海洋生态系统的脆弱性、全球气候变化等因素使我国海洋生物入侵的风险日益加剧。我国对入侵生物也进行了大量的调查，但多数项目集中在陆生生物，专门针对外来海洋生物的系统调查还不多，对于外来海洋生物名录、分布区域均不完全了解。为了对我国外来海洋生物的入侵现状和潜在风险进行科学评估和正确认识，加强外来物种引进管理制度和立法工作，降低外来物种入侵风险，使之更好地为人类造福，国家海洋局第三海洋研究所在海洋公益性行业科研专项“我国典型海域外来海洋生物入侵风险评估技术集成与辅助决策技术研究”(201305027)的资助下，对我国外来海洋生物名录及生物生态学信息进行收集、甄别和整理。本书共收录我国外来海洋(不包括淡水)生物141种，每个物种包括中文俗名、拉丁学名、分类地位、形态性状、生态类群、分布范围、起源或原产地、首次发现或引入的地点及时间、引入或扩散途径、生活史、营养和环境条件、经济和生态影响等生物生态学

① 徐海根. 2004. 中国外来入侵物种名录[M]. 北京: 中国环境出版社.

② 万方浩, 侯有明, 蒋明星. 2015. 入侵生物学[M]. 北京: 科学出版社.

③ 李家乐, 董志国, 李应森, 等. 2007. 中国外来水生动植物[M]. 上海: 上海科学技术出版社.

信息。鉴于一些专著和文献把所有曾从国外引进过的海洋生物都称为外来海洋生物，没有交代清楚哪些是属于我国海域自有分布、但为了解决种质退化或资源量(包括天然苗和人工繁育苗)不足等问题从国外有意引进的，为了避免认知混乱和误传，本书根据其起源和生态影响区分，为外来海洋生物、引种复壮海洋生物和入侵海洋生物。在这些外来海洋生物中，入侵海洋生物23种，分别是病毒6种、微生物1种、浮游植物6种、滩涂植物1种、软体动物3种、甲壳动物4种、鱼类2种；有意引进的外来海洋生物106种，分别是浮游植物1种、大型藻类9种、滩涂植物4种、海岸植物3种、浮游动物4种、棘皮动物2种、软体动物18种、甲壳动物5种、鱼类43种、爬行类1种、哺乳类9种、鸟类7种；我国自有分布的引种复壮海洋生物12种，分别是大型藻类2种、软体动物3种、甲壳动物3种、鱼类4种。

在本书收录的23种入侵海洋生物中，危害较大的主要是7种病原微生物和1种滩涂植物互花米草，至于造成赤潮灾害的浮游植物的起源还有待科学论证，污损生物象牙藤壶、致密藤壶和纹藤壶也已经归化且其起源同样有待科学论证，沙筛贝目前没有进一步扩散蔓延，2种鱼类属于半咸淡水种。总体而言，我国外来海洋物种的引进为水产养殖业发展提供了优良的种质资源，极大地丰富和改善了水产养殖品种，提高了人们的物质生活水平。但是，由于我国海域辽阔和海水的流动性，外来海洋生物的入侵、扩散途径更加隐蔽，发现、防控和治理难度更加复杂艰巨，因此对引进外来海洋生物的利弊应该全面、客观地评价，既要看到外来物种带来了显著的经济效益或生态价值，也不能忽视其给当地生物多样性、生态安全甚至人类健康带来的危害性。

随着全球经济一体化发展，船舶运输越来越频繁快速，由压舱水携带的外来有毒、有害的赤潮藻及其孢囊在全球范围进行广泛传播，已经成为有毒、有害藻华在全球传播的一个最重要途径。本书通过分析外来船舶压舱水生物的物种组成和丰度，了解风险源强度，从压舱水浮游植物的萌发培养、丰度与压舱水类型、水龄、水温、盐度的关系分析外来种的环境适应性，通过营养盐竞争及其与当地港赤潮藻的种间竞争来分析外来种的入侵机制和生态影响。此外，比较了浮游植物的几种鉴定方法及针对外轮压舱水浮游植物的流式影像术(Flow CAM)快速检测方法；介绍了海洋病原微生物的国内外研究进展和检测技术，建立了针对副溶血性弧菌的CPA-核酸试纸条快速检测技术和青蟹呼肠孤病毒免疫金标试纸条检测方法。这些方法具有快速、灵敏、高效、直观的检测特点，为我国外来海洋生物的快速检测、预警预防提供了较为实用的检测工具，将有害生物及早拒于国门之外。本书可为我国外来海洋生物的监测预警、风险评估、防控治理提供基础性资料。

受资料、知识限制，本书不足之处在所难免，敬请读者不吝指正。本书的编写出版得到了国家海洋局的资助，在编写过程中得到了各编写者的支持，谨此致谢！

编　者

2017年6月

CONTENTS

目录

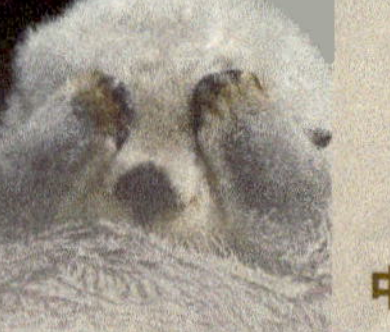

第一章

中国外来海洋生物

第一节　概述

随着经济全球化、贸易自由化、交通便捷化的发展，尤其是人类为了养殖、观赏、消费等目的有意引进，为外来物种的扩散创造了条件，原有的地理阻隔因素逐渐消除，世界各地间物种的交流和渗透日益加剧，从而使生物传播、入侵和扩散的种类及数量在全球范围内呈增加的趋势，外来物种入侵的风险也随之增加(Elton，1958；徐汝梅和叶万辉，2004)。外来物种一旦入侵，将与土著物种争夺生存空间、食物，占据土著物种生态位，威胁土著物种的生存(包括遗传侵蚀)，给当地的自然生态环境、物种多样性、生态系统及人类健康带来严重危害，是与一个国家的经济发展、生态安全紧密关联的重大问题(李振宇和解焱，2002；Vitousek et al.，1987；Braithwaite et al.，1989)。生物入侵是除生境破坏之外造成生物多样性丧失的重要因素(Wilcove et al.，1998；徐汝梅和叶万辉，2004)。全世界由于外来物种入侵造成的损失巨大，美国每年损失1400多亿美元，印度为1300亿美元，南非为800亿美元。

农业部最新统计显示，目前入侵我国的外来生物已有500余种。在世界自然保护联盟(IUCN)公布的全球100种最具威胁的外来生物中，我国已经有50余种。近10年来，新入侵我国的外来生物有20余种，平均每年递增1或2种。外来物种入侵已造成我国引进地物种的减少甚至灭绝，导致生态功能的丧失，同时带来了严重的经济损失。保守估计我国每年因外来物种入侵造成的经济损失有数千亿元，仅紫茎泽兰(*Eupatorium adenophora*)、豚草(*Ambrosia artemisiifolia*)、稻水象甲(*Lissorhoptrus oryzophilus*)、美洲斑潜蝇(*Liriomyza sativae*)、松材线虫(*Bursaphelenchus xylophilus*)、美国白蛾(*Hyphantria cunea*)等13种入侵种每年给农林牧渔业生产造成的经济损失就有570多亿元(万方浩等，2005)。

我国大陆海岸线北起辽宁鸭绿江口，南至广西北仑河口，全长超过18 000km，大小岛屿6500座，岛屿海岸线14 000km以上，大陆海岸线和岛屿海岸线总长达32 000km。整个海域跨越热带、亚热带和温带三大气候带，生态系统类型多，这种自然特征使我国更容易遭受外来海洋生物入侵的危害。在海洋方面，外来有害生物入侵造成的灾害已被全球环境基金(GEF)认定为海洋生态环境面临的四大威胁(外来物种入侵、海洋污染、渔业资源过度捕捞、生境破坏)之一。海洋生物入侵的生态危害主要表现在以下几个方面：影响生态系统功能，破坏海洋生态平衡；影响生物多样性；与土著生物杂交，造成遗传污染；带入病原微生物；影响渔业资源和渔业生产；危害旅游业和水产品安全。

一、相关外来物种的定义及其存在的问题

鉴于我国入侵生物学中的许多术语和概念是从国外不同文献和著作意译而来的，由于语言、区域、文化及研究对象的差异，“外来物种”等相关定义有许多版本，

为避免产生理解混乱，本书就相关外来物种定义的内涵进行说明。本地种(indigenous species)或土著种(native species)是指存在于由它们自己分布方式决定的区域内的物种。外来物种(alien species)是指在某一生态系统中原来没有，通过人为或其他因素有意或无意的作用，从其他生态系统中引入该生态系统内的物种。而外来生物包括种、亚种及其以下的分类单元，也包括所有可能存活、继而繁殖的任何部分、配子或繁殖体。“外来”是以生态系统来定义的，可以是其他国家和我国的其他地区，而本书通常所说的外来生物是指来自国外的生物。外来入侵种(invasive species)是指一些在新的自然生态系统或生态环境中建立了能够自我维持的种群，并对当地的生物多样性、生态、经济和社会安全造成威胁的外来种。归化种(naturalized species)是指已经建立能够自我维持的种群并与本地生态系统形成稳定关系的外来种。引种复壮是指虽然有些物种在我国有分布，但为了解决种质退化或资源量(包括天然苗和人工繁育苗)不足等问题从国外有意引进的。

近年来我国外来入侵物种编目已取得丰富成果，尤其是在陆地方面，但在海洋方面难度较大，问题也较多。由于我国对海洋生物的调查起步较晚，调查的深度和广度有限，再加上海洋生态环境的不稳定性、海洋生物的广布性，以及各相关海域本底生物物种分类学和生物地理学资料的家底不清等，我国海域记录的物种绝大多数无法考证其原产地，造成“本地新纪录”“外来物种”和“入侵种”三者的区分困难。有关外来船舶压舱水生物的研究已有一些成果，但至今在总体上仍显薄弱。迄今为止有关外来船舶压舱水生物入侵种的编目工作还不够严谨，目前普遍认为海域有毒、有害新物种的出现及赤潮的频发现象与外轮压舱水排放有密切关系，通常是将外轮压舱水检出物种与本地物种同期或历史调查结果作比较，然后把当地港没有出现的物种冠之以“外来物种”“疑似外来种”“外洋种”等名称进行分析探讨，这样难免出现差错和以讹传讹的现象。所谓“外来入侵种”的认定容不得丝毫草率，首先应研究其是否是外来的，其次应研究确认其入侵性。要判断其是否为外来种的工作其实就已不易，需要有丰富的本地资料积累，至于入侵性的确认则更需要大量的研究证据。

二、外来海洋生物的入侵途径

生物入侵的途径可以分为自然因素造成的和人为因素造成的两类。人为因素造成的生物入侵还可以根据主观意图分为无意引进和有意引进。自然传入是指外来物种依靠自身的力量或以自然的力量为媒介，转移并扩散到原分布区域以外的领域，并通过繁殖建立种群，改变当地原有自然景观或给当地生物种群造成破坏的外来物种入侵方式。这种外来物种入侵是通过大陆板块运动、风媒、水体流动或由昆虫、鸟类的传播，植物种子或动物幼虫、卵或微生物发生自然迁移而造成生物危害所引起的。例如，禽流感病毒可以借助候鸟的迁徙传遍全世界。紫茎泽兰、微甘菊及美洲斑潜蝇等通过自然因素入侵我国。目前自然传入是发生概率较小的入侵途径。随着全球经济一体化的深入发展，越来越多的证据表明，外来物种入侵主要是由人为因素造成的。人

类的各种活动有意、无意间为外来种的扩散起到了推动作用。人为因素造成的生物入侵主要分为以下两方面。

1. 有意引进

有意引进是指人类基于自身某种需要或其他目的，将某个物种转移到其原分布范围以外的区域。例如，为发展水产养殖业，优化养殖品种，满足渔业生产需要和提高经济效益，以及为了观赏、娱乐或者生物防治等，从国外或外地引入了大量物种，由于管理不善或事前缺乏相应的风险评估，有的物种变成了入侵种。

(1) 改善环境和作为牧草引进

生态环境退化、植被破坏、水土流失和水域污染等长期困扰着我们。当初引种互花米草的目的是保滩护岸、改良土壤、作为畜牧饲料、绿化海滩与改善海滩生态环境。但这种滩涂植物已经在浙江、福建、广东、香港等地大面积滋生蔓延，侵占沿海滩涂生物的生长空间，对当地生物多样性构成威胁，致使大片红树林消亡，影响当地渔业产量和生态环境。

(2) 观赏娱乐引进

随着水族观赏业的日益旺盛，促使人们不断从国外引进观赏动植物品种，其中一些因遭放弃或逃逸成为危险的外来入侵种。例如，巴西龟已经是全球性的外来入侵种，目前在我国几乎所有的宠物市场上都能见到巴西龟的销售，巴西龟也是疾病传播的媒介，已经被世界自然保护联盟列为世界最危险的100个入侵种之一。

(3) 水产养殖引进

水产引种有效地克服了品种的地域极限性，丰富了养殖品种，满足了人们日益增长的消费需求，我国已从国外引进水产品种150多种，如凡纳滨对虾、大菱鲆、眼斑拟石首鱼、海湾扇贝、美国牡蛎和长心卡帕藻等，对调整水产养殖结构和增加渔民收入起到了重要作用。但有些种类可能会竞争生态位、造成遗传污染、吞噬本土鱼卵、与本土鱼类竞争食物，导致大量土著种减少。例如，奥利亚罗非鱼、尼罗罗非鱼有强烈抢占地盘及护幼习性，经常形成巨大种群，排挤甚至杀死较弱小的当地鱼类。

2. 无意引进

无意引进是指某个物种借助人类或人类的交通运输工具，转移并扩散到其原分布区域以外的地方，造成非有意引进。这种引进虽然是由人的行为造成的，但并没有主观意愿，只是无意识地借助人类活动而被引进。

(1) 随交通工具带入

日益增加的海运、空运、陆地运输为外来物种的无意引进提供了多种通道，从船舶的压舱水到飞机的滑轮乃至旅游者的鞋底都有可能成为外来物种“偷渡”的运输工具，海洋运输是国际贸易中最主要的运输方式。据估计世界上每年由船舶转移的压舱水有100亿t以上，许多细菌和动植物也被吸入并转移到下一个挂靠的港口。与此同时，营固着生活的生物(如藤壶等)附着在船只底部被带入新的海区。例如，食肉性的红螺

于1947年自日本海迁移到黑海，10年后，几乎将黑海塔乌塔海滩的牡蛎完全消灭；地中海贻贝、藤壶和指甲履螺等污损生物是附着国外轮船只底部被带入我国的。

(2)随养殖品种或饵料带入

引种为我国水产养殖业的发展作出重要贡献，但在引种过程中也会无意携带病原生物等有害生物。沙筛贝可能在引入鲜活饵料或苗种时被夹杂带入，桃拉综合征病毒随凡纳滨对虾的引进而被携带，大菱鲆红体病虹彩病毒随大菱鲆亲鱼的引进而被携带。

研究认为导致海洋生物入侵的途径主要有两个：一是船舶的远距离运输携带；二是水产养殖引种。其中外轮压舱水排放是外来水生生物入侵的主要媒介，在过去的30多年间已对锚地海洋生态安全造成威胁，甚至导致灾难性后果。此外，船舶底部的污损生物通过航运在世界各港口漫游，许多物种由原来的栖息地扩展到其他地区。随着航运和水产养殖品种引进的日益增加，其对水产养殖、生态安全、人类健康乃至社会和国防安全的危害也引起人们的日益关注。

三、外来物种的利弊及管理措施

毋庸置疑，正确的引种会增加引种地区的生物多样性，也会极大地丰富人们的物质生活。早在公元前126年张骞出使西域返回后，我国历史便揭开了引进外来物种的新篇章，苜蓿、葡萄、蚕豆、胡萝卜、豌豆、石榴、核桃等物种便开始源源不断地沿着丝绸之路被引进到了中原地区，而玉米、花生、甘薯、马铃薯、芒果、槟榔、无花果、番木瓜、夹竹桃、油棕、桉树等物种也非我国原产，也是历经好几百年陆续被引入我国的重要物种。水产引种有效地克服了品种的地域性特点，使优良的水产品种在更大范围内得到共享和利用，目前世界水产增养殖的品种主要来自引种，80%的增养殖产量是由于引种产生的。我国是水产引种工作做得最多的国家之一，据不完全统计，我国已从国外引进水产品种150多种，60%以上的引进种在全国或部分地区得到推广养殖，对调整水产养殖结构、丰富市场和增加渔民收入起到了重要作用。

我国海水养殖引种中普遍存在的主要问题是引进缺乏可行性研究和论证，对引进种的生物学特性、适应性、国外养殖和研究现状等技术资料的掌握不够充分；引种的检疫管理工作不够严格，虽然履行了动植物检疫手续，但未起到应有的作用，致使病原体被携带入境；对种质选育、提纯复壮和保种等工作重视不够，引进原种、良种的批量偏少，经过数代近亲繁殖后导致优良性状衰退；缺乏健全的引种管理体制，引种的管理机构不够完善，各地自行联系引进，出现同一种类的多头引进。在我国养殖业中外来物种入侵造成的危害主要表现在威胁生物多样性，外来入侵物种通过竞争或占据本地物种的生态位，排挤本地物种或与本地物种竞争食物，或直接杀死本地物种，或分泌释放化学物质，抑制其他物种生长，减少本地物种的种类与数量，甚至导致本地物种濒危或灭绝。例如，尼罗罗非鱼、奥利亚罗非鱼等在华南地区已归化为常见种，这些鱼都有强烈抢占地盘及护幼习性，经常形成巨大种群，排挤甚至杀死较弱小的当地鱼类。外来物种入侵的另一个危害是入侵物种与本地物种的基因交流可能导致

对本地物种的遗传侵蚀，从而污染当地生物的遗传多样性。例如，在实验室条件下从美国引进的红鲍(*Haliotis rufescens*)和美国绿鲍(*Haliotis fulgens*)能够与中国的皱纹盘鲍(*Haliotis discus hannai*)杂交。如果这样的杂交后代在自然条件下再次成熟繁殖，则与本地物种更易杂交，其结果必将对中国的遗传资源造成污染(李顺才等，2005)。近年来我国先后从美国大量引进眼斑拟石首鱼，虽然多数人持比较正面的观点，但在福建发现，由于其生性凶猛，远比当地的大黄鱼、鮸等争食性强，进入自然海区后对当地海域的鱼类种群结构与生态系统产生十分不利的影响。目前在一些网箱养殖区附近的内湾海域垂钓，上钩的眼斑拟石首鱼较多，个体一般为2～4kg，大的5～6kg，曾有两人2天钓上20多尾、重量近70kg的记录。为此，专家认为眼斑拟石首鱼若在当地形成群体，则对大黄鱼等土著鱼类将是灭顶之灾。据悉，我国台湾地区就已采取措施鼓励渔民捕杀海区中的眼斑拟石首鱼(刘家富等，2004)。

我国外来水生生物引种除了水产养殖品种的引进外，主要是观赏性商业引种。随着人类对生活质量和生活品位要求的不断提高，观赏鱼和水族文化走向各国家庭已成为趋势，国际市场需求量逐渐增加，促进了世界观赏鱼贸易的长足发展。据联合国粮食及农业组织(FAO)统计，2002年全球观赏鱼类的年贸易总额已达50亿美元，并正以10%以上的年均递增速度增加。我国是一个传统的观赏鱼生产国家，但为了丰富品种结构，也从国外引进观赏品种。一般来说，水产养殖推广的品种，如适应性强就很容易建立种群并且成为入侵种，而水族观赏鱼因种群小，成为入侵种的可能性较小，但大型外来动物多数为凶猛的肉食性鱼类或水母等其他海洋生物，因人为或自然因素遭放弃或逃逸而导致形成自然种群的概率较高。在淡水引种中最经典的案例当属原产于南美亚马孙河流域的食人鲳(纳氏锯脂鲤)[*Pygocentrus nattereri* (*Serrasalmus nattereri*)]，它是我国20世纪80年代为科普教育及作为观赏鱼类从巴西引进的推广品种，如今已成为“水中狼族”。可见，若重于引进而疏于管理，可能导致外来物种逃逸到自然环境中，造成潜在的生态环境影响。

外来物种与我们的生活息息相关，在国际交往频繁的今天不可能不引进外来物种，但是要趋利避害，在低风险或无风险的基础上引入物种。外来入侵种的数量和影响正在迅速增加，而造成生物入侵的主要是人为因素。因此，最重要的是在分析原因的基础上建立起有效的制度，控制人们有意或无意的物种引进行为。一是需要加强检验与检疫制度，预防外来生物进入本地生境，同时加强国民教育，杜绝无意引进外来物种；二是需要对有意引种进行科学论证，加强风险评估与引种申报制度等，科学合理地引进外来物种。除了考虑经济价值较高的优良种质外，还要分析拟引进种的生物学特性，了解其食性、栖息地生态条件、繁殖习性和病虫害情况，尤其是要注意引种对象与周围环境相关物种之间的竞争或捕食关系。

参考文献

李顺才, 徐兴友, 杜利强, 等. 2005. 中国养殖业中的外来物种入侵现象调查分析[J]. 中国农学通报, 21(6): 156-159.

李振宇, 解焱. 2002. 中国外来入侵种[M]. 北京: 中国林业出版社.

刘家富, 黄光亮, 谢芳靖. 2004. 地方种类在我国海水鱼养殖中的地位[J]. 现代渔业信息, 19(10): 12-14.

万方浩, 侯有明, 蒋明星. 2015. 入侵生物学[M]. 北京: 科学出版社.

徐汝梅, 叶万辉. 2004. 生物入侵的理论与实践[M]. 北京: 科学出版社.

Braithwaite R W, Lonsdale W M, Estbergs J A. 1989. Alien vegetation and native biota in tropical Australia: the spread and impact of *Mimosa pigra*[J]. Biological Conservation, 48(3): 189-210.

Elton C S. 1958. The Ecology of Invasions by Animals and Plants[M]. London: Methuen: 181.

Vitousek P M, Walker L R, Whiteaker L D, et al. 1987. Biological invasion by *Myrica faya* alters ecosystem development in Hawaii[J]. Science, 238(4828): 802-804.

Wilcove D S, Rothstein D, Dubow J, et al. 1998. Quantifying threats to imperiled species in the United States[J]. Bio Science, 48(8): 607-615.

第二节　外来海洋生物

一、原生生物界PROTISTA

(1) 眼点拟微绿藻

中文俗名：眼点微绿藻、海洋小球藻、微绿球藻
拉丁学名：*Nannochloropsis oculata*
分类地位：异鞭藻门（Heterokontophyta）真眼点藻纲（Eustigmatophyceae）四胞藻目（Tetrasporales）胶球藻科（Coccomyxaceae）
生态类群：海洋浮游植物。
形态性状：细胞球形或椭圆形，藻体微小，直径为1.8～3.6μm。
首次发现或引入的地点及时间：1991年由中国水产科学研究院黄海水产研究所从濑户内海栽培渔业协会伯方岛事业场引进。
引入路径：有意引进用于开发饵料。
起源或原产地：日本。
国内分布：山东、浙江和江苏等地。
生境类型：海洋。
生活史：分裂生殖。
营养和环境条件：眼点拟微绿藻是广温广盐种，适应性很强，繁殖快，不易老化。生长适温为0～30℃，最适温度为20℃。适光范围较广，喜强光，最适光照为5000～7000lx。在盐度为13.7～33.4时生长率差别不明显，最适盐度为26.9。容易培养，培养基为F/2，温度为（20±1）℃，光照周期D∶L为12∶12。
经济和生态影响：眼点拟微绿藻富含二十碳五烯酸（EPA）、蛋白质、多种维生素和矿物质，具有很高的营养价值和多种保健功能，是一种重要的海产经济微藻，广泛用于水产养殖动物的饵料、健康食品和药品。由于细胞富含EPA而不含有二十二碳六烯酸（DHA），它还是生产高纯度EPA的极好原料，在国际市场上供不应求。目前，利用高

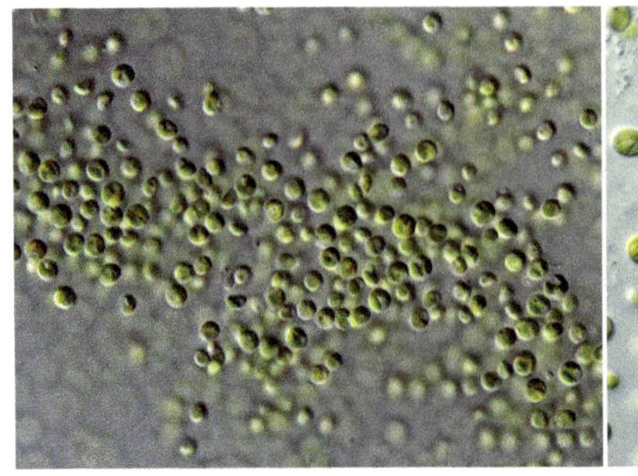

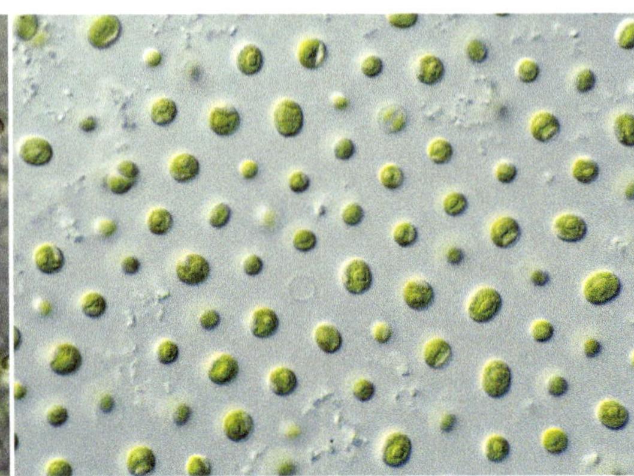

效生物反应器大规模生产富含EPA的海洋微藻，正逐渐成为代替鱼油生产EPA的最有效途径。

参考文献

陈浩, 蒋霞敏. 2002. 眼点拟微绿藻生长的生态因子分析[J]. 生态科学, 21(1): 50-52.

刘新富, 雷霁霖, 刘忠强, 等. 2000. 真鲷饵料生物褶皱臂尾轮虫和眼点拟微绿藻的大量培养[J]. 海洋科学, 24(5): 47-51.

魏东, 张学成. 2000. 微藻脂肪酸去饱和酶及其基因表达的生态调控研究进展[J]. 海洋科学, 24(8): 42-46.

二、植物界PLANTAE

(1) 长心卡帕藻

拉丁学名：*Kappaphycus alvarezii*

同种异名：异枝麒麟菜*Eucheuma striatum*

分类地位：红藻门(Rhodophyta)杉藻目(Gigartinales)红翎菜科(Solieriaceae)

生态类群：海洋植物(大型海藻)。

形态性状：藻体多呈圆柱形或扁平状，有二叉式或不规则的分支，一般分支上有乳头状突起或疣状突起，藻体的大小一般为20～40cm，颜色鲜艳，多呈鲜红色或红绿色；向外伸展有力，分支健壮，无其他附着物，长大后极其繁茂。新鲜藻体嫩脆、肥厚多汁，晒干后变硬，多为软骨质。

首次发现或引入的地点及时间：1985年由中国科学院海洋研究所从菲律宾引进，当时称为异枝麒麟菜(*Eucheuma striatum*)，至今俗称麒麟菜(*E. muricatum*)，又称为长心麒麟菜(*E. alvarezii*)、长心卡帕藻(*Kappaphycus alvarezii*)。赵素芬和何培民(2010)通过形态构造和分子生物学相结合的方法，对栽培于我国海南的长心卡帕藻和麒麟菜2个未知株系进行比较分析，结果表明：两者在分支形态、长短、分布及突起数量等藻体外部形态性状方面具有明显差异；它们的表皮、皮层和髓部细胞大小、皮层细胞层数和胶质层厚度等显微结构特征也不相同，但分子鉴定表明这3个株系为同一种，从而澄清了我国引进该物种之初对名称的误用。

引入路径：有意引进。

起源或原产地：菲律宾、印度尼西亚。

国内分布：在我国的南海海岸分布较多，如台湾、海南及西沙群岛均有分布。

生境类型：海洋。

生活史：在一般情况下，长心卡帕藻进行无性繁殖，即营养繁殖，影响繁殖速度的主要环境条件为温度、光强和营养条件等。长心卡帕藻的人工养殖是根据其出芽生殖，

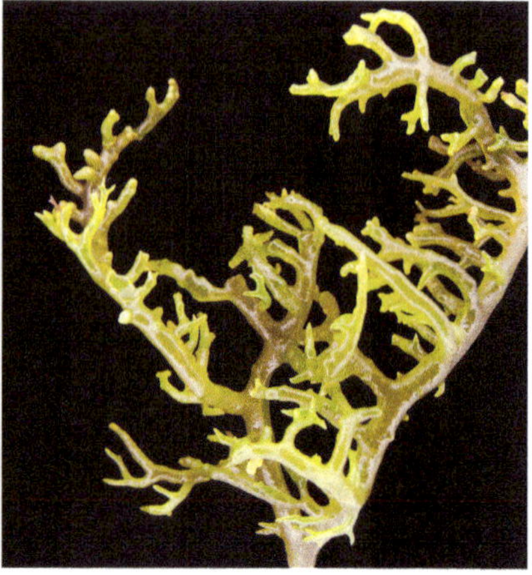

即营养体繁殖的特征，利用营养枝进行的。当一棵长心卡帕藻生长到一定大小之后，将藻体切(分)成数株，便成为数株苗种。这种“分切”藻体作苗种的方法，既不影响种菜的生长，又可以加快苗种的再生速度，故发展养殖苗种的来源较易解决，便于扩大再生产。养殖可视不同海区情况采用多种方法进行，如筏式垂下养殖、海底固定式单线挂养、乳胶圈绑苗播种法等，但以筏式垂下养殖效果最好。

营养和环境条件：长心卡帕藻是一种典型的热带性海藻，适温为25～30℃，20～24℃则生长速度逐渐减慢，20℃以下时生长基本停止，有的藻体部分组织开始霉烂、死亡。长心卡帕藻是好光性海藻，光强在7000lx时，藻体生长速度最快；光强在3000lx时，藻体生长速度明显下降。长心卡帕藻是海洋狭盐生物，盐度比较高且相对稳定时才适于它的生长，其适宜盐度在26以上。近岸处有时受雨水影响，相对密度下降到1.015时，短期内对长心卡帕藻的生长有利，但若继续下降则藻体产生腐烂现象。生长的水层一般在50cm左右为宜，大于90cm则生长速度减慢。长心卡帕藻对海区透明度的要求一般在10m左右。

经济和生态影响：长心卡帕藻生长速度快，产量高，从苗种养殖开始到收获大约需2个月，鲜重增长20倍左右。一株重150～200g的苗种经过近3个月的生长，藻体重量可达4～5kg，日增长速度要比我国目前养殖的琼枝麒麟菜(*E. gelatinae*)快4～5倍；亩[①]产量可达400kg干品以上，如果适时采收，尤其在夏季采收，其含胶量可达53%以上，而且是一种优质的卡拉胶。长心卡帕藻不需要依附珊瑚，是我国南方很有发展前途的海水养殖新种。高大型海藻富含卡拉胶，是提取卡拉胶的主要原料，也是一种受人喜爱的食品，可用来制作各种凉菜和腌菜；是海藻栽培中的主要品种，也是热带海域中人工养殖的主要对象之一；是一个优良的品系，应大力推广，发展长心卡帕藻养殖业。

参考文献

蔡玉婷. 2004. 麒麟菜的栽培技术及其经济价值[J]. 福建水产, 25(1): 57-59.

李家乐, 董志国, 李应森, 等. 2007. 中国外来水生动植物[M]. 上海: 上海科学技术出版社.

史升耀, 张星君, 李智恩, 等. 1996. 异枝麒麟菜和扇形叉枝藻卡拉胶的研究[J]. 海洋与湖沼, 27(6): 645-650.

温文. 1999. 发展异枝麒麟菜养殖大有可为[J]. 海洋信息, (6): 25.

曾广兴. 2001. 异枝麒麟菜人工养殖技术[J]. 水产养殖, 3: 5-7.

赵光强. 2002. 麒麟菜的增养殖[J]. 特种经济动植物, 5(4): 29.

赵素芬, 何培民. 2010. 长心卡帕藻的形态结构观察与分子鉴定[J]. 海洋学报, 32(6): 157-166.

① 1 亩 ≈666.7m^2

(2) 掌状红皮藻

拉丁学名：*Palmaria palmata*

分类地位：红藻门(Rhodophyta)红皮藻目(Rhodymeniales)红皮藻科(Rhodymeniaceae)

生态类群：海洋植物(大型藻类)。

形态性状：多年生、潮下带红藻，是一种著名的冷水性经济海藻。簇生叶片状，形似手掌，质地如同薄橡胶。顶端生长，呈掌状分叉，最长可达0.5m，以吸盘或假根附着于岩石、软体动物或较大的海藻上。

首次发现或引入的地点及时间：在中国科学院海洋研究所和德国亥姆霍兹极地海洋研究中心中德合作的框架下实施红皮藻引进中国计划。德国著名的海藻学工作者Lüning于2005年8月访问了中国。引进的掌状红皮藻目前在海洋生物种质库的海藻种质保存中心的冷库(5～15℃)中培养，已经获得成功。新近建立的中国科学院典型培养物保藏委员会下属的海洋生物种质库占地435m^2，已经在2005年5月全面投入使用。

引入路径：有意引进养殖。

起源或原产地：大西洋冷水种，大西洋沿岸以北国家如西班牙，加拿大沿海等。

国内分布：我国北方沿海有小规模的人工养殖。

生境类型：海洋。

生活史：生活史中有大型的二倍四分孢子体和单倍的雄配子体及显微的雌配子体。当日照时间短于12h时，在低温条件下，四分孢子囊开始形成并放散四分孢子，50%孢子形成微型的雌配子体，50%形成大型的雄配子体。上一年的雄配子体排放的雄配子和当年雌配子体形成的雌配子受精形成果孢子进而形成四分孢子体。目前其养殖主要有陆基的水箱养殖和海上筏式养殖。掌状红皮藻的增殖也有两种途径：一种是营养增殖；另一种是通过有性繁殖(四分孢子)诱导增殖，并进行苗种生产。

营养和环境条件：掌状红皮藻是一种典型的冷水性海藻，营养生长的适宜季节为冬季，适宜温度是5～13℃，当水温高于20℃便不能存活。

经济和生态影响：藻体呈鲜艳的红色，富含蛋白质（占藻体干重的15%～28%）、维生素、不饱和脂肪酸等营养成分，在英国作为海洋食品备受人们青睐，在美国、加拿大、法国作为水产动物鲍鱼和海胆的活海藻饵料而知名。中国、日本和美国的学者曾详细地研究过其作为鲍鱼饵料的效果，发现在所有测试的潮下带海藻中，掌状红皮藻是促进鲍鱼和海胆性腺发育，以及幼鲍生长的最佳海藻。我国的所有海区在一年中都有水温超过20℃的时期，因此该海藻在自然条件下不能完成其生活史。将这种海藻引进我国，不存在对当地自生海藻生态区系的危害。

参考文献

逢少军. 2005. 海洋生物种质库种质技术研究进展Ⅰ——大西洋潮下带掌状红皮藻引种获得成功[J]. 海洋科学，29(11): 86.

Pang S J, Lüning K. 2004. Tank cultivation of the red alga *Palmaria palmata*: effects of intermittent light on growth rate, yield and growth kinetics[J]. J Appl Phycol, 16(2): 93-99.

Rosen G, Langdon C J, Evans F. 2000. The nutritional value of *Palmaria mollis* cultured under different light intensities and water exchange rates for juvenile red abalone *Haliotis rufescens*[J]. Aquaculture, 185(1): 121-136.

(3) 长叶海带

中文俗名：日本长叶海带

拉丁学名：*Laminaria longissima*

分类地位：褐藻门(Phaeophyta)褐藻纲(Phaeosporeae)海带目(Laminariales)海带科(Laminariaceae)

生态类群：海洋植物(大型藻类)。

形态性状：藻体脆嫩，边缘部窄，叶片平整、厚薄均匀。藻体长度一般为7～10m，最大藻体长度可达20m以上，是海带属中藻体最大的种类。

首次发现或引入的地点及时间：1990～1997年我国大连水产学院多次从日本引进。

引入路径：有意引进养殖。

起源或原产地：自然分布于太平洋沿岸、日本北海道的东部沿海地区。

国内分布：辽宁、山东等地有栽培群体。

生境类型：海洋。

生活史：海带属藻类生活史由大型孢子体世代(2*n*)和微型的配子体世代(*n*)组成，属于不等世代交替。在自然条件下，当长叶海带进入生殖期后，长叶海带孢子体叶片的表皮细胞会向外发育出单室孢子囊，孢子囊集生成群，形成突出于叶表的孢子囊群，不规则地分布在叶片的两面。孢子囊母细胞(2*n*)先经过减数分裂，后又经过连续的有丝分裂产生游孢子(*n*)。在孢子囊的顶部通常有一个开裂口，发育成熟的游孢子就从该开裂口逸出，游动数小时后如果碰到合适的基质，游孢子则停止游动并附着于基质上，萌发形成胚孢子(*n*)，胚孢子再进一步发育成为具有性别分化的丝状雌、雄配子体(*n*)。雌、雄配子体(*n*)都能独立生活，各自通过单室发育形成卵囊或精子囊。成熟的卵从卵囊顶端的小孔排出后停留在卵囊的顶端等待受精，受精后的卵(2*n*)马上进行有丝分裂，萌发成叶状的孢子体。

营养和环境条件：长叶海带是两年生大型冷水性藻类。适宜水温为10～20℃，适宜光照为1000～4000lx。配子体生长的最适条件是水温15℃、光照3000lx。温度是影响长叶海带配子体成熟的主要因子，在10℃时配子的成熟率最高。在15℃、3000lx和10℃、4000lx条件下长叶海带幼孢子体生长速度最快。

经济和生态影响：长叶海带具有藻体大、脆嫩、易加工、味道鲜美、色泽和口感好等优点，是加工海藻食品的理想材料，也是增加经济效益和具有高附加值的理想品种。

参考文献

李家乐, 董志国, 李应森, 等. 2007. 中国外来水生动植物[M]. 上海: 上海科学技术出版社.

尚书, 石媛媛, 杨官品. 2007. 我国引种海带(*Laminaria japonica*)和长海带(*L. Longissima*)配子体克隆的随机扩增多态性DNA分析[J]. 海洋湖沼通报, (s1): 142-146.

张静. 2011. 海带线粒体及部分核基因组结构特征研究[D]. 青岛: 中国海洋大学博士学位论文.

张泽宇, 范春江, 曹淑青, 等. 1998. 长海带的室内培养与育苗研究[J]. 大连水产学院学报, 13(4): 1-8.

(4) 利尻海带

拉丁学名：*Laminaria ochotensis*

分类地位：褐藻门(Phaeophyta)褐藻纲(Phaeosporeae)海带目(Laminariales)海带科(Laminariaceae)

生态类群：海洋植物(大型藻类)。

形态性状：藻体长度一般为6～7m，宽度为30cm以上，是当地海底森林和海洋牧场的主要组成部分。

首次发现或引入的地点及时间：我国大连水产学院在2000年从日本引进利尻海带雌、雄配子体。

引入路径：有意引进，用于养殖目的的引种。

起源或原产地：在亚洲主要分布在日本北海道的利尻岛周围的低潮线下。

国内分布：目前在辽宁、山东等地已有栽培群体。

生境类型：海洋。

生活史：海带属藻类生活史由大型孢子体世代(2*n*)和微型的配子体世代(*n*)组成，属于不等世代交替。在自然条件下，当利尻海带进入生殖期后，利尻海带孢子体叶片的表皮细胞会向外发育出单室孢子囊，孢子囊集生成群，形成突出于叶表的孢子囊群，不规则地分布在叶片的两面。孢子囊母细胞(2*n*)先经过减数分裂，后又经过连续的有丝分裂产生游孢子(*n*)。在孢子囊的顶部通常有一个开裂口，发育成熟的游孢子就从该开裂口逸出，游动数小时后如果碰到合适的基质，游孢子则停止游动并附着于基质上，萌发形成胚孢子(*n*)，胚孢子再进一步发育成为具有性别分化的丝状雌、雄配子体(*n*)。雌、雄配子体(*n*)都能独立生活，各自通过单室发育形成卵囊或精子囊。成熟的卵从卵囊顶端的小孔排出后停留在卵囊的顶端等待受精，受精后的卵(2*n*)马上进行有丝分裂，萌发成叶状的孢子体。

营养和环境条件：在2000lx照度下，利尻海带配子体生长的最适温度为20℃，配子体成熟的最适温度为10℃。幼孢子体生长的最适温度为10℃。

经济和生态影响：利尻海带与当地种类争夺生活空间及营养盐。

参考文献

冈村金太郎. 1936. 日本海藻志[M]. 东京: 内田老鹤圃.
王军, 张泽宇, 张晓东. 1999. 温度与照度对利尻海带配子体及幼孢子体的影响[J]. 中国水产, (2): 39-41.
张泽宇, 范春江, 曹淑青. 2000. 利尻海带的室内培养与栽培的研究[J]. 大连水产学院学报, 15(2): 103-107.

(5) 日本真海带

中文俗名：三海海带、真海带、脆海带

拉丁学名：*Laminaria japonica*

分类地位：褐藻门(Phaeophyta)褐藻纲(Phaeosporeae)海带目(Laminariales)海带科(Laminariaceae)

生态类群：海洋植物(大型藻类)。

形态性状：海带孢子体呈棕褐色带状，藻体可明显分为固着器、柄和叶片。成熟海带的柄部长度为3～6cm，叶片通常单一且无分支状，叶片扁且宽，其中央位置有两条浅沟，称为纵沟，纵沟之间的部分称为中带部，厚度比海带叶片其他部位厚，一般能达2～5mm。叶片的边缘呈现波褶状，较薄。叶片与柄相连接的部位一般为圆形或扁圆形，也有呈楔形或心脏形的，称为叶片基部。成熟的叶片一般宽25cm，最宽可达80cm，长为200～400cm。叶片末端宽度逐渐变窄，藻体最末端的1/3处称为梢部。

首次发现或引入的地点及时间：1927年从日本北海道引进到我国大连。

引入路径：最早的海带是从日本北海道和本州岛北部无意带到大连附近海域的，并在海底自然繁殖成功，1930年日本学者大槻洋四郎又特意从北海道引进并改进传统的投石养殖为筏式养殖。

起源或原产地：自然分布于高纬度海区低潮线以下的海底岩礁上。发源于白令海及鄂霍次克海流域，原在日本本州岛北部、俄罗斯南部及朝鲜沿海有大量分布。

国内分布：辽宁、山东等地有栽培群体。

生活史：海带属藻类生活史由大型孢子体世代(2*n*)和微型的配子体世代(*n*)组成，属于不等世代交替。在自然条件下，当日本真海带进入生殖期后，日本真海带孢子体叶片的表皮细胞会向外发育出单室孢子囊，孢子囊集生成群，形成突出于叶表的孢子囊群，不规则地分布在叶片的两面。孢子囊母细胞(2*n*)先经过减数分裂，后又经过连续的有丝分裂产生游孢子(*n*)。在孢子囊的顶部通常有一个开裂口，发育成熟的游孢子就从该开裂口逸出，游动数小时后如果碰到合适的基质，游孢子则停止游动并附着于基

质上，萌发形成胚孢子(n)，胚孢子再进一步发育成为具有性别分化的丝状雌、雄配子体(n)。雌、雄配子体(n)都能独立生活，各自通过单室发育形成卵囊或精子囊。成熟的卵从卵囊顶端的小孔排出后停留在卵囊的顶端等待受精，受精后的卵($2n$)马上进行有丝分裂，萌发成叶状的孢子体。

营养和环境条件：夏季高温对游孢子的数量和质量产生了严重胁迫，而游孢子的存活状态将会对其生活史的顺利进行产生关键影响。当海水温度达到24℃时，海带孢子囊的生理状态受到了一定胁迫，无法保证孢子采苗的顺利进行。当水温在20～23℃时，种海带在海上的暂养时间不要超过16天，以免影响后期雌配子体的发育和幼孢子体的生长。

经济和生态影响：日本真海带为经济藻类的重要代表，在食品、医药和化工方面均有重大价值。海带含有丰富的蛋白质、微量元素(如钙、铜、锌、锰、铁和碘等)、维生素(B_1、B_2)和多糖等。从海带中提取的褐藻胶和甘露醇可作为化工原料，具有很高的商业价值。此外，海带被称为“海洋森林”，起着固定CO_2和光能、合成有机物和释放O_2的作用，吸收大量的N和P等物质，降低富营养化水平，起着生物修复和调节生态环境的作用。

参考文献

吴荣军, 朱明远, 李瑞香, 等. 2006. 海带(*Laminaria japonica*)幼孢子体生长和光合作用的N需求[J]. 海洋通报, 25(5): 36-42.

张全胜, 石媛媛, 丛义周, 等. 2008. 我国引种海带和栽培品种(系)来源配子体克隆的AFLP 分析[J]. 中国海洋大学学报, 38(3): 429-435.

朱明远, 吴荣军, 李瑞香, 等. 2004. 温度对海带幼孢子体生长和光合作用的影响[J]. 生态学报, 24(1): 22-27.

(6) 巨藻

中文俗名：海藻王

拉丁学名：*Macrocystis pyrifera*

分类地位：褐藻门(Phaeophyta)褐藻纲(Phaeosporeae)海带目(Laminariales)巨藻科(Lessoniaceae)

生态类群：海洋植物(大型藻类)。

形态性状：藻体主要由固着器、主柄、分支柄和叶片组成。固着器有许多自主柄基部长出的二叉分支假根组成。假根的发生部位随着年龄的增长沿主柄基部向上发展，直至整个主柄生满假根，有的分支柄基部也能生出假根，使一棵藻体在外观上成为多棵丛生。主柄圆形或扁圆形，直径为1.2～2.0cm，长5～15cm。主柄上端呈二叉分支，延伸形成分支柄，二叉分支柄下部有侧生分支柄，一棵成藻有数条至数十条分支柄，分支柄直径为0.6～0.9cm，上有侧生带状叶片，叶片长50～100cm，宽10～25cm，叶缘有边刺。每个叶片因有一个圆形或者椭圆形气囊的叶柄而能使藻体漂浮于水面。分支柄顶端为一弯刀形叶片，是藻体的主要分生组织。成藻分支柄下部有簇生的带状孢子叶，是巨藻的繁殖器官。孢子叶一般长30～60cm，宽2～6cm。藻体有一短柄而无气囊，成藻藻体一般为15～40m，最大者可达80余米。

首次发现或引入的地点及时间：1978年从墨西哥引进，在我国山东渤海湾及青岛海区养殖成功。

引入路径：有意引进养殖。

起源或原产地：自然分布于大洋洲南部沿海、南美洲南部沿海和北美洲太平洋沿岸有上升冷水流的水域。

国内分布：江苏、浙江、山东等地沿海有养殖。

生活史： 巨藻的生活史由孢子体和配子体两个不同世代组成。当成藻藻体即孢子叶成熟时，叶片表面产生大块隆起的由叶片表面细胞分化而成的孢子囊群，每个囊内有32个游孢子，游孢子两侧生不等长的鞭毛，从孢子囊放出后，在水中游动数分钟至几小时遇到固体即附着，萌发形成配子体，配子体有雌雄之分。成熟的雄配子体由多个细胞组成，呈放射状分支，细胞圆柱状，直径为5～6μm，成熟的雌配子体由单个或多个细胞组成，细胞圆形或椭圆形，直径为19～23μm，配子体阶段生活时间很短，在适宜条件下两周即可成熟。成熟时雌、雄配子体分别排出卵和精子，卵受精后形成合子，经细胞分裂长成孢子体，孢子体可以生活4～8年，有的可达12年之久。

营养和环境条件： 巨藻是冰川时代植物，生活在冷水和温水中，最适生长水温为8～20℃。喜生于水深急流的海底岩石上，垂直分布在低潮线下5～25m，在透明度高的水域，其生长深度可达30m，以18～20m处生长最茂盛。在原产地，夏季最高水温为18～20℃，冬季最低水温为8～10℃，全年都是巨藻的适温生长期；在营养盐丰富、光照充足的条件下，藻体日增长度可达50cm，藻体成熟的年龄为12～14个月。在美国加利福尼亚和墨西哥的沿海藻场，由于水温适宜，巨藻一年四季都有成熟的孢子叶。中国海区生长的巨藻孢子体能耐受的温度上限为23～24℃，孢子叶发育的适温上限为13～17℃，配子体和幼孢子体生长发育的最适光照为2000～3000lx。

经济和生态影响： 巨藻可以用来提炼藻胶，制造塑料、纤维板，也是制药工业的原料。巨藻生长很快，在春夏之际，只要水温适宜，它可以每天生长2m左右，每隔16～20天体积就增大一倍。这种速度，无论在陆地还是在海洋，所有其他植物都望尘莫及，所以巨藻在长度和生长速度上都可称得上是“世界之最”了。巨藻可以在大陆架海域进行大规模养殖。由于成藻的叶片较集中于海水表面，这就为机械化收割提供了有利条件。

参考文献

马同江. 1991. 新食品工业资源——巨藻[J]. 杭州食品科技, (2): 9.

马同江, 楼明, 张茜芝. 1989. 巨藻的开发利用[J]. 中国海洋药物, (1): 46-48.

浙江省水产厅, 上海自然博物馆. 1983. 浙江海藻原色图谱[M]. 杭州: 浙江科学技术出版社: 21-63.

(7) 舌状酸藻

拉丁学名：*Desmarestia ligulata*

分类地位：褐藻门(Phaeophyta)褐藻纲(Phaeosporeae)酸藻目(Desmarestiales)酸藻科(Desmarestiaceae)

生态类群：海洋植物(大型藻类)。

形态性状：舌状酸藻为深绿色、扁平、膜质、叶状，多次羽状分支，纵贯藻体中部有棱，切面观为三角形，藻体下部圆柱状，内部分为三部分：表皮、皮层、髓部。皮层细胞为大细胞，单室孢子囊产生于皮层细胞。藻体褐色，离水死亡，不久变青绿色，从生或单生，高50～200cm。

首次发现或引入的地点及时间：1997年发现于我国大连凌水海区浮筏上。

引入路径：无意引进。1997年在大连旅顺海域裙带菜养殖浮筏上发现一种原产于日本的舌状酸藻，舌状酸藻是伴随着当地从日本引进的裙带菜苗绳进入该海域的。

起源或原产地：北大西洋、俄罗斯(远东地区)、日本、朝鲜半岛、北美洲西岸。模式标本产地：苏格兰。

国内分布：中国的新纪录种，其他海区未见报道。

生活史：主要特征为异型世代交替，孢子体大，由藻丝黏合成单轴假膜体(pseudoparenchyma)，多次分支，毛基生长。构造可分为皮层与髓，皮层上产生单孢子。配子体微小，为卵式生殖。

营养和环境条件：生于低潮线下数米深的岩石上，其孢子体出现于冬、春较冷的季节。

经济和生态影响：在我国藻体可长至1m，远高于其原产地的记载长度(30～50cm)。该藻死亡后会分泌硫酸，如在我国大量繁殖，必将严重影响当地生态系统和物种多样性。

参考文献

栾日孝, 楚志广, 苏乔, 等. 2003. 中国酸藻属(酸藻科)新记录[J]. 植物研究, 23(4): 396-398.

邵魁双, 李熙宜. 2000. 大连海区潮间带底栖海藻生物群落的季节变化[J]. 大连水产学院学报, 15(1): 29-34.

赵淑江, 朱爱意, 张晓举. 2005. 我国的海洋外来物种及其管理[J]. 海洋开发与管理, 22(3): 58-66.

(8) 胶毛藻

拉丁学名：*Trichoglaea lubricum*

分类地位：绿藻门(Chlorophyta)绿藻纲(Chlorophyceae)胶毛藻目(Chaetophorales)胶毛藻科(Chaetophoraceae)

生态类群：海洋植物(大型藻类)。

形态性状：藻体圆柱状，柔软，黏滑，不规则分支，互生，固着器小盘状，髓部由纵走的藻丝组成，由髓部产生同化丝形成皮层。囊果球状，产生于皮层。

首次发现或引入的地点及时间：1997年8月在我国大连小平岛潮间带礁石上采到。

引入路径：无意引进。其来源也可能与从日本引进裙带菜苗种有关。

起源或原产地：主要分布在北半球海域。

国内分布：中国的新纪录种，在我国大连海区首次发现。

生活史：消长季节在8～9月，精子囊形成于8月。

营养和环境条件：该藻为暖温性种类，常附着在礁石上。

经济和生态影响：该藻在我国大量繁殖，必将严重影响当地生态系统和物种多样性。

参考文献

丁兰平, 黄冰心. 2006. 中国黄、渤海胶毛藻目(Chaetophorales, Chlorophyta)初探[J]. 海洋科学集刊, 47: 176-181.

邵魁双, 李熙宜. 2000. 大连海区潮间带底栖海藻生物群落的季节变化[J]. 大连水产学院学报, 15(1): 29-34.

赵淑江, 朱爱意, 张晓举. 2005. 我国的海洋外来物种及其管理[J]. 海洋开发与管理, 22(3): 58-66.

(9) 长茎葡萄蕨藻

拉丁学名：*Caulerpa lentillifera*

分类地位：绿藻门(Chlorophyta)羽藻纲(Bryopsidophyceae)羽藻目(Bryopsidales)蕨藻科(Caulerpaceae)

生态类群：海洋植物(大型藻类)。

形态性状：藻体可分为匍匐茎、直立枝和丝状假根三部分，球形小枝布满整个直立枝主轴。整个藻体为一个多核细胞，虽然有大量细胞核存在，但彼此之间没有细胞壁相隔。茎状部分是营养器官，葡萄部分是生殖器官，可作为商品的是葡萄部分。其直立茎球状体晶莹剔透、水润饱满似葡萄，故被称为海葡萄。

首次发现或引入的地点及时间：2011年我国福州市海洋与渔业技术中心杨铭从日本引种到福建莆田秀屿区。

引入路径：有意引进。

起源或原产地：东南亚的菲律宾、马来西亚、印度尼西亚及日本的冲绳等地。

国内分布：台湾和福建莆田。

生活史：该种类主要依靠茎状部分进行营养繁殖，在适宜的条件下茎状部分一天可增长2cm。在特定条件下，依靠葡萄部分进行有性繁殖。葡萄的小球部分成熟后进行减数分裂，小球的上部凝聚成雌性网状结构，下部形成雄性网状结构，凝聚3～4天后在受到光线刺激时会放散出雌、雄配子。雌、雄配子形状相似且各有两根鞭毛，雌配子比雄配子个体稍大且具有眼点。雌、雄配子结合后，鞭毛消失形成球状体。球状体在背光侧长出假根进而发育成幼体，幼体继续长大成为匍匐茎并长出直立的葡萄部分。丝状假根能够附着在基质上，起到固着藻体的作用。

营养和环境条件：长茎葡萄蕨藻繁茂的地区在具有富营养、低盐度、高水温环境条件的河口区附近。由于长茎葡萄蕨藻是热带藻类，因此水温在20℃以下就萎缩越冬。越冬场所是水深、有外洋海水流入、水温稳定的地方。种藻也在这样的场所采得。3月

水温达20℃以上时就发芽，4～11月就可以收获。在适宜的生长环境条件下一天可生长2～3cm，是一种对水温极敏感的植物。喜好砂或泥沙底质，多在0～8m水深处生长。

经济和生态影响：长茎葡萄蕨藻是一种具有保健功能的食用海藻，其营养价值丰富，对身体有极大的益处，在当地也被称为长寿藻。长茎葡萄蕨藻含有天然维生素A、维生素B（B_1、B_2、B_6及素食者最需要的B_{12}）、维生素C、维生素D、维生素E及铁、锌、镁、钙等矿物质、叶黄素（lutein）、叶绿素、蛋白质、DNA、RNA及稀有的植物多糖，以及17种氨基酸和多种不饱和脂肪酸。长茎葡萄蕨藻具有珍贵的营养成分及天然优质的碱性特质，长期食用能将人体体质调节为弱碱性健康体质，而弱碱性体质正是远离癌症的重要因素。

参考文献

姜芳燕, 宋文明, 杨宁, 等. 2014. 长茎葡萄蕨藻的人工养殖技术研究[J]. 热带农业科学, 34(8): 99-103.
梁洲端, 王欣, 王飞久, 等. 2016. 长茎葡萄蕨藻的工厂化养殖关键技术[J]. 科学养鱼, 2: 4-43.

(10) 大米草

拉丁学名：*Spartina anglica*

分类地位：被子植物门(Angiospermae)单子叶植物纲(Monocotyledoneae)禾本目(Graminales)禾本科(Gramineae)

生态类群：滩涂植物。

种群建立状况：已建立种群，并成为入侵种。

形态性状：多年生草本植物，是欧洲海岸米草(*S. maristma*)和美洲互花米草(*S. alterniflora*)的天然杂交种，比亲本的植株更高大，故名大米草。株高为20～50cm，最高的可达100cm。茎状根且根系发达，基部腋芽可长出新蘖和地上茎，蔓延生长，形成新株；茎秆直，坚韧不易倒伏；叶披针形，叶色呈浅绿色，叶背有暗绿色蜡质光泽，叶表皮细胞具大量乳状突起，水分不能透入，叶的背腹面均有盐腺，根吸收的盐分大都由此排出体外；圆锥花序，5～10月开花结实，种子量大，一株大米草可结种子几十甚至上百粒，成熟种子易脱落，并随海水四处漂流，见土扎根进行生长繁殖，是典型的远距离传播。

首次发现或引入的地点及时间：1963年我国南京大学仲崇信教授率先从英国引种大米草在江苏省海涂试种并获得成功，1964年引种到我国浙江沿海各县(市)，1980年引种到我国福建，之后逐渐被其他沿海省(市)引种繁殖并取得成功。

引入路径：有意引进，用于沿海护堤和改良土壤，同时还可用于生产饲料。

扩散途径：自我扩散。

起源或原产地：英国南海岸。

国内分布：全国沿海，从辽宁锦西向南到达广西海滩，主要以江苏以北为主。

生境类型：主要生长于湿地，尤其常见于泥滩及潮间带沙滩等湿地。

生活史：大米草植株丛生，以实生苗或无性繁殖始生苗为中心，边缘茎向外蔓延，地上部分密度为100～1500株/m^2，甚至高达13 000株/m^2；大米草具有发达的地下茎，依靠地下茎及种子繁殖，分蘖力和繁殖力都很强。单株大米草一年内可以发展超过600株，成熟后的种子能随风浪和海流四处漂流，进行远距离传播蔓延。

营养和环境条件：大米草是宿根性强的草本植物，具有适应特殊生态环境的器官组织，如支持根和呼吸根等根系具有发达的通气组织，可以在新陈代谢低的条件下为植物的水下部分提供氧气，保证了大米草在潮间带的正常生长，其根部在缺氧的土壤中呼吸和松软的底质上固着生长。此外，还具有泌盐和抗盐的代谢机制，在1～2的中等盐度下生长良好，仅在高盐

度下生长才被抑制，在盐土中比茅草和芦苇有绝对生长优势，因此具有高度耐盐、耐涝和适应周期性潮水淹没的生物学特性。耐旱能力差，不能在海潮不能到达的高滩或长期淹水的低滩长期生存。

经济和生态影响：大米草一旦形成密集草丛后，即可抗较大风浪，具有促淤造陆、与海争地、消浪抗蚀、保护海堤、扩增肥源、提高海滩土壤肥力的作用。但是，大米草的繁殖能力和抗逆性极强，耐盐碱、耐淹、耐污性强。草籽随海潮漂流，见土扎根，根系又极其发达，每年以五六倍的速度自然繁殖扩散，其生长速度超出人们控制的范围，具有较强的入侵性，对红树林、芦苇和滩涂底栖生物的生长具有较大影响，导致滩涂生态失衡、航道淤塞、滩涂养殖受阻、海洋生物窒息致死，并诱发赤潮等，因此被称为“害人草”。由于人类围垦活动、大米草的自身退化及其与互花米草竞争生态位，大米草在全国海岸带的分布面积不足16hm^2，呈退化趋势。

参考文献

刘建, 黄建华, 余振希, 等. 2000. 大米草的防除初探[J]. 海洋通报, 19(5): 68-71.

闫小玲, 刘全儒, 寿海洋, 等. 2014. 中国外来入侵植物的等级划分与地理分布格局分析[J]. 生物多样性, 22(5): 667-676.

张敏, 厉仁安, 陆宏. 2003. 大米草对我国海涂生态环境的影响[J]. 浙江林业科技, 23(3): 86-89.

仲崇信. 1983. 我国大米草的引进和利用[J]. 自然资源, 1: 43-50.

庄树宏, 仲崇信. 1987. 大米草生态学分化的研究[J]. 生态学杂志, 6: 1-9.

Goodman P J. 1957. An investigation of die-back in *Spartina townsendii*[D]. Ph. D. Thesis, University of Southampton.

Harbome J B. 1982. Introduction to Ecological Biochemistry[M]. London: Academic Press: 17-19.

Sutherland G H, Eastwood A. 1916. The physiological anatomy of *Spartina townsendii*[J]. Ann Bot, 30: 333-351.

(11) 大绳草

拉丁学名：*Spartina cynosuroides*

分类地位：被子植物门（Angiospermae）单子叶植物纲（Monocotyledoneae）禾本目（Graminales）禾本科（Gramineae）

生态类群：滩涂植物。

形态性状：植株粗壮，高1～4m，叶缘很粗糙，为松散而多分支的穗状花序。地下根和根茎能形成密根——走茎垫。

首次发现或引入的地点及时间：1979年从美国引进。

引入路径：有意引进。

起源或原产地：原产于美国马萨诸塞州至佛罗里达州，以及得克萨斯州海滩高潮位及河口、沼泽地。

国内分布：尚未在实验地种植，因此无滩涂分布。

生活史：有性繁殖（种子）和无性繁殖（分蘖），但它的繁殖、栽种均比较困难，最好先用苗床育苗，然后再进行移栽。

营养和环境条件：大绳草主要分布在平均高潮位以上的高滩，亦喜生于较砂性基质或排水良好的地段。它具有盐腺和气孔。室内培养结果表明大绳草的耐盐性较互花米草差，不能生长在受周期性潮水淹没的潮间带。

经济和生态影响：大绳草有促淤造陆、消浪护堤、净化水质、为其他生物提供栖息地等生态功能。它的天然分布面积最小且不常见，故其用途亦不如其他米草，没有对本土生态系统造成入侵威胁。

参考文献

关道明. 2009. 中国滨海湿地米草盐沼生态系统与管理[M]. 北京：海洋出版社.

左平，刘长安，赵书河，等. 2009. 米草属植物在中国海岸带的分布现状[J]. 海洋学报，31(5)：101-111.

(12) 狐米草

拉丁学名：*Spartina patens*

分类地位：被子植物门(Angiospermae)单子叶植物纲(Monocotyledoneae)禾本目(Graminales)禾本科(Gramineae)

生态类群：滩涂植物。

形态性状：属多年生蔓生或丛生植物，株高为1m左右，地下根状茎长达30～100cm，叶长40～50cm，叶内卷或基部平展，叶宽6～8mm；穗状花序2～7cm，直立向上松散排列，中肋具粗纤毛，第一颖线性具短尖，长2～6mm，第二颖狭披针形，渐尖或几乎为芒状，长7.5～13mm。

首次发现或引入的地点及时间：1979年从美国引进。

引入路径：有意引进。

起源或原产地：原产于加拿大魁北克，亦分布于美国佛罗里达州和得克萨斯州东海岸，以及纽约及密歇根州内陆盐沼地带。

国内分布：仅在江苏北部、天津市的部分区域有少量种植。

生活史：繁殖同样靠根茎和种子两种方式。因为它生长在高潮带，所以种子不需要潮湿存放，干燥后在2～4℃低温下贮存最为适宜。

营养和环境条件：狐米草主要分布在平均高潮位到特大高潮位之间的高滩，能耐持续一段时间的水渍或干旱，但不适应经常有潮水浸淹的潮间带环境，也能够像长在海滩一样容易生长在内陆盐沼或沙丘低洼地，一般更喜生于保水性能适宜的砂壤土。它亦具有盐腺和气孔，所以比其他典型的砂丘植物耐盐，最高耐盐度达40。

经济和生态影响：狐米草多生长于盐度为0.2～1.52的沿海潮滩上，并能接受海水的直接浇灌，部分品系在实验条件下能忍耐盐度为9.3的盐水浇灌，长期种植可脱除土壤中的盐分，有促淤造陆、消浪护堤、净化水质、为其他生物提供栖息地等生态功能，没有对本土生态系统造成入侵威胁。

参考文献

关道明. 2009. 中国滨海湿地米草盐沼生态系统与管理[M]. 北京: 海洋出版社.
杭悦宇, 陈建群. 1992. 互花米草、大绳草和狐米草颖果的解剖研究. //钦佩, 仲崇信. 米草的应用研究[M]. 北京: 海洋出版社: 126-1321.
宋蓉君, 窦润禄. 1986. 互花米草、狐米草和大绳草茎秆的比较解剖观察[J]. 武汉植物研究, 4(2): 139-148.
左平, 刘长安, 赵书河, 等. 2009. 米草属植物在中国海岸带的分布现状[J]. 海洋学报, 31(5): 101-111.

(13) 北美海蓬子

拉丁学名：*Salicornia bigelovii*

分类地位：被子植物门(Angiospermae)双子叶植物纲(Dicotyledoneae)石竹目(Caryophyllales)藜科(Cheno-podiaceae)

生态类群：滩涂植物。

形态性状：属一年生双子叶植物，生长后期茎木质化。植株高度为30～90cm，茎直立，多分支，分支对生；枝肉质，有节，呈绿色或紫红色；叶片退化；花序穗状，顶生，圆柱状；花被合成袋形，花后膨大，结果时发育如海绵组织。每3个单花集成一簇，中央单花高于两周边花，呈三角形排列，所有单花均着生于紧密排列的肉质苞腋内，外观似花，嵌入花序轴内。

首次发现或引入的地点及时间：20世纪90年代左右从美国引进。

引入路径：有意引进。

起源或原产地：热带美洲。

国内分布：在海南和山东东营盐碱地进行栽培，但难以解决海水灌溉后土地盐碱化严重的问题。目前仍然处于栽培实验阶段。我国南方沿海滩涂亦是北美海蓬子的适生区域，三亚、雷州、汕头、防城和南通等地的小面积试种已取得成功。北美海蓬子在山东滨海盐荒地上的适应性较差，表现为萌发晚、生长量小、开花结实晚、种子产量低且在露天条件下不能自然成熟。

生活史：花两性，雌蕊1枚，雄蕊2枚。花被与子房离生。风媒花，胞果卵形到长圆形，被包在蓬松的花被内。种子直立，卵形到长圆形，成熟时易脱落，种子繁殖。

营养和环境条件：经亚利桑那大学培育、改良，高度耐盐，为盐生植物，可以用海水直接灌溉。一定浓度的海水可以促进北美海蓬子幼苗的生长，浓度50%左右的海水是北美海蓬子幼苗生长的最适浓度，而种子的萌发以无盐环境为最好。北美海蓬子已经在北纬16°～32°的热带、亚热带地区试种成功。

经济和生态影响：它可以在多数植物无法生存的盐碱地、盐湖旁及海边盐碱荒滩上生存，有益于改良生态环境。它是一种可以用海水浇灌的油料植物，其幼苗和嫩尖是一种风味独特的保健蔬菜，有“植物海鲜”“海人参”“海洋芦苇”和“海菜豆”等别称，具有极高的营养保健价值和社会生态价值。

参考文献

冯立田. 2000. 海蓬子的经济开发价值及国内外开发动态[J]. 科技开发动态, 1(12): 3-6.

冯立田. 2009. 毕氏海蓬子及其开发利用[J]. 盐业与化工, 38(3): 38-42.

闫小玲, 刘全儒, 寿海洋, 等. 2014. 中国外来入侵植物的等级划分与地理分布格局分析[J]. 生物多样性, 22(5): 667-676.

周泉澄, 华春, 张玉飞, 等. 2006. 海水对毕氏海蓬子(*Salicornia bigelovii* Torr.)种子萌发及幼苗生长的影响[J]. 南京晓庄学院学报, 6: 48-52.

(14) 无瓣海桑

中文俗名：孟加拉海桑、海柳

拉丁学名：*Sonneratia apetala*

分类地位：被子植物门(Angiospermae)双子叶植物纲(Dicotyledoneae)桃金娘目(Myrtales)海桑科(Son-neratiaceae)

生态类群：滩涂植物。

形态性状：常绿乔木，高15～20m，小枝纤细下垂，有笋状呼吸根；单叶对生，厚革质，椭圆形至长椭圆形，全缘；总状花序，花蕾卵形，花萼四裂，三角形，绿色，花瓣缺，雄蕊多数，花丝白色，柱头蘑菇状；浆果球形，绿白色，种子呈“V”形。

首次发现或引入的地点及时间：1985年从孟加拉国引入。

引入路径：有意引进，用于滩涂和海岸带种植。

起源或原产地：孟加拉国和印度。

国内分布：我国福建、广东、广西和海南广泛栽培，目前引种成功的最北界是福建厦门。

生活史：两年即可开花，柱头状，花萼具瘤状突起，无花瓣，成熟期为每年的9～10月，每果含种子50粒左右。

营养和环境条件：无瓣海桑对潮间带的适应能力强，向陆方向可生于海莲林和角果木林外缘的中高潮带滩涂，向海方向可生于秋茄林内或天然秋茄林外缘的中低潮带滩

涂。耐盐能力中等，在盐度低于15的海水环境下生长，最适盐度为10。种子只适宜在盐度为0～10的条件下萌发，幼苗在盐度为0～25时正常生长，盐度超过25时生长受到抑制。

经济和生态影响：木材属于软木类，纤维较长，可用于造纸等。该树种生长迅速，是华南沿海地区抑制互花米草生长的优良树种。但由于其速生性和强适应性，对土著红树林生长具有较大威胁，是否会造成生态入侵尚存在一定的争论，在实施红树林的恢复工程时，应充分论证其危害，慎重引种，避免在保护区引种。

参考文献

陈长平, 王文清, 林鹏. 2000. 盐度对无瓣海桑幼苗的生长和某些生理生态特性的影响[J]. 植物学通报, 17(5): 457-461.

李云, 郑德璋, 廖宝文, 等. 1995. 无瓣海桑引种育苗试验[J]. 林业科技通讯, 5: 21-22.

闫小玲, 刘全儒, 寿海洋, 等. 2014. 中国外来入侵植物的等级划分与地理分布格局分析[J]. 生物多样性, 22(5): 667-676.

(15) 细枝木麻黄

拉丁学名：*Casuarina cunninghamiana*

分类地位：被子植物门(Angiospermae)双子叶植物纲(Dicotyledoneae)木麻黄目(Casuarinales)木麻黄科(Casuarinaceae)

生态类群：海岸植物。

形态性状：乔木，高可达25m，大树根部常有萌蘖；树干通直，直径约为40cm；树冠呈尖塔形；树皮灰色，稍平滑，小块状剥裂或浅纵裂，内皮淡红色；枝暗褐色，近平展或前端稍下垂，近顶端处常有叶贴生的白色线纹；小枝密集，暗绿色，干时灰绿色或苍白绿色，纤细，稍下垂，长15～38cm，直径为0.5～0.7mm，具浅沟槽及钝棱，节间长4～5mm，节韧不易抽离，每节上有狭披针形、紧贴的鳞片状叶为8～10枚。花雌雄异株；雄穗状花序生于小枝顶端，圆柱形，长1.2～2cm；苞片下部被毛，上部无毛或有极短的毛；花被片1枚，长约1mm，顶端兜状；花丝长约1.5mm，花药两端浅缺；雌花序生于侧生的短枝顶，密集，倒卵形；苞片卵状披针形，除边缘外无毛。球果状果序小，具短柄，椭圆形或近球形，长7～12mm，两端截平；小苞片阔椭圆形，顶端急尖；小坚果连翅长3～5mm。花期为4月，果期为6～9月。

首次发现或引入的地点及时间：1997年福建省东山县赤山国有防护林场。

引入路径：有意引进。

起源或原产地：原产于澳大利亚。

国内分布：福建、广西、广东等地。

生活史：播种与扦插。目前已由人工引种栽培。

营养和环境条件：生长迅速，萌芽力强，对立地条件要求不高。根系深广，具有耐干旱、抗风沙和耐盐碱的特性。

经济和生态影响：世界热带、亚热带地区常见栽培，是我国华南沿海地区防风固沙林

的最主要树种，广西、广东、福建、台湾有栽植。树形美观，常栽植为行道树或观赏树。木材硬重，用途同木麻黄，但材质稍逊。

参考文献

聂森. 2009. 木麻黄不同种源综合评价[J]. 防护林科技, (4): 7-10.

(16) 粗枝木麻黄

拉丁学名：*Casuarina glauca*

分类地位：被子植物门(Angiospermae)双子叶植物纲(Dicotyledoneae)木麻黄目(Casuarinales)木麻黄科(Casuarinaceae)

生态类群：海岸植物。

形态性状：乔木，高10～20m，胸径达35cm；树皮灰褐色或灰黑色，厚而表面粗糙，块状剥裂及浅纵裂，内皮浅黄色；侧枝多，近直立而疏散，嫩梢具环列反卷的鳞片状叶；小枝颇长，可达30～100cm，上举，末端弯垂，灰绿色或粉绿色，圆柱形，具浅沟槽，嫩时沟槽内被毛，后变无毛，直径为1.3～1.7mm，节间长10～18mm，两端近节处略肿胀；鳞片状叶每轮12～16枚，狭披针形，棕色，上端稍外弯，易断落而呈截平状；节韧，难抽离，折曲时呈白蜡色。

首次发现或引入的地点及时间：1997年福建省东山县赤山国有防护林场。

引入路径：有意引进。

起源或原产地：原产于澳大利亚。

国内分布：广东、福建、台湾有栽培，生长于海岸沼泽地至内陆地区。

生活史：播种与扦插。花雌雄同株；雄花序生于小枝顶，密集，长1～3cm；雌花序具短或略长的总花梗，侧生，球形或椭圆形。球果状果序广椭圆形至近球形，两端截平，长1.2～2cm，直径约为1.5cm；苞片披针形，外被长柔毛；小苞片广椭圆形，顶端稍尖或钝，被褐色柔毛，渐变无毛；小坚果淡灰褐色，有光泽，连翅长5～6mm。花期为3～4月，果期为6～9月。

营养和环境条件：在造林上由于其幼树生长慢，容易产生枯梢现象，对立地条件要求较严格，抗风力较差。

经济和生态影响：常栽培作行道树或庭园观赏树。本种心材褐色，边材白色，为枕木、家具用材，亦可供雕刻或作牛轭用。

参考文献

何贵平, 卓仁英, 陈雨春, 等. 2011. 低温处理对耐寒粗枝木麻黄无性系生理指标的影响[J]. 林业科学研究, 24(4): 523-526.

聂森. 2009. 木麻黄不同种源综合评价[J]. 防护林科技, (4): 7-10.

三、动物界ANIMALIA

(1) 黄金水母

中文俗名：丝带水母、咖啡金黄水母

拉丁学名：*Chrysaora melanaster*

分类地位：刺胞动物门(Cnidaria)钵水母纲(Scyphozoa)旗口水母目(Semaeostomeae)游水母科(Pelagiidae)

生态类群：海洋无脊椎动物(浮游动物)。

形态性状：黄金水母成体由伞部和口腕部两部分组成。伞部呈深圆盘状或半球形，伞径一般为15～20cm，最大可达30cm，外伞表面有许多细小的刺胞疣突，由于采食饵料差异，外伞从乳黄色到黄褐色，颜色深浅不同。伞部中央胶质较厚，成体为0.8～1.2cm，向边缘逐渐变薄。外伞顶部大多形成无色圆圈，圆圈边缘向外有16根咖啡色"V"形辐射线，少数个体16根辐射线在伞顶聚集成一咖啡色圆点。外伞边缘深浅间隔形成16个缘瓣，每个浅凹缘瓣间有1个感觉器，每2个感觉器间一般有3条触手，故有24条触手。内伞有16束放射肌，宽窄相间排列，以保证强有力的收缩。口为十字形，位于内伞中央，四角具4条飘带状的口腕，口腕上有沟的地方较厚，两缘形成细皱褶，其上布满白色的刺胞，摄食时能够包裹猎物。黄金水母外观最明显的特征是触手和口腕很长，可达0.5～1m，正常情况下为伞径的3～4倍。

首次发现或引入的地点及时间：2007年我国青岛海底世界水族馆从日本引进。

引入路径：有意引进，作为水族馆观赏动物。

起源或原产地：日本北部及白令海。

国内分布：水族馆。

生活史：体外受精，卵为沉性，受精后6h内发育为浮浪幼虫，浮浪幼虫有明显的趋光性，在54h内变态发育为具4条触手的螅状体。螅状体能通过多种方式进行无性繁殖，于20℃横裂生殖，每个螅状体每次横裂产生8～21个碟状体，碟状体的数量和质量与横裂前螅状体的状态有关。合适的水流和充足的食物保证了碟状体在60天内变态为伞径为10cm的育成体。在人工条件下，螅状体可长期保存，水母体能饲养8～10个月。

营养和环境条件：黄金水母是广食性肉食动物，在自然条件下无选择性地摄食一切可获得的浮游动物、小鱼、小虾及其卵和幼体。冬天，黄金水母生活在深水区域。而到

夏天，黄金水母就会游至海岸线附近的浅水水域附近繁殖。螅状体生存温度范围很广，12～23℃均能进行无性繁殖，但只有在20℃时才启动横裂生殖，产生有性世代的碟状体。

经济和生态影响：黄金水母中胶层薄，食用价值低，但其外形优美，游姿优雅，具有较高的观赏性，近年来已被许多水族馆人工饲养、繁殖和展示。该水母体形巨大，但实际上这种生物对人无害，也不会用触角袭击人类。

参考文献

马喜平, 凡守军. 1998. 水母类在海洋食物网中的作用[J]. 海洋科学, 22(2): 38-42.

杨翠华, 王玮, 王文章, 等. 2012. 咖啡金黄水母的人工培育及生活史观察[J]. 水产科学, 31 (12): 708-712.

(2) 褐黄金黄水母

中文俗名：太平洋金黄水母、太平洋海荨麻水母

拉丁学名：*Chrysaora fuscescens*

分类地位：刺胞动物门(Cnidaria)钵水母纲(Scyphozoa)旗口水母目(Semaeostomeae)游水母科(Pelagiidae)

生态类群：海洋无脊椎动物(浮游动物)。

形态性状：外伞部为褐黄色，光滑无条纹，具有32条辐射对称的褐色触手。它有着金色的头冠、飘舞的触须、斑斓的色彩，体态梦幻而优美，比一般常见的海月水母和冠状水母颜色更深、体形更大，伞径可达30cm以上。

首次发现或引入的地点及时间：2009年由上海海洋水族馆引进。

引入路径：有意引进，作为水族馆观赏动物。

起源或原产地：分布于东太平洋，从加拿大到墨西哥，在美国加利福尼亚州和俄勒冈州沿岸最常见，日本海域有活动记录。

国内分布：水族馆。

生活史：由有性繁殖的浮游水母体和无性繁殖的附着螅状体进行世代交替组成。

营养和环境条件：肉食性，主要食物是浮游生物、甲壳类动物、小鱼和其他水母。

经济和生态影响：长有蜇刺，对于人类来说这些毒素具有高危险性。该水母以其致人疼痛的毒刺为人所熟知，毒刺蜇到人之后会使人产生疼痛感、强烈的痉挛，甚至致命。有时候它们会大量聚集在一处，持续数月之久，甚至堵住渔网，将聚集海域海水中的浮游生物捕食一空。

参考文献

Marques A C, Collins A G. 2004. Cladistic analysis of Medusozoa and cnidarian evolution[J]. Invertebrate Biology, 123(1): 23-42.

Marques A C, Peña Cantero A L, Migotto A E. 2006. An overview of the phylogeny of the families Lafoeidae and Hebellidae (Hydrozoa: Leptothecata): their composition and classification[J]. Invertebrate Systematics, 20(1): 43-58.

Morandini A C, Marquess A C. 2011. Revision of the genus Chrysaora Péron & Lesueur, 1810 (Cnidaria: Scyphozoa)[J]. Zootaxa, 2464: 1-97.

(3) 马赛克水母

中文俗名：彩色水母、端棍水母、蓝鲸脂水母、澳大利亚蓝水母

拉丁学名：*Catostylus mosaicus*

分类地位：刺胞动物门(Cnidaria)钵水母纲(Scyphozoa)根口水母目(Rhizostomeae)端棍水母科(Catostylidae)

生态类群：海洋无脊椎动物(浮游动物)。

形态性状：体形较大，伞缘直径一般最高可达35cm。伞缘无触手，口腕愈合，口封闭，又形成了许多小的吸口。早期发育中具有正常的口，并有4个口叶，以后发育中4个口叶分支成8个口腕，口腕再分支愈合，原来口腕中的纤毛沟愈合成小管及吸口(suctorial mouth)。吸口、小管与胃腔相连，胃腔中也有辐射管，环管或有或无，具触手囊。个头浑圆，头部伞呈圆钟形，伞后面有8只在口器的挤压下形成了口腕。形状独特，色彩丰富，半透明而不是透明体。由于体内的生殖腺或其他胃囊等结构具有色泽，身体在透明中出现局部的粉红色、橘红色、白色、红色、蓝色、紫色与黄色。

首次发现或引入的地点及时间：不详。

引入路径：有意引进，作为水族馆观赏动物。

起源或原产地：分布于澳大利亚东北部沿海及河口水域。

国内分布：水族馆。

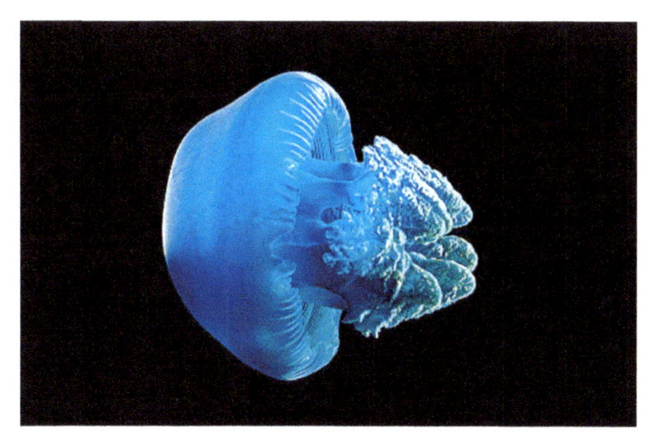

生活史：生活史的主要阶段是单体、水母型，其水螅型阶段不发达或完全消失。雌雄异体，生殖腺位于胃囊内，由内胚层产生。生殖细胞排到海水中或口腕处受精，受精卵经囊胚期发育成浮浪幼虫，经过一段自由游泳之后，用其前端固着在物体上发育成水螅型幼虫，称为钵口幼体(scyphistoma)，之后钵口幼体由顶端到基部进行节片生殖(strobilation)，这时称为链体(strobila)，以后链体由顶端开始依次脱离母体形成幼年的水母型体，称碟状幼体(ephyra)，链体可以生活一到数年，全部链体脱落之后，它又可以重新形成钵口幼体，所以链体是无性生殖阶段。碟状幼体很小，边缘有很深的缺刻。它经过大量的取食后发育成水母型成体。远洋漂浮的钵水母类没有固着生活的阶段。

营养和环境条件：马赛克水母为肉食性动物，以小的甲壳类、浮游生物等为食。此外，马赛克水母与藻类有共生关系，不必完全依赖外部的营养来源。营养摄入量的很大一部分依赖于与其有共生关系的藻类，水母体内生活着单细胞藻类。作为回报，藻类在光合作用过程中为它们的寄主提供部分营养丰富的碳水化合物。马赛克水母采取夜间狩猎以供应其营养。

经济和生态影响：马赛克水母无毒，但正日益对澳大利亚渔民的生活进行滋扰，在夏季，成群的马赛克水母如洪水泛滥般地进入澳大利亚北部海岸线，堵塞渔网而致使渔获量减少。

参考文献

Pitt K A. 2000. Life history and settlement preferences of the edible jellyfish *Catostylus mosaicus* (Scyphozoa: Rhizostomeae) [J]. Marine Biology, 136 (2) : 269-279.

Pitt K A, Kingsford M J. 2000. Reproductive biology of the edible jellyfish *Catosylus mosaicus* (Rhizostomeae) [J]. Marine Biology, 137 (5-6) : 791-799.

(4) 澳洲斑点水母

中文俗名：珍珠水母

拉丁学名：*Phyllorhiza punctata*

分类地位：刺胞动物门(Cnidaria)钵水母纲(Scyphozoa)根口水母目(Rhizostomeae)硝水母科(Mastigiidae)

生态类群：海洋无脊椎动物(浮游动物)。

形态性状：伞体呈半圆形，通体淡蓝色，伞体表面分布有白色斑点，最大直径可达50～60cm。

首次发现或引入的地点及时间：不详。

引入路径：有意引进，作为水族馆观赏动物。

起源或原产地：分布于西南太平洋海域。

国内分布：水族馆。

生活史：由有性繁殖的浮游水母体和无性繁殖的附着螅状体进行世代交替组成。

营养和环境条件：以海洋小型浮游生物为食。体内有共生藻类，可以像植物一样通过光合作用产生营养物质来维持自身生命。在人工养殖中，澳洲斑点水母主要以水母专用饲料和丰年虾幼体为主要饵料。在饲养过程中，必须有充足的光线来进行光合作用，这样水母才能健康成长。

经济和生态影响：食性对脆弱的海洋生态平衡有着很大的危害。一只澳洲斑点水母每天约过滤50m^{3}的海水以摄取浮游生物，当一大群在一起时，就会把水域里的浮游生物滤食一空，造成生态上的危害。

参考文献

Ambra D I, Costello J H, Bentivegna F. 2001. Flow and prey capture by the scyphomedusa *Phyllorhiza punctata* von Lendenfeld, 1884[J]. Springer Link, 451(1): 223-227.

Cevik C, Dericil O B, Cevik F, et al. 2011. First record of *Phyllorhiza punctata* von Lendenfeld, 1884(Scyphozoa: Rhizostomeae: Mastigiidae) from Turkey[J]. Aquatic Invasions, 6(1): S27-S28.

(5) 海湾扇贝

拉丁学名：*Argopecten irradians*

分类地位：软体动物门(Mollusca)双壳纲(Bivalvia)珍珠贝目(Pterioida)扇贝科(Pectinidae)

生态类群：海洋无脊椎动物(贝类)。

形态性状：海湾扇贝多呈圆形，壳中等大小。壳较凸，壳质较薄。两壳及壳两侧略等。壳顶稍低，不突出背缘。左壳两耳略等；右壳前耳较后耳小，具足丝孔和细栉齿。壳表面多呈灰褐色或浅黄褐色，具深褐色或紫褐色花斑，一般左壳的颜色较浅而右壳较深。两壳皆有放射肋17或18条；肋圆，光滑，肋上小棘较平；左壳肋窄，肋间距较宽；右壳相反。壳内面近白色，略具光泽；肌痕略显，有与壳面相应的肋沟。外套缘具缘膜，外套触手较细且多。外套眼较大，数目较多。

首次发现或引入的地点及时间：1982年由中国科学院海洋研究所从美国引进，1991年又从加拿大重新引种复壮。

引入路径：有意引进养殖。

起源或原产地：美国大西洋西海岸，从科德角至新泽西州和北卡罗来纳州均有分布。

国内分布：全国沿海均有养殖。

生活史：海湾扇贝为雌雄同体。其生长发育较快，春季培育的苗种，养殖到秋季(壳高达5cm左右)性腺即成熟，并可以此为亲贝采卵培育苗种。在我国北方海域，海湾扇贝一年有春、秋两个繁殖盛期，春季为5月下旬至6月，秋季为9～10月。

营养和环境条件：耐温范围为1～32℃，最适温度为22℃。耐盐范围为19～44，最适盐度为25～31。对水质要求比较严格，透明度大、不受污染、溶解氧不低于4mg/L，COD(化学需氧量)≤4mg/L，pH8.0～8.5。

经济和生态影响：海湾扇贝几乎全身是宝，闭壳肌可以被加工成冷冻鲜扇贝柱、罐头。外套膜可被加工成贝边，既可食用也可作为鱼虾的鲜饵。外壳既可作贝类育苗的附着基，也是贝雕业不可缺少的原料。并且，不同种的一些扇贝之间具有很好的精卵结合能力，能够形成杂交种，其中某些杂交种是可育的。由于贝类强大的生殖能力，对其杂交育种产生的遗传危害性应高度关注。

参考文献

李家乐, 董志国, 李应森, 等. 2007. 中国外来水生动植物[M]. 上海: 上海科学技术出版社.
谢忠明. 2002. 海水经济贝类养殖技术[M]. 北京: 中国农业出版社: 475-485.
张福绥. 1993. 海湾扇贝引进中国10周年[J]. 齐鲁渔业, (5): 9-12.
张福绥, 何义朝, 亓铃欣, 等. 1997. 海湾扇贝引种复壮研究[J]. 海洋与湖沼, 28(2): 146-152.

(6) 墨西哥湾扇贝

拉丁学名：*Argopecten irradians concentricus*

分类地位：软体动物门（Mollusca）双壳纲（Bivalvia）珍珠贝目（Pterioida）扇贝科（Pectinidae）

生态类群：海洋无脊椎动物（贝类）。

形态性状：多呈圆形，壳中等大小。壳较凸，壳质较薄。左右两壳对称。壳顶稍低，不突出背缘。左壳两耳略等大，右壳前耳较后耳小，具足丝孔和细栉齿。壳表面多呈灰褐色或黄褐色，具深褐色或紫褐色花斑。两壳皆有放射肋17或18条；肋圆，光滑，肋上小棘较平；左壳肋窄，肋间距较宽。壳内略具光泽；肌痕略显，有与壳面相应的肋沟。外套膜具缘膜，触手较细且多。外套眼大，数目较多。

首次发现或引入的地点及时间：1991年由中国科学院海洋研究所从美国墨西哥湾引进南方种群，1995年和1997年两次从美国北卡罗来纳州引进北方种群。

引入路径：有意引进养殖。

起源或原产地：大西洋西海岸。

国内分布：全国沿海均有养殖，但更适合于水温较高的南方海域。

生活史：幼虫期营浮游生活，成体期能分泌足丝营固着生活。性成熟年龄为1龄，雌雄同体。一年有春、秋两个生殖期。墨西哥湾扇贝为雌雄同体，具备适宜的条件就能够促进其性腺成熟，排放精子、卵。在培育水温26℃条件下，受精后第14天，幼苗壳长达500μm以上，即可移到中间培育池继续培育。

营养和环境条件：适温性广，在水温10～31℃时可正常生长，最佳生长温度为24～28℃。适宜盐度较高，一般要求最低盐度须在21以上。底质以泥沙或沙泥为好，风浪相对要小。滤食性动物。

经济和生态影响：生长快，生长周期短。一般只需要5～6个月。产量高，出肉率和肉柱多。亩产一般在3t以上，最高可达5t，养殖技术容易掌握，适宜于大面积、大规模

生产。

该扇贝肉质鲜嫩，味道好，易养殖，经济效益高，为海岛地区特色菜。并且不同种的一些扇贝之间具有很好的精卵结合能力，能够形成杂交种，其中某些杂交种是可育的。由于贝类强大的生殖能力，对其杂交育种产生的遗传危害性应高度关注。此外，该扇贝还与本地贝类竞争生活空间、食物等。

参考文献

李家乐, 董志国, 李应森, 等. 2007. 中国外来水生动植物[M]. 上海: 上海科学技术出版社.

谢忠明. 2002. 海水经济贝类养殖技术[M]. 北京: 中国农业出版社: 475-485.

张福绥, 何义朝, 亓铃欣, 等. 1994. 墨西哥湾扇贝的引种和子一代苗种培养[J]. 海洋与湖沼, 25(4): 372-377.

(7) 虾夷扇贝

拉丁学名：*Patinopecten yessoensis*

分类地位：软体动物门(Mollusca)双壳纲(Bivalvia)珍珠贝目(Pterioida)扇贝科(Pectinidae)

生态类群：海洋无脊椎动物(贝类)。

形态性状：大型贝壳，壳高可超过20cm。右壳较突，黄白色；左壳稍平，较右壳稍小，呈紫褐色，壳近圆形。壳顶位于背侧中央，前后两侧壳耳相等。右壳的前耳有浅的足丝孔。壳表有15～20条放射肋，右壳肋宽而低矮，肋间狭；左壳肋较细，肋间较宽。壳顶下方有三角形的内韧带，单柱类，闭壳肌大，位于壳的中后部。

首次发现或引入的地点及时间：1980年中国科学院海洋研究所和辽宁省水产研究所从日本引进。

引入路径：有意引进养殖。

起源或原产地：日本北部、朝鲜北部和俄罗斯(远东地区)海域。

国内分布：辽宁、山东、江苏北部等北方沿海。

生活史：初次繁殖年龄为2龄以上，该贝类为体外受精、体外发育，一年多次产卵。第一次产卵或排精后，经过一段时间的发育，再继续产卵或排精，可如此反复多次，但以第一次产卵最多。怀卵量与产卵量很大，一次产卵可达1000万～3000万粒。虾夷扇贝在我国北方繁殖季节为3～4月，产卵水温为3～10℃。自然种群雌：雄为6：4左右。虾夷扇贝受精卵在海水中受精后不断发育，初期为D形幼虫，壳长110～120μm；经过浮游幼虫阶段，当幼虫平均壳长达到220～240μm时出现眼点，随即附着变态，稚贝壳长达3～4cm，足丝腺退化。

营养和环境条件：虾夷扇贝一般分布于底部比较坚硬、淤泥少的海区和水深不超过40m的沿岸区。为低温高盐种类，对温度和盐度的要求较严格，正常生活的温度为5～23℃，盐度为24～40。对低溶解氧的忍耐力较弱，生活在溶解氧为1.5～1.7mg/L的海水中。虾夷扇贝为滤食性贝类，杂食性，摄食细小的浮游植物和浮游动物、细菌及有机碎屑等。其中浮游植物以硅藻类为主，其次为鞭毛藻及其他藻类。浮游动物中有桡足类、无脊椎动物的幼虫等。

经济和生态影响：虾夷扇贝是近些年来贝类水产品的重要品种，其闭壳肌蛋白质的构成特殊，据分析每百克含有63.7g蛋白质、3g脂肪、15g糖类、47mg钙、886mg磷、2.9mg铁。虾夷扇贝含有丰富的不饱和脂肪酸EPA和DHA。EPA能够大大减少血栓的

形成和血管硬化的现象。DHA不仅可以促进智力开发和提高智商，还可以降低老年性痴呆症的发病率。从虾夷扇贝闭壳肌中提取的一种糖蛋白具有破坏癌细胞的功效。另外，虾夷扇贝还具有滋阴、补肾等作用，对身体虚弱、食欲缺乏、营养不良等有很好的疗效。虾夷扇贝带来海的味道，更带来美味和健康，并且不同种的一些扇贝之间具有很好的精卵结合能力，能够形成杂交种，其中某些杂交种是可育的。由于贝类强大的生殖能力，对其杂交育种产生的遗传危害性应高度关注。此外，虾夷扇贝还与本地贝类竞争生活空间、食物等。

参考文献

李德尚. 1993. 水产养殖手册[M]. 北京: 农业出版社.
柳中传, 宋宗贤. 1991. 虾夷扇贝养殖技术[J]. 海洋科学, (4): 11-14.
沈俊宝, 张显良. 2002. 引进水产优良品种及养殖技术[M]. 北京: 金盾出版社: 338-340.

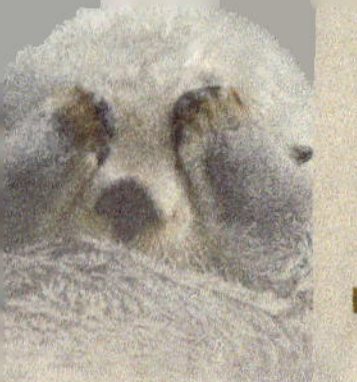

(8) 欧洲大扇贝

中文俗名：大海扇蛤

拉丁学名：*Pecten maxima*

分类地位：软体动物门(Mollusca)双壳纲(Bivalvia)珍珠贝目(Pterioida)扇贝科(Pectinidae)

生态类群：海洋无脊椎动物(贝类)。

形态性状：个体大，直径可达17cm，壳表面有15～17条放射肋，右壳较大，白色、黄色或浅棕色，常有暗色的斑点；左壳稍平，较右壳稍小，呈粉红或棕红色。

首次发现或引入的地点及时间：20世纪90年代末从法国、挪威引进。

引入路径：有意引进养殖。

起源或原产地：分布于英吉利海峡及冰岛一带，主产于法国和英国。

国内分布：我国目前正处于人工育苗和养殖试验阶段。

生活史：幼虫期营浮游生活，成体期无足丝，营底栖生活，喜清洁的沙底或泥底，人工养殖需特殊材料，常采用人工底播的方法。

营养和环境条件：它为冷水性、滤食性贝类。适应在5～150m深的水下生活，但最适生存区域在水深10m以下。

经济和生态影响：它是欧洲重要的经济贝类，与本地贝类竞争生活空间、食物等。

参考文献

梁玉波, 王斌. 2001. 中国外来海洋生物及其影响[J]. 生物多样性, 9(4): 456-465.

(9) 紫扇贝

中文俗名：南太平洋紫扇贝、秘鲁紫扇贝

拉丁学名：*Argopecten purpuratus*

分类地位：软体动物门(Mollusca)瓣鳃纲(Lamellibranchia)翼形亚纲(Pterimorphia)珍珠贝目(Pterioida)扇贝科(Pectinidae)

生态类群：海洋无脊椎动物(贝类)。

形态性状：紫扇贝的壳宽较大，闭壳肌肥大，壳长最大可达15cm。

首次发现或引入的地点及时间：2008年我国青岛农业大学王春德首次将紫扇贝从秘鲁引入我国。

引入路径：有意引进养殖。

起源或原产地：南美洲太平洋沿岸。

国内分布：山东。

生境类型：营固着生活的海洋贝类。

生活史：生殖时，精子和卵被排出体外，在水中受精。发育过程依次经囊胚、原肠胚、担轮幼体、面盘幼体、匍匐幼体和稚贝阶段。

营养和环境条件：适宜养殖温度为12～26℃。

经济和生态影响：该扇贝是一种原产于南太平洋的优质贝类，具有出肉率高、味道鲜美、生长快速、抗逆性强、足丝发达等特征。该扇贝在当地生长14～16个月可达9cm商品规格，经济价值高，其加工产品在美国和欧洲深受欢迎，智利和秘鲁等已开展大规模人工养殖。

在人工培育条件下，广温型紫扇贝与海湾扇贝杂交成功，培育出的新品种‘海紫’杂交4代苗种已开始发售，并开始在全国主要养殖海域试养推广。因此，对其杂交育种产生的遗传危害性应高度关注。

参考文献

南乐红, 张金盛, 丰玮, 等. 2012. 紫扇贝和墨西哥湾扇贝种间杂交的初步研究[J]. 中国农学通报, 28(20): 131-135.

王春德, 刘保忠, 李继强, 等. 2009. 紫扇贝与海湾扇贝种间杂交的研究[J]. 海洋科学, 33(10): 84-91.

(10) 岩扇贝

拉丁学名：*Crassadoma gigantea*

分类地位：软体动物门(Mollusca)瓣鳃纲(Lamellibranchia)翼形亚纲(Pterimorphia)珍珠贝目(Pterioida)扇贝科(Pectinidae)

生态类群：海洋无脊椎动物(贝类)。

形态性状：具有两枚贝壳，称为左壳和右壳。正常情况下，成年岩扇贝会将它的右壳固着在岩石的表面(通常为垂直面)。用来固着的右壳为了适应岩石的轮廓，会变得畸形。成年岩扇贝的左壳很粗糙，近似于圆形，厚且重。左壳上具有放射肋，略深。每3或4条放射肋上生有棘状突起，棘短而钝。随着岩扇贝年龄的增长，左壳放射肋上的棘会慢慢被磨平。岩扇贝壳高略大于壳长。个别岩扇贝由于生活在岩缝中，受环境影响壳高远大于壳长。壳顶尖，两侧分贝生有前耳和后耳，前耳腹侧有一凹陷的足丝孔。

首次发现或引入的地点及时间：2013年由大连海洋大学从加拿大引入大连。

引入路径：有意引进养殖。

起源或原产地：北美太平洋海域。

国内分布：目前仅在大连试养。

生境类型：营固着生活的海洋贝类。

生活史：雌雄异体。生殖时，精子和卵被排出体外，在水中受精。发育过程依次经囊胚、原肠胚、担轮幼体、面盘幼体、匍匐幼体和稚贝阶段。

营养和环境条件：岩扇贝是广温性种类，分布范围广，对盐度的变化有良好的适应

性，原产地岩扇贝的适宜水温为6～20℃。耗氧率在pH为8.0时最高，pH低于或高于8.0，耗氧率下降。另外，该扇贝对饵料的适应性也较广。

经济和生态影响：岩扇贝具有闭壳肌大、风味独特等特点，且生长速度较快，闭壳肌具有高蛋白质、低脂肪的特点，食用价值和保健作用较高，是一种具有潜在引种价值的扇贝。

参考文献

曹善茂, 梁伟锋, 汪健, 等. 2016. 岩扇贝幼贝滤食率的基础研究[J]. 大连海洋大学学报, 31(6): 612-617.

曹善茂, 王昊, 陈炜, 等. 2016. 岩扇贝闭壳肌营养成分的分析及与中国3种扇贝的比较[J]. 大连海洋大学学报, 31(5): 544-550.

(11) 深海扇贝

拉丁学名：*Placopecten magellanicus*
分类地位：软体动物门(Mollusca)瓣鳃纲(Lamellibranchia)翼形亚纲(Pterimorphia)珍珠贝目(Pterioida)扇贝科(Pectinidae)
生态类群：海洋无脊椎动物(贝类)。
形态性状：深海扇贝有两个壳，呈椭圆形。壳通常高度大于宽度。两壳大小不均，左壳平坦，右壳突起。放射肋从铰链部向壳的边缘辐射。左壳是稍暗的颜色，通常是红色或棕色和白色，右壳呈白色。外壳的内部为白色，光滑。
首次发现或引入的地点及时间：2007年青岛农业大学海洋科学与工程学院与大连长海振禄水产有限公司合作引种研究。
引入路径：有意引进养殖。
起源或原产地：原产于大西洋海域和从加拿大拉布拉多省到美国北卡罗来纳州附近海域。
国内分布：该品种适合于在大连长海县海域养殖，其前期的生长速度与虾夷扇贝和栉孔扇贝相当，且养成期的成活率可达到90%以上。目前苗种已在獐子岛用于筏式和底播养殖。
生境类型：营固着生活的海洋贝类。
生活史：生殖时，精子和卵被排出体外，在水中受精。发育过程依次经囊胚、原肠胚、担轮幼体、面盘幼体、匍匐幼体和稚贝阶段。
营养和环境条件：深海扇贝只能生存在海洋环境和大西洋北部的冷水中，温度保持在20℃。蛰伏的时候，深海扇贝栖息在海底的沙子和泥土中。栖息于深海中，科德角北部的种群生活在浅水，水深大约20m；科德角南部种群生活在更深的海水，为40～200m。

经济和生态影响：深海扇贝是原产于北大西洋的大型冷水扇贝，壳高可达25cm，单个体重最大可达到500g以上，具有北大西洋深水海鲜特有的鲜味，市场价格高，是世界闻名的优良扇贝品种。该扇贝未来有望成为代替虾夷扇贝的重要储备品种，可为解决虾夷扇贝的高死亡率问题提供新的途径。

参考文献

王昊. 2016. 岩扇贝与深海扇贝营养成分分析及与三种养殖扇贝的比较[D]. 大连: 大连海洋大学硕士学位论文.

(12) 美国牡蛎

中文俗名：美洲牡蛎、美洲巨牡蛎、东岸牡蛎、大西洋牡蛎

拉丁学名：*Crassostrea virginica*

分类地位：软体动物门(Mollusca)双壳纲(Bivalvia)珍珠贝目(Pterioida)牡蛎科(Ostreidae)

生态类群：海洋无脊椎动物(贝类)。

形态性状：个体相对较大，能长到10cm，壳较厚，贝壳长形或椭圆形，壳的形态和大小变异较大。壳外部呈暗灰色，内部在肌痕处为深紫色，其余为白色。一侧壳突起，另一侧较平，其上有呈同心圆排列的波纹，环状生鳞片。

首次发现或引入的地点及时间：1986年由山东省威海市水产局从美国引进。

引入路径：有意引进养殖。

起源或原产地：美国特有品种，从缅因州至得克萨斯州均有出产。

国内分布：山东等地。

生活史：幼虫期营浮游生活，成体期能分泌足丝营固着生活。通常2龄性成熟，雌雄异体，雌体一次排卵可达5000万粒，体外受精。

营养和环境条件：美国牡蛎为广温广盐种类，对环境的适应能力很强，喜欢河口、海湾等低盐度的水域，并能长时间生活在淡水或海水中。能忍受0℃以下的较低温度。不喜欢拥挤，空间竞争是造成死亡的重要原因。滤食性，主要以海水中的浮游藻类和有机碎屑为食。

经济和生态影响：在北美的食用贝中商业价值最大。生态风险不详。

参考文献

吕延石, 杨清明. 1989. 美国牡蛎人工育苗实验[J]. 齐鲁渔业, 22(4): 32-33.

(13) 岩牡蛎

拉丁学名：*Crassostrea nippona*

分类地位：软体动物门(Mollusca)双壳纲(Bivalvia)珍珠贝目(Pterioida)牡蛎科(Ostreidae)

生态类群：海洋无脊椎动物(贝类)。

形态性状：贝壳呈长椭圆形，质地厚而坚硬。左壳凹陷较深，壳面呈褐色，鳞片细密，薄片状。壳内面白色，闭壳肌痕紫褐色，韧带两侧没有刻纹。

首次发现或引入的地点及时间：2001年以后我国辽宁大连湾镇新隆华海珍品育苗场等生产厂家从日本引进。

引入路径：有意引进养殖。

起源或原产地：日本和澳大利亚等国沿海。

国内分布：辽宁、山东等地沿海。

生活史：岩牡蛎属于卵生型，雌雄异体。在繁殖期间亲贝把成熟的卵或精子排出体外，在海水中受精、卵裂发育成幼虫，再固着变态成稚贝。它的整个生活史都在自然海区里度过。一般从受精后约经一年即达性成熟，在一个繁殖期内多次产卵，产卵期持续时间较长。可以将岩牡蛎解剖获取精子、卵进行受精，卵径为50～52μm，一只壳高为14～16cm雌贝的卵超过300万粒。

营养和环境条件：岩牡蛎栖息于低潮线至水深20m处，以左壳附着在岩礁上。岩牡蛎适宜盐度为28～35，属狭盐性种类，但在河口附近也有岩牡蛎。属滤食性贝类，成体的食物主要是海水中的浮游藻类和有机碎屑。

经济和生态影响：岩牡蛎具有体大、壳薄、生长快、出肉率高及对环境适应能力强等特点，但目前产业尚未形成规模。

参考文献

李文姬. 2007. 岩牡蛎的生物学及其养殖[J]. 水产科学, 26(12): 689-690.

苏延明, 桑田成, 周玮, 等. 2009. 岩牡蛎人工育苗技术的研究[J]. 大连水产学院学报, 24(1): 160-162.

(14) 火焰贝

中文俗名：闪电贝

拉丁学名：*Lima scabra*

分类地位：软体动物门(Mollusca)双壳纲(Bivalvia)珍珠贝目(Pterioida)锉蛤科(Limidae)

生态类群：海洋无脊椎动物(贝类)。

形态性状：贝壳里面呈现红色，触须呈现红色或白色。火焰贝的贝壳极其美丽，壳口处有许多火焰般的触手，内部还闪着幽蓝色的电光，两壳张开时，壳内的外套膜显火红色。壳内唇肉部也有蓝色闪光，中间肉体部分有两条发光体，好像霓虹灯在闪光。体长4～7.5cm。

首次发现或引入的地点及时间：由上海海洋水族馆引进，引进时间不详。

引入路径：有意引进，作为水族馆观赏动物。

起源或原产地：分布于太平洋、加勒比海地区、菲律宾海域。

国内分布：水族馆。

生活史：火焰贝的繁殖能力很强，但是它们的生存领地比较狭窄。

营养和环境条件：火焰贝会利用小石子或珊瑚碎片建立一个巢穴。生活在海底，平时利用两片贝壳一开一合作迁移运动。当受到威胁时，它会通过开合它的壳推动水流逃走，用触须作辅助。能与不吃它的任何生物相处融洽，可以成群饲养。滤食性，在水族箱中过滤小型浮游生物为食，最好将其放入成熟的生态缸。需要适度的钙含量和酸碱度。不能忍受高硝酸盐环境或含铜药物。饲养要求：水温为24～27℃，pH8.1～8.4，海水盐度为26～32。

经济和生态影响：火焰贝的贝壳极其美丽，令人惊艳，在南太平洋数量很多，爱好潜水者常专程前往欣赏。供水族馆观赏。

参考文献

Borrero F J, Rosenberg G. 2015. The Paul Hesse collection at the Academy of Natural Sciences of Philadelphia, with a review of names for Mollusca introduced by Hesse[J]. Proc Acad Nat Sci Philad, 164(1): 43-100.

McClain C R, Boyer A G, Rosenberg G. 2006. The island rule and the evolution of body size in the deep sea[J]. J Biogeogr, 33(9): 1578-1584.

(15) 大西洋浪蛤

拉丁学名：*Spisula solidissima*

分类地位：软体动物门(Mollusca)双壳纲(Bivalvia)帘蛤目(Veneroida)蛤蜊科(Mactridae)

生态类群：海洋无脊椎动物(贝类)。

形态性状：外形呈长椭圆形，壳色淡黄或棕黄，壳顶略显白色。壳表面较为光滑，无肋，生长轮纹清晰可见，但光滑不突出。两壳靠窄小的棕色韧带相连，壳质坚厚，壳内面为瓷白色，无珍珠光泽。闭壳肌痕、外套肌痕和外套窦均明显。

首次发现或引入的地点及时间：1998年从美国引进。

引入路径：有意引进养殖。

起源或原产地：北美大西洋近海海域，从加拿大的圣劳伦斯海湾至美国南卡罗来纳州的哈特拉斯角海湾均有分布，以美国纽约和弗吉尼亚沿岸最为集中。

国内分布：近年来，我国辽宁、浙江等地从美国引进大西洋浪蛤进行繁殖生物学方面的基础研究，并获得人工育苗的成功，但规模化养成尚难以实现。

生活史：卵生型贝类，体外受精，雌雄异体，雌雄比例接近1∶1，一年可达性成熟，成熟的生殖腺分布在内脏团周围，并延伸至足的基部，雌性性腺呈乳白色，雄性呈淡黄色。每年的4月中旬到6月水温为17.9～25℃时即可产卵。精子、卵在海水中受精，完成胚胎发育。

营养和环境条件：大西洋浪蛤的生存温度为-1～30℃，以10～25℃较适，盐度为10.0～51.5，pH4～9。营埋栖生活，潜居砂质底，洞穴的深度与贝类长度相当，依靠水交换滤取食物，饵料以各种小型浮游生物及有机碎屑为主，对种类没有明显的选择性。

经济和生态影响：由于生长速度快(一年能达到壳长50mm的商品规格)、抗逆性强，而且经济价值和营养价值较高，大西洋浪蛤是美国20世纪70年代后期发展起来的最具养殖潜力的经济贝类之一，发展前景十分广阔。

参考文献

郭海燕, 王昭萍, 于瑞海. 2007. 温度、盐度对大西洋浪蛤耗氧率和排氨率的影响[J]. 中国海洋大学学报(自然科学版), 37(s1): 185-188.

林志华, 柴雪良, 单乐洲, 等. 2005. 大西洋浪蛤繁殖生物学研究[J]. 海洋科学, 29(1): 16-23.

林志华, 方军, 牟哲松. 2000a. 大西洋浪蛤(*Spisula solidissima*)生态习性初步观察[J]. 青岛海洋大学学报(自然科学版), (2): 242-246.

林志华, 牟哲松, 方军. 2000b. 大西洋浪蛤(*Spisula solidissima*)人工繁殖初步实验[J]. 青岛海洋大学学报(自然科学版), (2): 247-251.

(16) 硬壳蛤

中文俗名：小圆蛤、北方帘蛤、美洲帘蛤

拉丁学名：*Mercenaria mercenaria*

分类地位：软体动物门(Mollusca)双壳纲(Bivalvia)帘蛤目(Veneroida)帘蛤科(Veneridae)

生态类群：海洋无脊椎动物(贝类)。

形态性状：外形呈三角卵圆形，后端略突出。壳质坚厚，外表面较平滑，有十分明显且细密的生长轮纹，壳表面有黄色或黄褐色斑块，后缘青色，壳顶区为淡黄色，壳缘部为褐色或黑青色。壳内面洁白光滑，有明显的前后闭壳肌痕。

首次发现或引入的地点及时间：1997年由中国科学院海洋研究所从美国引进。

引入路径：有意引进养殖。

起源或原产地：美国大西洋沿岸。

国内分布：山东、辽宁、江苏、浙江等地沿海均有养殖。

生活史：性成熟年龄为1龄，雌雄同体，每年的5月初到6月下旬，水温为19～28.2℃，硬壳蛤开始产卵。在一个生殖季节可以多次产卵，一般两次，第一次排放以后15～30天进行第二次排放。受精卵在海水中受精发育。

营养和环境条件：硬壳蛤属于埋栖滩涂贝类，滤食性。对环境适应性强，耐盐、耐温范围广。最佳生长温度在20℃左右，高于31℃或低于9℃时生长停止。硬壳蛤对盐度的耐受力随年龄的增加而增加，但同温度成反比，当盐度低而温度高时存活率会显著降低。对底质无特殊要求，在沙底、泥底和海岸等多种底质的滩涂和浅海都可以正常生长。

经济和生态影响：该贝类营养和经济价值较高，贝壳可作为高级工艺品、装饰品的原料，由硬壳蛤提取的蛤素能够抑制肿瘤的生长。生长速度较我国产的文蛤快，2年即可达到壳长50mm以上的商品规格，是美国大西洋沿岸和滩涂的主要养殖贝类。生态风险：与本地贝类竞争生活空间、食物等。

参考文献

常亚青, 王国栋, 王喜福. 2002. 硬壳蛤的生物学及养殖[J]. 齐鲁渔业, 19(10): 1-4.

梁殷超. 2005. “美国硬壳蛤的引种、人工育苗及养殖”研究项目通过鉴定[J]. 大连水产学院学报, 20(1): 68.

文海涛, 张涛, 杨红生, 等. 2004. 温度对硬壳蛤呼吸排泄的影响[J]. 海洋与湖沼, 35(6): 549-554.

(17) 太平洋潜泥蛤

中文俗名：高雅海神蛤、象鼻螺、包头螺、象鼻蚌、皇蛤、管蛤、象拔蚌

拉丁学名：*Panopea abrupta*

分类地位：软体动物门(Mollusca)双壳纲(Bivalvia)海螂目(Myoida)缝栖蛤科(Hiatellidae)

生态类群：海洋无脊椎动物(贝类)。

形态性状：世界上最大的底栖贝类，体呈圆柱形，肉柱细小，体主要由硕大的水管构成，肉柱具有收缩性。因其又大又多肉的红管，被人们称为象拔蚌。

首次发现或引入的地点及时间：20世纪80年代中期从我国香港引入内地，1998年山东省海洋水产研究所从美国、加拿大引进。

引入路径：有意引进养殖。

起源或原产地：美国和加拿大北太平洋沿海。

国内分布：辽宁、山东等地沿海。

生活史：性成熟年龄一般为3～5龄，雌雄异体。每年的繁殖季节一般在4～7月，盛期为5～6月。个体产卵量达1000万～2000万粒，产卵水温为14～17℃。卵径为82μm，受精卵经4～5天发育成D形幼虫(120～130μm)；10～12天发育成壳顶幼虫(160～180μm)；30天左右幼虫下沉，随即变态，壳长达350～400μm。除短暂的浮游幼虫阶段外，终生营穴居生活。

营养和环境条件：自潮间带至110m水深的底质中均有分布，而在水流畅通、水深为4～18m、风浪小、饵料丰富的内湾最多。它对栖息底质的含沙量要求高。生存水温为3～23℃，适宜盐度为27.5～32.5。滤食性，主要以海水中的单细胞藻类为食，也滤食沉积物和有机碎屑。

经济和生态影响：太平洋潜泥蛤营养价值高，食疗效果好。生态风险不详。

参 考 文 献

陈家鑫. 2001. 象鼻蚌——一种增养殖潜力极大的贝类[J]. 科学养鱼, (10): 36.

董迎辉, 杨爱国, 李贤. 2004. 高雅海神蛤的研究现状及展望[J]. 海洋水产研究, 25(4): 90-95.

(18) 红鲍

中文俗名：太平洋红鲍、加利福尼亚鲍

拉丁学名：*Haliotis rufescens*

分类地位：软体动物门(Mollusca)腹足纲(Gastropoda)原始腹足目(Archaeogastropoda)鲍科(Haliotidae)

生态类群：海洋无脊椎动物(贝类)。

形态性状：红鲍是鲍科动物中体形最大的一种，最大个体体重在2000g左右，体长为28cm。壳表面暗红色，呈波浪状。壳内光洁呈虹彩色。肌痕大且有明显绿色光泽。壳外缘向内延伸至珍珠层边缘，形成一条狭窄的红边，由此而得名红鲍。呼吸孔卵圆形，微突呈管状，一般有3或4个开孔，但也有4个孔以上或无呼吸孔的个体。软体部和上足光滑，通常为黑色，有时具明暗相间的垂直条纹。上足边缘呈扇形，具黑色触手并向壳外缘延伸，某些个体上足上缘触手白色并略向壳缘伸出。

首次发现或引入的地点及时间：我国在20世纪70年代末和80年代初曾进行红鲍引种试验，但未见成功报道。1985年我国大连水产学院从美国引进养殖并繁殖出后代。

引入路径：有意引进养殖。

起源或原产地：美国和墨西哥太平洋沿岸。

国内分布：由于红鲍属于亚热带种类，难以适应我国北方海域生态条件，因此未能实现规模化养殖生产；在我国南方沿岸海域，由于不适应藻类食物，也无法开展大规模的养殖，目前主要在我国南方沿岸海域进行养殖。

生活史：红鲍的胚胎发生后，经18个月左右的生长就能达到性成熟。繁殖时期因种类和海区而异。在美国加利福尼亚州南部，红鲍每年有两个繁殖季节，即5～7月和

11～12月。受精卵和幼体发育温度为10～23℃。然而红鲍的性腺发育往往不是同步进行的，一般是雄性发育较快，雌性稍慢。即使是同性别的红鲍，其性腺发育时间也是有差异的。

营养和环境条件：适盐为30～34，适温为6～24℃，最适繁殖水温为14～18℃。喜栖于岩礁海底，从高潮带附近至水深165m深处都有它的足迹，以6～15m深处栖息密度最高。一般多生活在波浪较大、潮流畅通的外海性海区，在掩蔽的内湾很少见到。稚鲍以底栖藻类特别是各种底栖硅藻为主要饵料，成体主要摄食巨藻、羽状藻(*Egregia menziesii*)、海带、马尾藻等。

经济和生态影响：大连水产学院的王子臣和湛江水产学院的许国领(1989)等曾分别将从美国引进的红鲍(*Haliotis rufescens*)、美国绿鲍(*H. fulgens*)同我国本地种进行杂交与人工育苗试验，结果显示红鲍×美国绿鲍的杂交子一代具有明显的生长优势，并且杂交子一代的性腺能够发育成熟，能够正常繁育。同时还发现，红鲍和美国绿鲍在一定条件下能同我国土著种皱纹盘鲍(*H. discus hannai*)杂交，它们的后代成熟后更易于同本地种杂交，杂交鲍的底播增殖使我国山东和辽宁近海海域栖息的原种皱纹盘鲍种群基本消失，造成宝贵的遗传资源永远丢失。但是盲目引种和杂交所引起的种间、种内的遗传渐渗，即遗传污染所造成的及可能造成的危害还没有引起水产养殖界的足够重视。

参考文献

蔡明夷, 柯才焕, 周时强, 等. 2004. 鲍遗传育种研究进展[J]. 水产学报, 28(2): 201-208.
李家乐, 董志国, 李应森, 等. 2007. 中国外来水生动植物[M]. 上海: 上海科学技术出版社.
王仁波, 范家春. 1999. 红鲍人工育苗与皱纹盘鲍杂交的初步研究[J]. 大连水产学院学报, 14(3): 64-66.
许国领. 1989. 红鲍和绿鲍生态习性及其经济价值[J]. 海洋渔业, (6): 260-264.

(19) 美国绿鲍

拉丁学名：*Haliotis fulgens*

分类地位：软体动物门(Mollusca)腹足纲(Gastropoda)原始腹足目(Archaeogastropoda)鲍科(Haliotidae)

生态类群：海洋无脊椎动物(贝类)。

形态性状：贝壳呈椭圆形，较红鲍薄，最大直径可达26cm，大部分个体为13～20cm。壳表面颜色为橄榄绿杂有淡红棕色。壳面刻纹规则，具无数凹凸相间的沟纹和肋条。呼吸孔较小，呈圆形轻微举起。较大的个体呼吸孔可能被壳质填满，通常有4～7个开孔。壳表面常为各种海洋生物附生覆盖。壳内具有明亮的红蓝绿虹彩。肌痕大而明显。上足橄榄色，带有棕色斑点，是个带小突起的扇形体，表面粗糙且皱褶。触手淡灰绿色稍粗厚，从壳下方向上突出。

首次发现或引入的地点及时间：我国20世纪70年代末和80年代初曾进行美国绿鲍引种试验，但未见有成功的报道。1985年我国大连水产学院从美国加利福尼亚州引进并繁殖后代，1985年广东湛江亦从美国引进。

引入路径：有意引进养殖。

起源或原产地：美国和墨西哥太平洋沿岸。

国内分布：南方沿海。

生活史：1～1.5年达到性成熟。在繁殖季节，温差、暴露在空气中的时间、化学药品、紫外线等均可刺激或者诱导它们排精产卵。催产时一般雄性先排放精子，雌性在雄性排精后约30min才开始产卵。美国绿鲍的繁殖季节在美国加利福尼亚州南部的圣地亚哥有两个高峰，即春末至仲夏和早秋至仲秋。

营养和环境条件：它属于暖水性种类，适宜盐度为30～34，在温度为9～30℃的环境中可以正常生长，繁殖适温为20～24℃。美国绿鲍的生长速度比红鲍略快，稚鲍以底栖藻类特别是各种底栖硅藻为主要饵料，成体主要摄食巨藻、羽状藻、海带、马尾藻等。

经济和生态影响：生态风险不详。

参考文献

蔡明夷, 柯才焕, 周时强, 等. 2004. 鲍遗传育种研究进展[J]. 水产学报, 28(2): 201-208.

许国领. 1989. 红鲍和绿鲍生态习性及其经济价值[J]. 海洋渔业, (6): 260-264.

(20) 日本西氏鲍

拉丁学名：*Haliotis sieboldii*

分类地位：软体动物门(Mollusca)腹足纲(Gastropoda)原始腹足目(Archaeogastropoda)鲍科(Haliotidae)

生态类群：海洋无脊椎动物(贝类)。

形态性状：日本西氏鲍是外壳通体呈粉红色、个体硕大的新品种鲍鱼，俗称“红鲍”，是一种具有抗病性强、耐高温等特点的鲍鱼品种。

首次发现或引入的地点及时间：2004年由我国福建省平潭县水产技术推广站从日本引进。

引入路径：有意引进养殖。

起源或原产地：日本和韩国沿岸海域。

国内分布：广东、福建、山东等地沿海。

生活史：雌雄异体，性成熟年龄为2龄，壳长可达9cm左右。经阴干、紫外线照射海水刺激诱导亲鲍产卵，在水温22℃左右10～12h即可孵化，2天后眼点出现，即为后期面盘幼体，再经5～7天变态进入匍匐幼体，幼体附着后经33～45天进入稚鲍。

营养和环境条件：日本西氏鲍属于暖水种鲍，可适应较高的水温环境。

经济和生态影响：日本西氏鲍是一种具有抗病性强、耐高温等特点的鲍鱼品种，比黑鲍、九孔鲍、皱纹盘鲍等国内的当家品种强，在养殖过程中，死亡率很低，值得推广养殖；并且食用起来，肉质鲜嫩，味道鲜美，是一道不可多得的美味佳肴。

参考文献

侯旭光. 1998. 世界重要经济鲍的生物学特征[J]. 齐鲁渔业, 4: 20-22.

李宇亮, 骆轩, 吴建国, 等. 2011. 西氏鲍与皱纹盘鲍及其正反杂交F_1代样本的营养成分的组成和含量比较[J]. 台湾海峡, 30(1): 49-55.

王云. 2006. 皱纹盘鲍与日本西氏鲍杂交育苗技术的初步研究[J]. 齐鲁渔业, 9: 50-52.

郑升阳. 2006a. 日本西氏鲍与皱纹盘鲍杂交试验初报[J]. 福建农业学报, 21(3): 296-298.

郑升阳. 2006b. 日本西氏鲍与皱纹盘鲍杂交育种技术的初步研究[J]. 渔业致富指南, 16: 50-51.

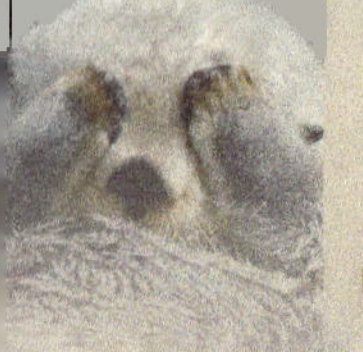

(21) 绿唇鲍

拉丁学名：*Haliotis laevigata*

分类地位：软体动物门(Mollusca)腹足纲(Gastropoda)原始腹足目(Archaeogastropoda)鲍科(Haliotidae)

生态类群：海洋无脊椎动物(贝类)。

形态性状：绿唇鲍是一种中大型鲍类，最大壳长可达22cm，一般为13～14cm。

首次发现或引入的地点及时间：1998年深圳市水产养殖技术推广站从澳大利亚引进。

引入路径：有意引进养殖。

起源或原产地：澳大利亚西南沿海。

生活史：在澳大利亚生长速度较慢，一般每年生长3cm左右，平均3～4年长至10～15cm的上市规格，在深圳实验养殖的生长速度大约为0.4cm/月。

营养和环境条件：适温为8.0～22℃，最适生长温度为18.3℃，半致死最高温度为27.5℃。在深圳试养中20～24℃时摄食量最大，25℃时摄食行为变慢。适宜盐度为32～38。pH 7.5～8.5。附板(着底)幼鲍在壳长至8cm之前的食物主要是硅藻，按偏好顺序为大型红藻、大型绿藻和大型褐藻。

经济和生态影响：绿唇鲍是一种中大型鲍类，其生长速度比较快，病害少，经济价值高，是目前世界上鲍类中最优良的品种之一。

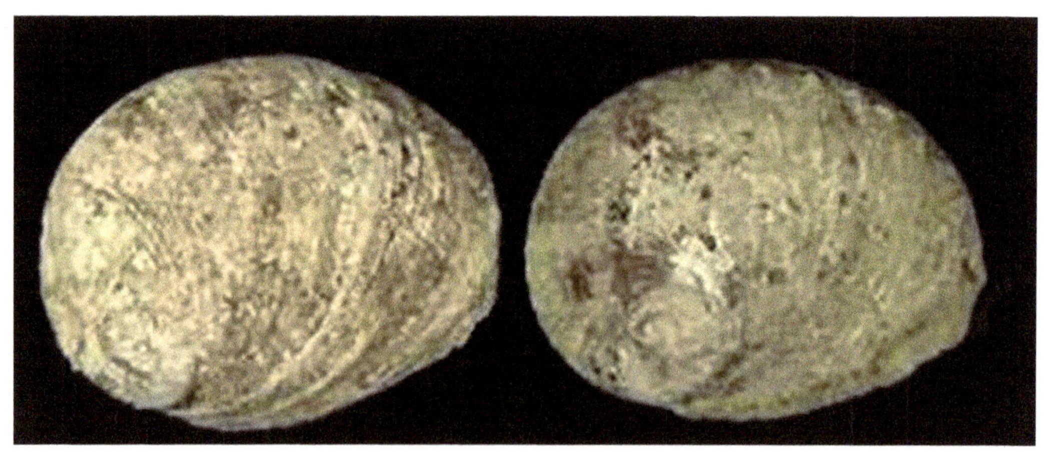

参考文献

金刚, 沈丽, 代建国. 2008. 从生长温度初步分析我国沿海养殖澳大利亚绿唇鲍的适宜区域和模式[J]. 安徽农业科学, 36(3): 1073-1075.

杨洪志, 蔡敬东. 2002. 澳大利亚绿唇鲍——引进和养殖初步研究[J]. 科学养鱼, (9): 21.

庄世鹏, 蔡敬东, 曾海强, 等. 2002. 澳大利亚鲍(绿唇鲍)引种养殖试验观察[J]. 技术研究, 3: 14-16.

(22) 黑足鲍

拉丁学名：*Haliotis iris*

分类地位：软体动物门(Mollusca)腹足纲(Gastropoda)原始腹足目(Archaeogastropoda)鲍科(Haliotidae)

生态类群：海洋无脊椎动物(贝类)。

形态性状：世界大型鲍之一，壳长一般在16～18cm。壳形呈卵圆形，螺肋细密，壳顶较低。内唇遮缘较窄，壳孔数个，开孔较大。黑足鲍壳色艳丽，表面一般为红褐色，壳内面为蓝、红和绿等各种色彩交错，犹如彩虹般的珍珠光泽。

首次发现或引入的地点及时间：2007年由我国山东大学海洋学院等从新西兰引进到福建省威海市进行杂交育种研究，获得初步成功。

引入路径：有意引进，用于杂交育种目的的引种。

起源或原产地：主要分布在新西兰各岛周围。

国内分布：福建沿海。

生活史：黑足鲍为雌雄异体，卵和精子被排出体外，在水中受精。发育过程中，要经过若干次卵裂、桑葚期、囊胚、原肠胚、担轮幼体、面盘幼体、围口壳幼虫、上足分化幼虫和稚鲍等几个主要形态发育阶段。

营养和环境条件：自然分布水深为低潮带至9m。以摄食大型藻类为主，适宜温度为13～17℃，自然繁殖期为春末夏初，水温为16～17℃。

经济和生态影响：黑足鲍与本地贝类竞争生活空间、食物等。

参考文献

郭战胜, 侯旭光, 张海涛. 2013. 皱纹盘鲍(*Haliotis discus hannai*)与黑足鲍(*Haliotis iris*)杂交育苗的初步研究[J]. 山东大学学报(理学版), 48(5): 20-22, 28.

侯旭光. 1998. 世界重要经济鲍的生物学特征[J]. 齐鲁渔业, 15(4): 20-22.

(23) 旧金山卤虫

拉丁学名：*Artemia franciscana*

分类地位：节肢动物门(Arthropoda)甲壳纲(Crustacea)无甲目(Anostraca)卤虫科(Artemidae)

生态类型：海洋无脊椎动物(甲壳类)。

形态性状：身体细长，虾形。第一触角细小，呈棒状，不分节，末端有感觉毛。雌、雄第二触角构造显著不同，雌虫的第二触角粗短，具毛，末节平扁；雄虫的第二触角极为发达，末节大而平扁，特化成抱器。头部腹面中央伸出一叶上唇，第一小颚发达，第二小颚退化为极不明显的小片；头部背面中央有一个单眼，两侧有一对带柄的复眼。胸部由11个体节组成，各有一对叶状的胸肢。胸肢分成外叶、内叶、扇叶和鳃叶。鳃叶为呼吸器官，胸肢具有运动和呼吸双重功能。腹部由8个无附肢的体节构成，第一、第二两节愈合成生殖节，雌性成虫腹面具有一倒梨形卵囊，该节末端有生殖孔。雄虫有交接器，最后一节为肛节，肛门位于肛节末端的尾叉基部之间，尾叉较短，呈狭叶状。

首次发现或引入的地点及时间：1991年从美国引进。

起源或原产地：我国的旧金山卤虫资源丰富，在沿海地区从辽宁南部至海南都有分布，其中以辽宁、河北、山东环绕的渤海湾地区最适合旧金山卤虫的生长繁殖。

引入路径：有意引进，通过养殖改善虫卵粒径结构。此外，为满足水产育苗的需要，我国每年均从美国等国家进口大量的旧金山卤虫。

生活史：雌雄异体，行有性生殖或孤雌生殖(因种而异)。雌虫可产带厚壳的休眠卵(冬卵)和非休眠卵(夏卵)。休眠卵可产于水中。夏卵在雌虫育卵囊中孵化，怀卵量为50～100粒。休眠卵平均卵径为0.21～0.28mm，夏卵稍小，新孵出的无节幼体长为0.4～0.5mm。孵化后的无节幼体需经15次蜕皮与相应的变态，从无节幼体期、后无节幼体期、拟成体期直到成体期。

营养和环境条件：它能忍耐高盐，甚至能生活在接近饱和的盐水中，忍受的温度为6～35℃。它是典型的滤食性生物，在天然环境中主要以细菌、微藻和有机碎屑等为食。

经济和生态影响：卤虫是鱼、虾、蟹幼苗的理想天然饵料，不仅能提高虾等成活率，而且能作为载体使幼苗有效地吸收药物，从而起到预防疾病的效果。由于人为引种，以及在虾蟹育苗中不同品系卤虫卵的不当使用，我国卤虫由原来单一的孤雌生殖品系变为本地孤雌生殖卤虫、两性生殖的旧金山卤虫及中华卤虫(*Artemia sinica*)混杂组

成，其中外来种旧金山卤虫成为优势种群，中华卤虫只是偶尔见到。由于竞争排斥效应，孤雌生殖卤虫和两性生殖卤虫产生了生态位的分化，孤雌生殖卤虫主要分布在低盐度的盐池，而两性生殖卤虫主要分布在高盐度的盐池。另外，我国原有的孤雌生殖卤虫由于耐低温、高盐度的能力差，不能在春季晒盐生产时去除盐池中大量繁殖的藻类，因此，旧金山卤虫的引进在短期内对水产养殖业和盐业生产是有益的。

参考文献

张波, 郭金昌. 1993. 旧金山湾卤虫(*Artemia franciscana*)在中国渤海湾地区的引种[J]. 盐业与化工, 22(3): 7-10.

周可新, 许木启, 印象初. 2006. 河北地区沿海盐场卤虫品系的组成[J]. 动物学杂志, 41(4): 1-5.

(24) 凡纳滨对虾

中文俗名：万氏对虾、南美白对虾、凡纳对虾、白脚对虾

拉丁学名：*Litopenaeus vannamei*

分类地位：节肢动物门（Arthropoda）甲壳纲（Crustacea）十足目（Decapoda）对虾科（Penaeidae）

生态类群：海洋无脊椎动物（虾类）。

形态性状：凡纳滨对虾外形与中国对虾相似。体色为淡青蓝色，甲壳较薄，全身不具斑纹。额角尖端的长度不超出第一触角柄的第二节，齿式为5-9/2-4，额角侧沟短，到胃上刺下方即消失。头胸甲较短，与腹部的比例为1∶3，具肝刺及触角刺，不具颊刺及鳃甲刺，肝脊明显；心脏黑色，前足常呈白垩色；第一至第三对步足的上肢十分发达，第四至第五对步足无上肢；腹部第四至第六节具背脊；尾节具中央沟。雌虾不具纳精囊，成熟个体第四至第五对步足间的外骨骼呈“W”状。雄虾第1对腹肢的内肢特化为卷筒状的交接器。

首次发现或引入的地点及时间：1988 年由中国科学院海洋研究所从美国引进。

引入路径：有意引进养殖。

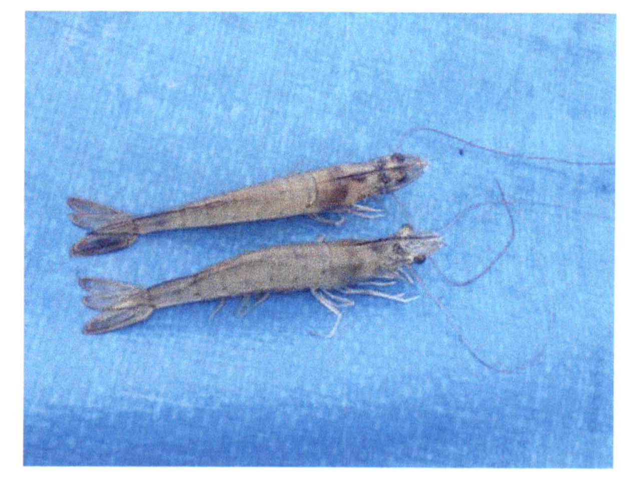

起源或原产地：产于南美厄瓜多尔沿岸，在天然海域中，主要分布于太平洋西海岸至墨西哥湾中部，以厄瓜多尔沿岸最为集中。

国内分布：1988年由张伟权教授引进，1994年批量育苗成功，现已在全国沿海养殖，由于其耐低盐度，许多内陆地区也试养成功。

生活史：初次性成熟的最小年龄为8月龄（雄虾更早），最小个体全长为12cm，体重为21.6g。该虾属于一年生种群，雌、雄比为1∶1。在自然条件下，亲虾在沿岸产卵，幼体和幼虾在河口海区觅食。在人工条件下，雌虾被摘眼后可反复成熟，多次产卵，两次产卵间隔一般为3～7天，雄虾精荚也可以多次形成，两次间隔时间一般为5～7天。

营养和环境条件：自然栖息区为泥质海底，水深为0～72m。适应能力强，能在盐度0.5～35、水温6～40℃的水域中生存，生长水温为15～38℃，最适生长水温为22～35℃，可生活在海水、咸淡水和淡水中。食性为杂食性，在人工饲料条件下，对饲料的营养需求低，饲料的粗蛋白质含量为25%～30%就可满足其营养需求。

经济和生态影响：与斑节对虾和中国对虾相比，凡纳滨对虾有较突出的优点和广泛的可养性。在适宜的生活环境内，凡纳滨对虾繁殖期长，全年皆可育苗生产，在南海海域全年可人工养殖。对水环境因子变化的抗逆能力较强，氨氮不超过0.2mg/L、溶解氧不低于0.3mg/L、池底硫化氧浓度不超过0.2mg/L、有机质含量不大于5mg条件下，均可

正常生长，人工养殖相对比较容易管理，生长快，养殖周期短。凡纳滨对虾已成为主要对虾养殖品种，我国南北沿海均形成了一定的养殖规模。

参考文献

范崇权. 1990. 中国渔业资源调查和区划之七[M]. 北京: 农业出版社.
周鑫. 2003. 南美白对虾的苗种与淡化养殖技术[M]. 科学养殖, (5): 1.
周鑫, 徐跑，闵宽洪. 2003. 南美白对虾淡水养殖技术概要[J]. 水产养殖, 24(2): 3-6.

(25) 蓝对虾

中文俗名：墨西哥蓝对虾、墨西哥蓝虾、南美蓝对虾、超级对虾、红额角对虾

拉丁学名：*Penaeus stylirostris*

分类地位：节肢动物门(Arthropoda)甲壳纲(Crustacea)十足目(Decapoda)对虾科(Penaeidae)

生态类群：海洋无脊椎动物(虾类)。

形态性状：甲壳较薄，全身呈白色或微黄色，身上有小圆黑花点，两条长须粉红色，须长约为体长的2.5倍。额角上缘7或8齿，下缘3～6齿，纳精囊为开放式。额角比较细长，向上弯曲明显，幼虾额角显著超过第二触角，额角侧脊达胃上刺之后。

首次发现或引入的地点及时间：1988年由中国科学院海洋研究所从美国引进。

引入路径：有意引进养殖。

起源或原产地：拉丁美洲，主要分布于墨西哥太平洋沿岸。

国内分布：河北、山东、江苏、浙江和福建等地有养殖。

生活史：性成熟年龄为1龄，卵沉性。

营养和环境条件：蓝对虾属于热带虾种，适宜水温为18～30℃；广盐性，适宜盐度为0.5～50。对溶解氧要求较高，通常需5mg/L以上。常栖息在泥沙质底层，昼伏夜出，喜静怕惊。食性广而杂，杂食性。

经济和生态影响：蓝对虾是西半球的第二大养殖虾种，生长速度快，人工繁殖较凡纳滨对虾容易，抗病毒能力较强，对饵料蛋白质含量要求低，但对养殖环境的适应能力远不如凡纳滨对虾，离水存活的时间短，不适合中国人的饮食习惯，另外不适合进行高密度养殖，亩产一般要控制在150～250kg。因此，目前还没有大规模推广养殖。

参考文献

黄建丁. 2001. 南美蓝对虾和南美白对虾混养试验[J]. 水产科技情报, 28(5): 221-222.

黄金田. 2001. 南美蓝对虾养殖技术[J]. 水产养殖, (5): 26-28.

周维武, 王华东, 张涛, 等. 2004. 南美蓝对虾工厂化养殖技术[J]. 中国水产, (1): 56-57.

(26) 罗氏沼虾

中文俗名：马来西亚大虾、淡水大虾、长臂大虾、金钱虾

拉丁学名：*Macrobrachium rosenbergii*

分类地位：节肢动物门(Arthropoda)甲壳纲(Crustacea)十足目(Decapoda)长臂虾科(Palaemonidae)

生态类群：水生无脊椎动物(虾类)。

形态性状：罗氏沼虾的形态性状与青虾十分相似，身躯肥壮，全身分为头胸部和腹部，由20节组成。头部分节，胸部8节，腹部7节。头胸部粗大，腹部自前向后逐渐变小，末端细尖。头部5对附肢为第一触角、第二触角、大颚、第一小颚和第二小颚。胸部8对附肢为第一颚足、第二颚足、第三颚足和第一至第五对步足。腹部除第七节(尾节)外，各具有一对附肢，其中第一至第五对为附足，第六对附肢与尾节构成扇尾。额角较青虾长，前端向上弯曲，有齿12～15个，下缘有齿10～13个。额角的形状和齿数是区别罗氏沼虾与青虾的重要特征。罗氏沼虾体色较鲜艳，呈青蓝色，间有棕色斑纹。第二步足和后部颜色较深，呈蔚蓝色。头胸甲两侧有数条蓝红色斑纹，并与身体平行，其体色常随栖息的水域环境的不同而变化。

首次发现或引入的地点及时间：1976年从日本引进。

引入路径：有意引进养殖。

起源或原产地：印度洋、太平洋地区的泰国、柬埔寨、马来西亚等东南亚诸国。

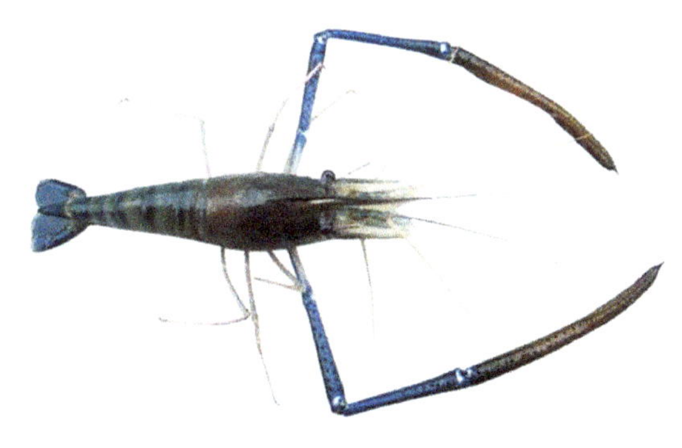

国内分布：自1977年繁殖了第二代后，推广到全国11个省(自治区、直辖市)试养，取得了成功，现已成为全国淡水虾中的重要养殖品种。中国原无本种，近年来引种养殖，南方河口可见。

生活史：性成熟年龄为0.5～1龄，属于一年多次产卵类型，每隔30～40天产卵1次，卵黏附于腹节附肢上孵化。

营养和环境条件：罗氏沼虾生活于各种类型的淡水或咸淡水域中，主要栖息于受潮水影响的江河下游。营底栖生活，不同生长发育阶段有着不同的栖息习性。幼体发育阶段必须在盐度为8～22的咸淡水中生活，在纯淡水中不久即死亡。幼体变态成幼虾后，一直到成虾和抱卵亲虾对盐度无要求，可在淡水中生活，也可在低盐度的半咸水中生活，特别是在受到潮汐影响的河流下游及与之相通的湖泊、水渠、水田等水域。该虾是热带和亚热带地区的虾种，不适于水温低的环境。最适水温为24～30℃，最低温度下限为14℃，最高温度上限为35℃。属于杂食性，喜食动物性饵，摄食的种类随生长发育阶段的不同而不同。人工养殖时，除投喂配合饵料外，还投喂鱼、虾、贝类、蝇蛆、蚯蚓、蚕蛹等，以及米糠、麦麸、豆饼、水草等植物性饵料。

经济和生态影响： 具有生长快、食性广、肉质营养成分好，以及养殖周期短等优点，素有“淡水虾王”之称，是世界上养殖量最高的三大虾种之一。自20世纪60年代开始人工养殖罗氏沼虾以来，发展迅速，现东南亚国家和其他一些地区养殖此虾比较普遍。我国自1976年引进此虾，现已在广东、广西、湖南、湖北、江苏、上海、浙江等10多个省(自治区、直辖市)进行养殖，一般亩产可达70～100kg，取得了明显的经济效益。

参考文献

范崇权. 1990. 中国渔业资源调查和区划之七[M]. 北京: 农业出版社.
李德尚. 1993. 水产养殖手册[M]. 北京: 农业出版社.
陆忠康. 2001. 简明中国水产养殖百科全书[M]. 北京: 中国农业出版社.

(27) 骆驼虾

中文俗名：机械虾、尖嘴虾、跳舞虾、糖果虾

拉丁学名：*Rhynchocinetes durbanensis*

分类地位：节肢动物门(Arthropoda)甲壳纲(Crustacea)十足目(Decapoda)动额虾科(Rhynchocinetidae)

生态类群：海洋无脊椎动物(虾类)。

形态性状：非常特别的是，它的嘴会向上翘起，身上红色和白色的条纹相互交错，雄虾的螯肢比雌虾大。

首次发现或引入的地点及时间：不详。

引入路径：有意引进，作为水族馆观赏动物。

起源或原产地：印度洋。

国内分布：水族馆。

生活史：喜欢和同类虾聚集在裂缝里、洞穴上面及珊瑚石上。当蜕皮时，更需要洞穴藏身。它通常能和其他虾类和平相处，会夹伤一些海葵及软珊瑚，但对气泡珊瑚和刺海葵敬而远之。

营养和环境条件：饲养要求：适宜海水相对密度为1.020～1.025，pH为8.1～8.4。食物要求杂食，可以喂食盐水小虾、冻的浮游生物、死的食物。

经济和生态影响：具有观赏价值。

参考文献

Chen C. 2007. Studies on larval development of the rhynchocinetid shrimp (*Rhynchocinetes durbanensis*) [J]. Journal of Taiwan Fisheries Research (in Chinese), 15(1): 13-25.

Okuno J, Takeda M. 1992. Distinction between two hinge-beak shrimps, *Rhynchocinetes durbanensis* Gordon and *R. uritai* Kubo (Family Rhynchocinetidae) [J]. Review Francaise D'aquariologie et Herpetology, 19(3): 85-90.

(28) 中间球海胆

中文俗名：虾夷马粪海胆

拉丁学名：*Strongylocentrotus intermedius*

分类地位：棘皮动物门(Echinodermata)海胆纲(Echinoidea)拱齿目(Camarodonta)球海胆科(Strongylocentrotidae)

生态类群：海洋无脊椎动物(棘皮动物)。

形态性状：壳呈蓝球形，壳和棘多呈红褐色、绿褐色，性腺呈橘黄、淡黄色，形态与马粪海胆相似。

首次发现或引入的地点及时间：1989年由我国大连水产学院从日本引进。

引入路径：有意引进养殖。

起源或原产地：主要产于日本、俄罗斯千岛群岛南部水域、日本北海道及本州岛北部。

国内分布：我国北部沿海水域，如辽宁、山东等地。

生活史：雌雄异体，从外部形状很难分辨，生殖时，精子和卵被排出体外，在水中受精。发育过程依次经囊胚、原肠胚、棱柱幼体、四腕幼虫、六腕幼虫、八腕幼虫和变态成稚海胆阶段。

营养和环境条件：中间球海胆栖息于砂砾、岩礁地带的50m浅水域，水深为5～20m处分布较多，要求海区水清流缓，透明度为3～8m，海区适宜水温为-1～25℃，生长水温为10～23℃，盐度在20以上。中间球海胆对饵料藻选择性不强，壳径8cm以下的稚胆主食附着硅藻及有机碎屑，后期改食大型藻类。中间球海胆生长较快，最大个体壳径为10cm以上。

经济和生态影响：我国北方从日本引进的中间球海胆，从养殖笼中逃逸到自然海域环境中，与土著光棘球海胆(*Stronglocentrotus nudus*)争夺食物与生活空间，对土著海胆的生存构成了严重危害。由于中间球海胆主要以大型底栖藻类为食，1989年被引入我国大连附近海域之后，该海区的大型底栖藻类区系发生了改变。大型海藻群落为海洋鱼类、贝类和其他无脊椎动物提供食物和栖息场所，引入中间球海胆后其大量取食海藻，海藻群落因此而衰退，从而导致整个群落遭受严重破坏。

参考文献

常亚青, 王子臣. 1997. 低盐度海水和饵料对虾夷马粪海胆影响的研究[J]. 海洋科学, 16(4): 1-2.

常亚青, 王子臣. 1999. 虾夷马粪海胆的海区渡夏, 室内中间培育及工厂化养成[J]. 中国水产科学: 6(2):

66-69.
梁玉波, 王斌. 2001. 中国外来海洋生物及其影响[J]. 生物多样性, 9(4): 458-465.
王波, 李有乐, 房慧, 等. 1999. 虾夷马粪海胆生物学及增殖养殖技术[J]. 齐鲁渔业, 16(3): 14-17.
王子臣, 常亚青. 1997. 虾夷马粪海胆人工育苗的研究[J]. 中国水产科学, 4(1): 60-67.

(29) 仿刺参

中文俗名：海参、刺参

拉丁学名：*Apostichopus japonicus*

分类地位：棘皮动物门(Echinodermata)海参纲(Holothuroidea)楯手目(Aspidochirotida)刺参科(Stichopodidae)

生态类群：海洋无脊椎动物(棘皮动物)。

形态性状：体呈圆筒状，背部隆起，上有4～6行大小不等、排列不规则的圆锥形疣足(肉刺)。腹面平坦，管足密集，排列成不规则的3条纵带。口偏于腹面，具触手20个。肛门偏于背面，呼吸树发达，但无居维式器。体色变化很大，一般背面为黄褐色或栗子褐色，腹面为浅黄褐色或赤褐色；此外还有绿色、紫褐色、灰白和纯白色。

首次发现或引入的地点及时间：从2002年开始我国辽宁、山东等地陆续从俄罗斯、日本、朝鲜、韩国等地引进。

引入路径：有意引进，用于杂交育种及养殖。

起源或原产地：我国的辽宁、山东、河北等地沿海有分布，同时在朝鲜半岛、日本及俄罗斯(远东地区)也有分布。

国内分布：辽宁、山东、河北、江苏沿海地区。

生活史：初次性成熟一般雄性为2龄，产卵水温为17～20℃，成熟的卵直径为130～170μm，个体发育包括耳状幼体、樽形幼体、五触手幼体三个幼体阶段，最后发育到稚参，从受精卵发育至稚参，水温在20～24℃条件下，发育良好的只需13～15天，一般需要20天左右。在幼虫的整个发育过程中，以耳状幼虫所占的时间最长。

营养和环境条件：仿刺参生活在波流静稳、海草繁茂和无淡水注入的港湾内，底质为岩礁或硬底，水深一般为3～5m，少数可达10多米，幼小个体多生活在潮间带。适宜盐度为24～36，温度为-2.0～32℃，pH7.6～8.6。饵料多以沉积物为主，主要包括有机碎屑、动植物的腐屑、微生物(细菌、硅藻、真菌、原生动物、蓝藻、有孔虫)、其他动物的粪便甚至自身的粪便等。

经济和生态影响：仿刺参含高蛋白质、低脂肪，不含胆固醇，营养丰富且味道鲜美，是“海味八珍”之一。干燥体壁的有机成分中蛋白质高达90%，脂质约占4%，糖在6%左右，另含有少量无机成分如钙、镁盐及铁、锰、锌、铜、钼、硒等微量元素，以及丰富的维生素、海参皂苷等，是我国北方海水池塘的主要养殖品种，近年来从俄罗斯、朝鲜、韩国、日本等地引进，开始在江苏、福建等地开展养殖，主要用于新品种

的培育，取得了良好的经济效益。生态风险不详。

参考文献

常亚青, 丁君, 宋坚, 等. 2004. 海参、海胆生物学研究与养殖[M]. 北京: 海洋出版社.

潘传燕, 臧云鹏, 廖梅杰, 等. 2012. 仿刺参微卫星标记的筛选及群体遗传结构分析[J]. 渔业科学进展, 33(4): 72-82.

于明志, 常亚青. 2008. 低温对不同群体仿刺参幼参某些生理现象的影响[J]. 大连水产学院院报, 23(1): 31-36.

(30) 眼斑拟石首鱼

中文俗名：红姑鱼、美国红鱼、红拟石首鱼、黑斑石首鱼、红鼓鱼、黑斑红鲈、斑尾鲈

拉丁学名：*Sciaenops ocellatus*

分类地位：脊椎动物亚门(Vertebrata)硬骨鱼纲(Osteichthyes)辐鳍亚纲(Actinopterygii)鲈形目(Perciformes)石首鱼科(Sciaenidae)

生态类群：水生脊椎动物(鱼类)。

形态性状：眼斑拟石首鱼的形态性状与拟石首鱼基本相同，较为典型的特征是在乳白色腹部上方有一非常醒目的红斑或呈红色。幼鱼的尾柄基部有一个较大的黑点，4in[①]左右的幼鱼体侧及背部亦有明显的大黑斑，但长到6in左右时大多消失。成鱼的体形较长，头部钝圆。

首次发现或引入的地点及时间：1991年由国家海洋局第一海洋研究所从美国引进。

引入路径：有意引进养殖。

起源或原产地：美国东海岸，从马萨诸塞州至佛罗里达州、墨西哥湾。

国内分布：在山东、浙江、福建、广东和海南等省已进行大规模的人工育苗与养殖。

生活史：性成熟年龄为3～6龄，雌鱼的年产卵量在50万粒以上，自然繁殖温度为25℃左右。在美国得克萨斯州沿岸的产卵季节为8～12月，产卵高峰期为9～10月。产卵期间需要一定的光照，实验室的模拟试验确认秋天的光周期和温度条件有利于诱导其产卵。受精卵在18～25h即可破膜，孵化时间的长短取决于水温。刚孵化的幼体漂浮于水面，在2天内以卵黄囊为营养，不摄食外界食物，一般4天后开口摄食。温度和盐度对幼鱼发育快慢的影响较大，在秋天温暖的季节，一般3周左右即可发育到幼鱼阶段，而在晚秋季节，则需6周才能发育到幼鱼阶段。

营养和环境条件：广温性鱼类，生长适温为8～35℃，最适温度为16～30℃；耐盐能力强，在海水、半咸水和淡水中均能生长，盐度为0～40，最适盐度为1～30，在海水中的生长率高于淡水；适宜的pH为6～9，最适pH为7～8；对水体溶解氧的要求为2～20mg/L，最适浓度为6～9mg/L。幼鱼阶段主要摄食浮游动物。因此，在人工繁殖条件

① 1in=2.54cm

下，可投喂轮虫、桡足类、卤虫无节幼体作为开口饵料；之后可投喂个体稍大的动物性饵料。在人工养成过程中，可以投喂蛋白质含量为42%～48%的高质量颗粒饲料。

经济和生态影响：该品种鱼肉质极佳，为世界上养殖产量最高的鱼种之一，亦是海水游钓鱼类，已在海南、广东、广西、福建、浙江推广养殖。但由于缺乏有效管理，眼斑拟石首鱼不断逃逸，其侵略性和扩张性的生态特点对我国海洋生态的危害和影响迄今难以估算。

参考文献

胡隐昌, 邬国民, 陈焜慈, 等. 1998. 美国红姑鱼的生物学及养殖特性[J]. 江西水产科技, (3): 19-20.
王波, 毛兴华, 季如宝, 等. 1997. 眼斑拟石首鱼生长特性的初步研究[J]. 海洋通报, (5): 36-42.
谢忠明, 毛兴华, 王佳喜, 等. 1999. 美国红鱼、大口胭脂鱼养殖技术[M]. 北京: 中国农业出版社.

(31) 斑点海鳟

中文俗名：美国石首鱼、海鳟

拉丁学名：*Cynoscion nebulosus*

分类地位：脊椎动物亚门(Vertebrata)辐鳍鱼纲(Actinopterygii)鲈形目(Perciformes)石首鱼科(Sciaenidae)

生态类群：水生脊椎动物(鱼类)。

形态性状：鱼体延长，侧扁，背缘近平直，腹缘呈弧形，头呈尖锥形，口大，口裂斜，体形似鮸，体背面银灰色闪淡蓝色荧光，腹部银白色，背部至身体两侧有许多黑色斑点。背鳍、尾鳍为灰黄色，上面有较多黑色斑点。上、下颌有无数细齿，上颌前端有2个较尖利的大齿，形似犬牙，下颌处有许多细而短的须。尾鳍平直。

首次发现或引入的地点及时间：1997年由我国山东省海水养殖研究所从美国引进。

引入路径：有意引进养殖。

起源或原产地：北美洲墨西哥湾与佛罗里达湾的北部。

国内分布：山东、浙江、福建、北京、辽宁有养殖。

生活史：性成熟年龄一般为2龄，当雄鱼体长达到250mm，雌鱼体长达到270mm以上时性成熟，产卵季节为2～9月。在人工控制条件下，一年中每个月份都可以产卵孵化，

一年多次产卵，卵浮性。

营养和环境条件：斑点海鳟为广盐广温性鱼类，耐盐范围为1～45，耐温范围为6～35℃，水温12℃以上开始摄食，水温4℃以下会死亡。食性为肉食性。

经济和生态影响：斑点海鳟适应性强，适合于网箱、池塘、工厂化等养殖形式，属于海水养殖品种，经驯化可淡水养殖，摄食小杂鱼和配合饲料。该鱼色彩艳丽，肉质优，是美国重要的食用和垂钓鱼，有“第一鱼”之称。生态风险：捕食本地鱼类，造成本地鱼类种群数量减少。

参考文献

沈俊宝, 张显良. 2002. 引进水产优良品种及养殖技术[M]. 北京: 金盾出版社: 265-269.

王波, 于广成, 姜美洁. 2009. 斑点海鳟的生物学与室内养殖初步试验[J]. 河北渔业, 11: 19-20.

(32) 条纹锯鮨

中文俗名：美国黑石斑、巨大硬鳞鮨、巨鲈、大西洋锯鮨

拉丁学名：*Centropristis striata*

分类地位：脊椎动物亚门（Vertebrata）辐鳍鱼纲（Actinopterygii）鲈形目（Perciformes）鮨科（Serranidae）

生态类群：水生脊椎动物（鱼类）。

形态性状：体延长，稍侧扁。口中大，略倾斜。上颌骨裸露无鳞。两颌、犁骨和腭骨具绒毛状齿。前鳃盖骨边缘具锯齿，鳃盖骨具棘，鳃盖7条，具假鳃。下颌微突出。尾舌骨小，短于角舌骨。背鳍连续具浅缺刻，胸鳍位低，腹鳍胸位，无腋鳞，尾鳍圆形，上叶延长。侧线位低，1条。体侧有纵向深褐色条纹。

首次发现或引入的地点及时间：2002年由国家海洋局第一海洋研究所和山东省荣成市礼村渔业总公司分别从美国引进鱼苗和受精卵。

引入路径：有意引进养殖。

起源或原产地：美国和墨西哥大西洋沿岸。

国内分布：山东等沿海地区养殖。

生活史：繁殖有性逆转现象，大多数个体开始为雌性，后转变为雄性，性成熟年龄为2龄。

营养和环境条件：条纹锯鮨属于广温广盐性鱼类。其适宜水温为5～30℃，生长的最适水温为17～25℃。适宜盐度为10～35，最适盐度为23～33。对溶解氧要求较高。肉食性，喜食蟹、鱼、贝类等。平时在近海内湾及河口生活，秋后迁移至深水，冬季生活于水深56～110m的狭窄大陆架水域范围内。

经济和生态影响：该鱼具有肉质丰腴、口感鲜软清爽、富含营养、抗逆性强、病害少、生长快、产量高等特点，深受养殖者的青睐。近年来条纹锯鮨的人工育苗技术已获得成功，极大地推动了养殖产业的兴起和壮大。

参考文献

褚衍伟. 2004. 美洲黑石斑鱼的育苗与养成技术[J]. 齐鲁渔业, 21(1): 12.

林星. 2011. 条纹锯鮨幼鱼配合饲料适宜的蛋白质、脂类含量及能蛋比[J]. 福建农林大学学报, 40(4): 401-406.

王波, 朱明远, 毛兴华. 2003. 养殖新品种——美洲黑石斑鱼[J]. 河北渔业, (5): 26-27.

(33) 麦瑞加拉鲮

中文俗名： 印鲮、麦鲮

拉丁学名： *Cirrhina mrigola*

分类地位： 脊椎动物门(Vertebrata)硬骨鱼纲(Osteichthyes)鲤形目(Cypriniformes)鲤科(Cyprinidae)

生态类群： 水生脊椎动物(鱼类)。

形态性状： 体长，侧扁，近圆筒形，头部较小。口下位，口裂呈弧状。吻圆钝，上、下唇缘薄，须2对。眼中等大小。体上部青灰色，背部青色，腹部银白色。鳞中等大小。胸鳍、腹鳍、臀鳍和尾鳍的末端均呈赤红色。浅色的尾鳍基部有一明显的黑斑。

首次发现或引入的地点及时间： 1982年由中国水产研究院珠江水产研究所从孟加拉国引进。

引入路径： 有意引进养殖。

起源或原产地： 印度洋沿岸。

国内分布： 主要分布在珠江流域及海南省。

生活史： 性成熟年龄为2～3龄，麦瑞加拉鲮的卵球属端黄卵，成熟的卵直径为1.28～1.76mm。水温在29～29.5℃时，受精至鱼苗孵出时间约需13h 45min。初孵出的幼鱼完全靠体内的卵黄囊提供营养，为内源性营养，经3天左右转变为外源性营养，开始主动从外界摄食。

营养和环境条件： 该鱼属于亚热带鱼类，不耐低温，水温7℃以下会被冻死，15℃左右会停食。麦瑞加拉鲮杂食性，通常作为底层性鱼类之一与主养鱼类鲢、鳙和草鱼进行混养。人工养殖投喂的精饲料为花生饼、豆饼，以及米糠、麦麸等。

经济和生态影响： 可能会吞食其他鱼的受精卵。

参考文献

李家乐, 董志国, 李应森, 等. 2007. 中国外来水生动植物[M]. 上海: 上海科学技术出版社.

刘家照, 冼炽彬. 1990. 池养麦瑞加拉鲮鱼的主要生物学特征及其养殖的初步研究[J]. 珠江水产, (15): 20-28.

郑翠华, 夏小平, 夏儒龙, 等. 2004. 麦瑞加拉鲮鱼的养殖技术[J]. 内陆水产, 29(11): 20-22.

(34) 条纹狼鲈

中文俗名：条鲈、条纹石脂、线鲈

拉丁学名：*Morone saxatilis*

分类地位：脊椎动物亚门(Vertebrata)辐鳍鱼纲(Actinopterygii)鲈形目(Perciformes)狼鲈科(Moronidae)

生态类群：水生脊椎动物(鱼类)。

形态性状：身体修长，线条流畅。头部较小，尾为正尾叉形。全身呈鲜明的浅白色，背部上沿至体侧中线有窄长黑色条纹7条，此为主要特征。第一背鳍由9～11根硬棘组成，第二背鳍由1根硬棘和10～13根软条组成；腹鳍Ⅰ-1-5，臀鳍Ⅲ-7-13。

首次发现或引入的地点及时间：1993年由我国深圳农业科学研究中心从美国引进。

引入路径：有意引进养殖。

起源或原产地：美国东部沿岸，分布于劳伦斯河沿易斯安那州至整个墨西哥沿岸，是美国、加拿大的重要经济鱼类。

国内分布：黄海、东海等水域有养殖。

生活史：雌性性成熟年龄为3龄，雄性为2龄，多次成熟，分批产卵，卵半浮性。

营养和环境条件：该鱼是广温广盐性鱼类，广泛栖息于淡水、半咸水和海水中，有明显的溯河产卵洄游习性。对环境的适应性很强，耐受的温度极限为1～35℃，最适生长温度为22～28℃。对盐度的耐受范围为0～35，适宜生长盐度为10～25，最适盐度为10～15。条纹狼鲈为肉食性鱼类，在自然条件下，仔鱼以桡足类和枝角类为食，稍大后摄食小鱼、小虾，成鱼摄食凶猛，易于钓捕。在人工养殖条件下，仔稚鱼摄食轮虫、卤虫幼体、桡足类和枝角类、鱼虾肉糜，并且极易接受干性或湿性配合饲料，养成期以冰鲜杂鱼虾和配合饵料为食。

经济和生态影响：该鱼是美国主要的游钓鱼类之一，深受养殖户和消费者的喜爱，现今又发展成为主要的海水、淡水增养殖对象而享誉全美。生态风险：捕食本地鱼类造成本地鱼类种群数量减少。

参考文献

雷霁霖, 马麦军, 刘新富, 等. 1996. 美洲条纹狼鲈及其杂交种引进我国养殖的可行性探讨[J]. 现代渔业信息, 1(8): 8-11.

李家乐, 董志国, 李应森, 等. 2007. 中国外来水生动植物[M]. 上海: 上海科学技术出版社.

刘金明, 陈东亮, 王寿泰, 等. 2004. 利用育苗设施进行条纹鲈养殖技术初探[J]. 江西水产科技, (1): 36.

(35) 杂交条纹鲈(条纹鲈♂×白鲈♀)

拉丁学名：*Morone saxatilis*♂×*Morone chrysops*♀

分类地位：脊椎动物亚门(Vertebrata)辐鳍鱼纲(Actinopterygii)鲈形目(Perciformes)狼鲈科(Moronidae)

生态类群：水生脊椎动物(鱼类)。

形态性状：外形特征介于它的双亲之间，体略侧扁，被覆鳞片，体侧有条纹，与条纹鲈相似，但胸鳍后和侧线下半部的条纹断断续续。具有2枚背鳍，第一背鳍大致位于鱼体的中部，具有8或9枚硬棘；第二背鳍紧随其后，具有1枚硬棘和13或14枚鳍条。第一背鳍和第二背鳍间不以膜相连。尾叉形，上、下叶尖。臀鳍具硬棘3枚。体色银白，但背部较深暗，腹部较浅白，其体色可受水色的影响而发生变化。

首次发现或引入的地点及时间：1993年由我国广东省从美国引进。

引入路径：有意引进养殖。

起源或原产地：美国。

国内分布：天津、山东、江苏、河北等地。

生活史：该鱼是溯河性产卵鱼类，属于一次性产卵类型。雌鱼性成熟年龄为3龄以上，雄鱼为2龄以上，可自然繁殖，但在池塘养殖条件下，必须经人工催产才能繁殖后代，繁殖方式与条纹鲈相似。在山东地区产卵时间为每年的4～6月，5月为高峰期。产卵的适宜水温为16～25℃，最适水温为19～20℃。在适宜水温和溶解氧等条件下，胚胎发育需要2天，刚孵出的仔鱼全长3mm左右，不摄食，靠卵黄供给营养，待鳔出现并充气后，可转入育苗池培养。

营养和环境条件：杂交条纹鲈对各种环境的适应性很强，能在4～33℃的温度下生活，最适水温为25～27℃。一般将杂交条纹鲈放养于淡水水域，但其也能在盐度为0.5～25的水域中生活得很好，有些还能忍受更高的盐度，甚至在盐度为35的海水中也能存活。肉食性，经人工驯化后摄食人工配合饵料。

经济和生态影响：杂交条纹鲈是由雄性条纹鲈与雌性白鲈杂交而成的，具有显著的杂种生长优势，其生长速度比条纹鲈更快，个体大、产量高、肉质非常鲜美，并且有更好的环境适应能力，抗病力强，更易于养殖。因此在美国，杂交条纹鲈已被作为主要

养殖品种进行规模化商业性养殖，但这一杂交组合难以进行自然杂交，必须通过人工方法制种。

参考文献

李家乐, 董志国, 李应森, 等. 2007. 中国外来水生动植物[M]. 上海: 上海科学技术出版社.
肖培弘. 2004. 海鱼淡养新品种——杂交条纹鲈[J]. 内陆水产, 29(4): 8.
郑玉珍, 王玉新, 付佩胜, 等. 2003. 杂交条纹鲈的生物学特性及养殖技术[J]. 河南水产, (1): 12, 14.

(36) 圆尾麦氏鲈

中文俗名：金鲈、黄腹鱼
拉丁学名：*Macquaria ambigua*
分类地位：脊椎动物亚门(Vertebrata)辐鳍鱼纲(Actinopterygii)鲈形目(Perciformes)真鲈科(Percichthyidae)
生态类群：水生脊椎动物(鱼类)。
形态性状：头部深色，口部逐渐变尖，成鱼下颚突出，口上位，口裂大。上、下颚骨，犁骨及咽部上、下均有牙齿，细密紧固。下颚上有一些明显的开孔。尾鳍圆形，第一背鳍高于第二背鳍。腹鳍前位，生于胸鳍正下方。臀鳍有鳍棘，背部颜色从深褐色到橄绿色或青铜色，背部和腹部变浅呈黄色和白色。鳞片中分布有不规则的金色鳞片，因此也被称为黄腹鱼。鳃耙较短。
首次发现或引入的地点及时间：1991年作为观赏和养殖对象从澳大利亚引进带卵黄的稚鱼及幼苗。
引入路径：有意引进养殖及观赏。
起源或原产地：澳大利亚的沿海地区。
国内分布：主要分布于长江和长江以南水域，是广东、福建等省的重要养殖对象。
生活史：性成熟年龄雌鱼一般为3～4龄，雄鱼为2～3龄。在自然界行生殖洄游。当水温达23～26℃时开始交配产卵，浮性卵。
营养和环境条件：圆尾麦氏鲈属于近沿海或淡水鱼类。适应性强，能在不同的水体条件中生存。属于广温性鱼类，存活温度为3～37℃，最适生长水温为20～25℃。对溶解氧的要求较低。该鱼是一种偏肉食性的杂食性鱼类，主要摄食水生昆虫、软体动物、小型鱼类、植物种子等。
经济和生态影响：圆尾麦氏鲈是具商业价值的观赏类和养殖用鱼，可食用，但大多作为观赏鱼。

参考文献

李恒颂, 邬国民, 陈焜慈, 等. 1999. 金鲈的生物学及人工繁殖的初步研究[J]. 广东科技, (11): 21-23.
李家乐, 董志国, 李应森, 等. 2007. 中国外来水生动植物[M]. 上海: 上海科学技术出版社.
周兴华. 2000. 金鲈的生物学特征及养殖技术[J]. 水产养殖, (2): 19-20.

(37) 银锯眶鯻

中文俗名：银鲈、金鳟、澳大利亚鲈、澳大利亚银鲈、黑珍珠石斑、黑珍珠、甘脂鱼

拉丁学名：*Bidyanus bidyanus*

分类地位：脊椎动物亚门(Vertebrata)辐鳍鱼纲(Actinopterygii)鲈形目(Perciformes)鯻科(Terapontidae)

生态类群：水生脊椎动物(鱼类)。

形态性状：外形美观，鱼体稍呈纺锤形而侧扁。鳞片细小，头及嘴小，齿细。尾柄细长。体侧线上方至背部颜色稍深，常呈弱灰色。体侧线下方至腹部呈银白色。体侧线明显延伸至尾柄中央。尾鳍内凹，上、下末梢呈圆弧形。

首次发现或引入的地点及时间：20世纪90年代末从澳大利亚引进。

引入路径：有意引进养殖。

起源或原产地：澳大利亚。

国内分布：福建、广东等地。

生活史：生长速度中等，一般雄鱼较雌鱼生长快。性成熟年龄一般为3～4龄，繁殖期为10月至翌年1月的秋冬时节。

营养和环境条件：该鱼为广温广盐性鱼类，生存水温为2～36℃，最适生长水温为22～28℃，低于13℃时停止生长。该鱼在澳大利亚为洄游性鱼类，不仅能在淡水中生活，也可以在盐度为20以内的海水中生活，食性以杂食性为主(偏肉食性)，以小鱼、小虾、水生昆虫和软体动物为食，也摄食一些藻类。

经济和生态影响：性温和、不会互相残食、养成率高、饲料系数高、生长速度较快。该鱼环境适应性强，易驯化，是最好的垂钓和食用鱼。生态风险不详。

参考文献

李家乐, 董志国, 李应森, 等. 2007. 中国外来水生动植物[M]. 上海: 上海科学技术出版社.
苏红红. 2003. 澳大利亚银鲈生物学特性及其养殖技术[J]. 中国水产, (7): 50.
王玉堂. 2003. 淡水水产新品种养殖技术[M]. 北京: 中国农业出版社.

(38) 齐氏罗非鱼

中文俗名：吉利罗非鱼、济利罗非鱼、齐氏非洲鲫鱼

拉丁学名：*Tilapia zillii*

分类地位：脊椎动物亚门(Vertebrata)辐鳍鱼纲(Actinopterygii)鲈形目(Perciformes)慈鲷科(Cichlidae)

生态类群：水生脊椎动物(鱼类)。

形态性状：体呈椭圆形，侧扁，背部轮廓隆起，头中大，后端不及眼眶前缘。吻圆钝，唇厚。上、下颌各具3或4行细小而扁薄的叶状齿。犁骨和腭骨均无齿。下鳃耙数8或9。体被大栉鳞，头部除吻部和颏部外均被鳞。侧线平直，在背鳍第4或5软条下方中断，形成上、下两条侧线。背鳍单一，无缺刻，背鳍XIV-XV-10-13，臀鳍III-7-9。胸鳍侧位，鳍条颇长，末端达臀鳍起点上方。腹鳍胸位，末端达肛门。尾鳍截形。体色随环境而异，一般暗褐色而带有虹彩，背部较暗，下腹部暗红色。鳃盖上缘具一蓝灰色斑点。一般体侧具7或8条暗色横带。背鳍、臀鳍及尾鳍具黄斑，背鳍软条部另具一黑色圆斑。成熟雄鱼在生殖期间，头部具孔雀斑点及浅绿色线纹。

首次发现或引入的地点及时间：1963年由中国台湾从南非引进，1978年由广东食品公司从泰国引进。

引入路径：有意引进养殖。

起源或原产地：非洲。

国内分布：广东等地。

生活史：属于多次产卵类型，繁殖期为5月初到10月底。雌性繁殖群体的体长在9～15cm，体重在40～160g。雄性繁殖群体的体长在9～15cm，体重在40～200g。不口孵，而是挖掘巢穴产卵，由亲鱼守卫保护。

营养和环境条件：对环境的适应性很强，能耐污染、低溶解氧及混浊水。杂食性，以浮游生物、藻类、水生植物碎屑、腐殖质及小型动物为食。

经济和生态影响：抗寒性强，但生长速度较慢，加上个体相对较小，现已被其他引进

的罗非鱼品种所取代，国内少有养殖，但野外调查常有发现。对环境的适应性很强，性凶猛，领域性强，对土著鱼类造成伤害。

参考文献

陈素芝, 叶卫. 1994. 我国引进的罗非鱼类的初步研究[J]. 动物学杂志, 29(3): 18-23.

何耀升, 林小涛, 孙军, 等. 2013. 东江外来齐氏罗非鱼个体繁殖力初步研究[J]. 生态科学, 32(1): 57-62.

李家乐, 董志国, 李应森, 等. 2007. 中国外来水生动植物[M]. 上海: 上海科学技术出版社.

刘毅, 林小涛, 孙军, 等. 2011. 东江下游惠州河段鱼类群落组成变化特征[J]. 动物学杂志, 46(2): 1-11.

楼允东. 2000. 我国鱼类引种研究的现状与对策[J]. 水产学报, 24(2): 185-192.

(39) 莫桑比克罗非鱼

中文俗名：非洲鲫鱼、丽鲷

拉丁学名：*Oreochromis mossambicus*

分类地位：脊椎动物亚门(Vertebrata)辐鳍鱼纲(Actinopterygii)鲈形目(Perciformes)慈鲷科(Cichlidae)

生态类群：水生脊椎动物(鱼类)。

形态性状：体侧扁，头背部的外廓略呈凹形，背短而高，体长为体高的2.5～2.7倍，为头长的2.8～3.1倍。头中等大小，口颇大、唇厚、下颌较上颌长，无口须。尾鳍末端钝圆，体被圆鳞，大且厚。侧线断续，有上、下两条，侧线鳞为30～32，侧线上鳞为8～21，侧线下鳞为13或14；下鳃耙数为14～20。在非繁殖季节体色灰黑，头下侧色泽较淡略带古铜色，鳃盖后缘有一黑色斑块，体两侧有3条不明显的黑色纵纹带。雄鱼背鳍及尾鳍边缘呈红色。在繁殖季节，雄鱼全身蓝黑，背鳍和尾鳍边缘红色显著，胸鳍淡红色；而雌鱼体色均为灰黄色，黑斑消失，背鳍和尾鳍也略带红色。

首次发现或引入的地点及时间：1956年从泰国引进我国广东省。

引入路径：有意引进养殖。

起源或原产地：非洲。

国内分布：在尼罗罗非鱼引进之前莫桑比克罗非鱼几乎遍及全国各省(自治区、直辖市)，目前在我国的资源已十分稀少。

生活史：性成熟早，水温为25～35℃时，从仔鱼孵出到性成熟只需80～85天。在广东、福建每年可产卵6～8次，每次间隔15～25天，亦有年产卵12次的记录。在我国北方一般产卵3或4次，每次间隔时间为25～35天。属于雌鱼口含卵孵育类型。

营养和环境条件：最适生长温度为22～30℃，20℃以下和35℃以上生长缓慢，水温低于16℃或高于37℃时停止生长。在淡水、咸淡水及海水中都能生长和繁殖。在盐度为69的条件下能存活，在盐度为35～49的条件下能繁殖。杂食性，摄食大型植物、底栖

藻类、浮游植物、浮游动物、仔鱼、鱼卵和有机碎屑。尤喜食浮游生物，亦喜食各种人工饵料。

经济和生态影响：可能会吞食其他鱼类的受精卵，但目前已很少养殖。

参考文献

陈品健. 2002. 浅谈外来物种对水产养殖业的影响[J]. 厦门科技, (3): 50-51.

李振宁, 解焱. 2002. 中国外来入侵种[M]. 北京: 中国林业出版社.

孟庆闻, 苏锦祥, 缪学祖. 1995. 鱼类分类学[M]. 北京: 中国农业出版社.

沈俊宝, 张显良. 2002. 引进水产优良品种及养殖技术[M]. 北京: 金盾出版社.

赵淑江, 朱爱意, 张晓举. 2005. 我国的海洋外来物种及其管理[J]. 海洋开发与管理, 22(3): 58-65.

(40) 红罗非鱼

中文俗名：福寿鱼、彩虹鲷、吴郭鱼、南洋鲫、红鳉鱼、红吴郭鱼、红鲷

拉丁学名：*Oreochromis niloticus*×*Oreochromis mossambicus*

分类地位：脊椎动物亚门(Vertebrata)辐鳍鱼纲(Actinopterygii)鲈形目(Perciformes)慈鲷科(Cichlidae)

生态类群：水生脊椎动物(鱼类)。

形态性状：形似真鲷，体略侧扁，背短而高。体长为头长的3.0～3.1倍，为体高的2.4～2.5倍。口小，口裂不达眼前缘。背鳍硬棘15～17，软条12～14；臀鳍硬棘3，软条10～12；腹鳍硬棘1，软条5；胸鳍软条13～15。体被硬圆鳞，侧线分上、下两条，侧线鳞28～32枚。背鳍起点至侧线间有5列鳞片；臀鳍起点至侧线间有10～12枚鳞片。腹鳍较短，不达肛门。体呈橙红色，头部有许多黑色小点，鳃盖和体侧有几个大而不明显的斑块，奇鳍上有淡黄色斑点，尾鳍不分叉。体腔无黑色腹膜，肉白而结实，无过多肌间骨。

首次发现或引入的地点及时间：1973年从日本引进并在我国珠江水产研究所试养。

引入路径：有意引进养殖。

起源或原产地：非洲。

国内分布：广东、海南、广西、福建、北京和山东等地。

生活史：鱼苗经100～120天可达性成熟。繁殖力强，在水温为22～35℃条件下每年可繁殖3或4次，一般每次繁殖产卵量在800～1500粒。有营造产卵床(0.5～1m)、口腔孵育习性。

营养和环境条件：广盐性鱼类，耐盐度至少可达35，最适生长盐度为5～10。据资料报道，半咸水中生长的鱼的营养价值高于淡水中生长的鱼，且随盐度的升高，该鱼肌肉内蛋白质的含量也升高，因此该鱼适宜在淡水及半咸水中饲养。耐受温度为10～40℃，适宜温度为18～38℃，最适生长温度为25～30℃。pH适应范围较广，在pH6～

8.5的池塘均能正常生长发育和成熟产卵。食性为杂食偏植物性，天然条件下以浮游植物为主，也摄食浮游动物、底栖附着硅藻、寡毛类、有机碎屑等。

经济和生态影响：生长快，个体大，当年鱼苗可长到150～750g。可能会吞食其他鱼类的受精卵。

参考文献

陈品健. 2002. 浅谈外来物种对水产养殖业的影响[J]. 厦门科技, (3): 50-51.

李振宁, 解焱. 2002. 中国外来入侵种[M]. 北京: 中国林业出版社.

钟建兴. 1997. 红罗非鱼生物学特性及养殖技术综述[J]. 水产养殖, (4): 25-27.

(41) 萨罗罗非鱼

中文俗名：黑颊罗非鱼

拉丁学名：*Sarotherodon melanotheron*

分类地位：脊椎动物亚门(Vertebrata)辐鳍鱼纲(Actinopterygii)鲈形目(Perciformes)慈鲷科(Cichlidae)

生态类群：水生脊椎动物(鱼类)。

形态性状：脊椎骨数量较少，为26～29(通常27～28)，下鳃耙数12～19，背鳍14～16，侧线鳞27～30。口很小，下颚向后延长到头部27%～34%(少部分达到36.5%)的长度。牙也很小，排成3～6排，外面的有2个尖头，内部的有3个尖头。体色在两侧下方呈暗珠光蓝色，背部呈橙色或金黄色，头部后侧伴有不规则的深黑色斑块。雄性头部较大，一些具金色的鳃盖。

首次发现或引入的地点及时间：2002年由我国上海水产大学从美国引进。

引入路径：有意引进养殖。

起源或原产地：西非的加纳、尼日利亚等国沿海的咸水湖。

国内分布：广东国家级罗非鱼良种场和河北中捷国家级罗非鱼良种场。

生活史：最小的雌、雄成熟个体分别长78mm和69mm，雄性亲鱼口孵，繁殖最低水温为24℃。雌鱼一次可产卵200～900粒。体外受精，受精卵在雄鱼口中经4～6天孵化，孵化后在雄鱼口中一直生长到19天后。

营养与环境条件：萨罗罗非鱼为广盐性鱼类，适应性强，可生活在盐度为0～40的水域中。适宜生长水温为25～30℃，致死水温为6.9℃。以藻类和底栖腐屑为食。

经济和生态影响：外形美观，是食用、观赏两用鱼。

参考文献

李家乐, 董志国, 李应森, 等. 2007. 中国外来水生动植物[M]. 上海: 上海科学技术出版社.

李学军, 李思发. 2005. 不同盐度下尼罗罗非鱼、萨罗罗非鱼和以色列红罗非鱼幼鱼生长、成活率及肥满系数的差异[J]. 中国水产科学, 12(3): 245-251.

(42) 大菱鲆

中文俗名：多宝鱼、欧洲比目鱼

拉丁学名：*Scophthalmus maximus*

分类地位：脊椎动物亚门（Vertebrata）辐鳍鱼纲（Actinopterygii）鲽形目（Pleuronectiformes）菱鲆科（Scophthalmidae）

生态类群：海洋脊椎动物（鱼类）。

形态性状：身体扁平近似圆形，双眼位于左侧，尾鳍宽而短，体色背面呈青褐色，隐约可见点状黑色和棕色花纹及少量皮刺，腹面光滑呈白色。体色常随环境而变化。头部与身躯之比相对较小。口裂中等大，牙齿较小且不锋利。背鳍与臀鳍各自相连成片而无硬棘。头部与尾鳍较小，全身除中轴骨外无小刺，体中部肉厚，内脏团小，出肉率和可食部分均高于牙鲆。

首次发现或引入的地点及时间：1992年由中国水产科学研究院黄海水产研究所从英国引进。

引入路径：有意引进养殖。

起源或原产地：原产地为大西洋东侧欧洲沿岸，自北欧南部直至北非北部均有分布，黑海、地中海也有分布。

国内分布：主要在环渤海区域养殖。

生活史：初次性成熟年龄：雄鱼1龄、雌鱼2龄，属于分批产卵鱼类。在人工繁殖条件下，雌性个体重达1.6～2kg，2～3龄可达到性成熟，性成熟比例为50%左右。卵母细胞总量与鱼体重有关，不同体重的怀卵量为100万～720万粒。雄性个体较雌性成熟早，性成熟的比例相对高，个体体重达到0.6kg以上时，就能性成熟。精液含量随着个体体重的增加而提高。

营养和环境条件：大菱鲆属于低温底层肉食性鱼类，适应低水温生活和繁殖，最高致死温度为28～30℃，最低致死温度为1～2℃，适宜生长水温为11～23℃，最适生长水温为14～17℃。对盐度的耐受力最高为40，最低为12，适宜盐度为25～30。能耐低溶解氧3～4mg/L。自然环境状态下摄食习性为杂食性，幼鱼期摄食甲壳类，成鱼则捕食小鱼、虾等。稚鱼、幼鱼期较易转食，由活饵转换肉糜或配合饲料只需一周左右，每日定时投喂，可以驯化成有节律的摄食行为。它喜群居和集群游向水面摄食，食后迅速下潜池底静卧不动。

经济和生态影响：大菱鲆是欧洲著名的海水养殖良种，受到国际养殖界的高度重视，并在不断扩大其养殖范围。生态风险不详。

参考文献

雷霁霖. 1995. 大菱鲆(*Scophthalmus maximus*)引进的初步研究[J]. 现代渔业信息, 10(11): 1-3.
雷霁霖. 2000. 海水养殖新品种介绍——大菱鲆[J]. 中国水产, (4): 65-69.
雷霁霖. 2001. 大菱鲆(*Scophthalmus maximus*)引进与驯化试验[J]. 中国动物科学研究, 2: 408-413.
谢忠明. 1995. 大菱鲆(*Scophthalmus maximus*)人工繁殖技术[J]. 现代渔业信息, 10(5): 19-26.
张江宇. 1999. 英国大菱鲆——中国人的新美食新品种[J]. 中国食品, (23): 44-46.

(43) 犬齿牙鲆

中文俗名： 大西洋牙鲆、巨齿牙鲆

拉丁学名： *Paralichthys dentatus*

分类地位： 脊椎动物亚门(Vertebrata)辐鳍鱼纲(Actinopterygii)鲽形目(Pleuronectiformes)牙鲆科(Paralichthyidae)

生态类群： 海洋脊椎动物(鱼类)。

形态性状： 体侧扁、卵圆形。两眼均位于头部左侧，上眼靠近头部背缘，比下眼稍靠后。口大，颌齿1行，呈犬齿状。背鳍始于眼前部上方，背鳍和臀鳍不分支；第一脉沟棘突出，有眼一侧的胸鳍较长，腹鳍位于鱼体底部，较短，略对称。有眼侧被软栉鳞，无眼侧被小圆鳞。有眼侧体色呈灰暗色，并随栖息环境而改变；有眼侧体表有8～10个黑色圆斑，背鳍和臀鳍上也均有类似斑点。无眼侧体色呈白色。侧线鳞数约为108，有眼侧与无眼侧侧线同样发达，在胸鳍上方呈弓形弯曲，无颌上支。

首次发现或引入的地点及时间： 2002年由国家海洋局第一海洋研究所和山东省青岛市海洋与渔业局从美国引进。

引入路径： 有意引进养殖。

起源或原产地： 自然分布在北美洲大西洋东海岸，从加拿大的新斯科舍至美国大西洋沿岸南部佛罗里达。

国内分布： 山东、江苏、福建沿海已有养殖。

生活史： 初次性成熟年龄为2龄，繁殖期多在秋季水温下降时，属于秋冬繁殖型。自然产卵水温为12～19℃，产卵盛期水温为15～18℃。

营养和环境条件： 犬齿牙鲆是广温广盐性鱼类。适宜水温为5～30℃，最适水温为17～

25℃。适宜盐度为5～35，最适盐度为24～30。肉食性鱼类，在自然环境中多以摄食小型鱼类为主，稚鱼至幼鱼期以摄食桡足类、糠虾类、端足类、十足类等小型甲壳类为主。对水体的低溶解氧有一定的耐受力。

经济和生态影响：生长速度快，耐高温能力（0～30℃）较我国牙鲆及大菱鲆强，养殖成活率高，抗病力强，繁殖潜力大，外形美观漂亮，肉质细嫩鲜美，营养丰富，易于烹饪，美味可口，为当地垂钓爱好者及商业捕捞的重要鱼类，其养殖研究始于20世纪70年代早期，真正商业化养殖始于1996年的美国。近几年随着养殖技术的日臻完善，犬齿牙鲆已经成为美国重要的高档养殖鱼种，其价值与亚洲的牙鲆及欧洲产大菱鲆（*Scophthalmus maximus*）相当，是世界名贵鲆鲽鱼类之一。

参考文献

李家乐, 董志国, 李应森, 等. 2007. 中国外来水生动植物[M]. 上海: 上海科学技术出版社.

王波, 张朝晖, 张杰东, 等. 2004. 大西洋牙鲆繁殖生物学及繁殖技术研究进展[J]. 海洋水产研究, 25(1): 90-96.

王清印. 2003. 海水健康养殖的理论与实践[M]. 北京: 海洋出版社: 234-238.

(44) 漠斑牙鲆

中文俗名： 南方鲆、福星鱼、大西洋漠斑牙鲆

拉丁学名： *Paralichthys lethostigma*

分类地位： 脊椎动物亚门（Vertebrata）辐鳍鱼纲（Actinopterygii）鲽形目（Pleuronectiformes）牙鲆科（Paralichthyidae）

生态类群： 水生脊椎动物（鱼类）。

形态性状： 体侧扁、卵圆形。两眼均位于头部左侧。身体的左侧呈浅褐色，分布有不规则的斑点，腹部颜色较浅，能随着周围环境而变化，以便隐藏身体、躲避敌害。左侧朝上生活。

首次发现或引入的地点及时间： 2002年由我国山东省莱州市大华水产养殖公司从美国引进。

引入路径： 有意引进养殖。

起源或原产地： 原产于美国，分布于大西洋美国佛罗里达北部沿海和墨西哥湾沿海。

国内分布： 主要分布在长江、黑龙江和西北的新疆3个区域共10余个省（自治区、直辖市）。

生活史： 初次性成熟年龄一般为2龄，产卵多在秋季水温下降时，属于秋冬繁殖型鱼类，当水温降到18～19℃时开始产卵，水温在15～18℃时为产卵盛期。

营养和环境条件： 漠斑牙鲆属于广温广盐性鱼类，适宜水温为0～35℃，适宜盐度为0～60。该鱼体腔很小，鳔缺乏，生活在水底，为底栖肉食性凶猛鱼类。

经济和生态影响： 漠斑牙鲆为美国的固有品种，也是世界闻名的高档食用鱼，具有生长快、抗病力强、饵料系数低等特点，是优良的养殖对象。生态风险不详。

参考文献

马俊峰. 2003. 漠斑牙鲆落户中国[J]. 中国水产, (1): 35.
孙成渤, 施文革. 2004. 美国漠斑牙鲆的淡化及养殖技术[J]. 动物科学与动物医学, 21(12): 74.
孙加顺. 2004. 美国漠斑牙鲆引进及规模化育种获成功[J]. 科学养鱼, (2): 36.

(45) 塞内加尔鳎

中文俗名：塞内加尔鳎米鱼、欧鳎、地中海鳎

拉丁学名：*Solea senegalensis*

分类地位：脊椎动物亚门(Vertebrata)辐鳍鱼纲(Actinopterygii)鲽形目(Pleuronectiformes)鳎科(Soleidae)

生态类群：海洋脊椎动物(鱼类)。

形态性状：体呈卵圆形，甚侧扁。头小，吻钝短。两眼均位于头部右侧。口小，近前位。背鳍、臀鳍均无棘鳍，背鳍鳍条为76～89，臀鳍鳍条为62～71。脊椎骨为44～46。背鳍和臀鳍最后一根鳍条与尾鳍基部间有一低膜相连。侧线近直线状，颞上支呈弓形。无眼侧前鼻孔没有扩大，直径约为眼径的一半；前鼻孔位置相当靠近头部前端边缘，间距比鼻孔与口裂的间隙稍大，为1∶(1～1.4)。有眼侧鼻管上方鳞的长度比鼻管要短得多。有眼侧第一鳃弓上的鳃耙形似短结节。有眼侧胸鳍整个鳍膜呈黑色，鳍条呈灰白色；无眼侧白色，体两侧均被小栉鳞。

首次发现或引入的地点及时间：2001年从西班牙引进。

引入路径：有意引进养殖。

起源或原产地：分布于大西洋东部法国比斯开湾至非洲加那利群岛，以及地中海西部的西班牙、葡萄牙和突尼斯等国沿岸。

国内分布：2001年引入我国后，仅雷霁霖等和刘新富等对其生物学特性和养殖技术进行过综述。2005年和2006年在山东威海市和海阳市进行人工繁殖，但至今尚未得到规模化苗种生产的应用。

生活史：雌雄异体，体长达30cm，3龄性成熟。春天随着温度的升高才会产卵，自然产卵期是3～6月，相对怀卵量为509粒/g，卵直径为1mm，受精卵在19℃水温条件下孵化时间为42h。塞内加尔鳎的人工繁育不适合采用激素催产的办法，只能模拟其自然繁殖

期的光照和温度来人工调节光温，促使其产卵。在人工养殖条件下比较容易产卵，在13～23℃时亲鱼即可产卵。孵出后第11天开始变态，第15天体长可达到8cm，第19天变态完成，之后仔鱼转入平底水槽中生活，第40天仔鱼体长达到(16±0.84)cm可移入室外土池培育。

营养和环境条件：塞内加尔鳎属于广盐暖温性品种，营底栖生活，喜欢独居或穴居，钻入软质泥沙中，主要以软体动物和小型甲壳类、多毛类等小型的底栖动物为食。实验条件下，塞内加尔鳎幼鱼存活温度为23～32℃，生长的适宜温度为23～29℃，最适温度为23～26℃；适宜盐度为5～50，生长的适宜盐度为20～45，最适盐度为20～25。成熟期的亲鱼放养密度为1～1.5kg/m^2，水温应保持在16℃以上，盐度应保持在33～35。温度在塞内加尔鳎产卵过程中起着重要作用，水温低于16℃则停止产卵，产卵盛期的水温为15～21℃，水温从19℃上升到23℃时，产卵量有下降的趋势；盐度不会抑制产卵，但是卵在盐度低于30的海水中不会漂浮；在水面光强度为330～800lx的正常光周期条件下，塞内加尔鳎可自然产卵。漂浮的卵很容易收集，在和产卵相同温度和盐度条件下孵化。仔鱼发育的早期阶段主要依赖视觉摄食浮游动物桡足类无节幼体，人工培育的苗种饵料为轮虫、卤虫无节幼体、冷冻或者鲜活成体卤虫。对于塞内加尔鳎前期苗种培育，欧洲多采用容积为200～600L的小型锥形底玻璃钢水槽，布苗密度为60～100尾/L，培育过程中盐度为29～37，温度为16～23℃。培育水温为18～21℃时，塞内加尔鳎在孵化后11或12日龄即开始伏底，最迟19日龄就全部变态，伏底营底栖生活。孵化后23～40日龄，可以采用虹吸的方法分池疏苗或者倒池。

经济和生态影响：塞内加尔鳎是欧洲名贵的暖温性海水鱼类，有较大的市场需求和很高的经济价值。其养殖性状和环境适应能力有其优越性，不仅适合陆基水槽工厂化养殖，而且适合开展池塘养殖，被认为是欧洲目前最具养殖潜力的优良品种。

参考文献

姜海滨, 张静, 薛美岩, 等. 2011. 温度和盐度对塞内加尔鳎幼鱼存活及生长的影响[J]. 海洋湖沼通报, 1: 31-35.

李树国, 成永旭, 胡宗福, 等. 2007. 塞内加尔鳎养殖研究进展[J]. 水利渔业, 27(3): 41-43.

刘新富, 柳学周, 连建华, 等. 2008. 塞内加尔鳎规模化人工繁育技术研究[J]. 海洋水产研究, 29(2): 10-16.

王亮, 张全诚, 任大宾, 等. 2008. 塞内加尔鳎仔稚鱼的营养生理研究进展[J]. 水生态学杂志, 1(2): 12-15.

(46) 银大麻哈鱼

中文俗名： 银鲑、大西洋鲑、三文鱼、挪威三文鱼

拉丁学名： *Oncorhynchus kisutch*

分类地位： 脊椎动物亚门（Vertebrata）辐鳍鱼纲（Actinopterygii）鲑形目（Salmoniformes）鲑科（Salmonidae）

生态类群： 海洋脊椎动物（鱼类）。

形态性状： 体呈纺锤形、略侧扁，吻圆，吻突钝，口端位。幼鱼背部为蓝绿色，脂鳍黑色，体侧为银白色，有8～12个狭长的幼鲑斑，侧线从中间穿过。成鱼背部青绿色，两侧银白色，腹部白色，背部、侧线鳞以上部分、背鳍基部和尾鳍上叶有小的黑色斑点。成熟雄鱼变黑，在身体两侧逐渐形成明亮的红色条纹，而且腹部由灰色变成黑色。背鳍10～13，腹鳍10或11，胸鳍13～16，臀鳍12～17，侧线鳞121～144，幽门盲囊45～48，鳃耙数19～23，脊椎骨58～66。

首次发现或引入的地点及时间： 1982年由我国辽宁省从美国引进。

引入路径： 有意引进养殖。

起源或原产地： 自然分布区仅限于北太平洋，从阿纳德尔河分布到北海道北部河流，在北美沿岸则从诺顿湾分布到蒙特雷湾。该鱼主要繁殖地在北美洲、堪察加半岛和库页岛。

国内分布： 国内试养中。

生活史： 该鱼属于溯河性洄游鱼类，在大海中育肥，性成熟后洄游到淡水河中产卵，完成其生命周期。性成熟年龄为3～4龄、体重为4.5～6.5kg，亲鱼产卵后不久就死亡。

营养和环境条件： 该鱼只能在20℃以下水域生存，最适水温为13～18℃。在淡水至盐度为10的水体中均可良好生存和生长。幼鱼以浮游生物为食，之后转变成肉食性，摄食鱼类及无脊椎动物。

经济和生态影响： 该鱼生长快，个体较大，易饲养，抗病力强，成活率高，素以肉质鲜美、营养丰富著称于世，历来被人们视为名贵鱼类，营养价值较高。

参考文献

杜佳垠. 1983. 银大麻哈鱼及其养殖概况[J]. 海洋渔业, (5): 238-239.

匡友谊, 尹家胜, 白庆利, 等. 2004. 银鱼(*Oncorhynchus kisutch*)形态性状测量[J]. 水产学杂志, 17(1): 21-25.

李家乐, 董志国, 李应森, 等. 2007. 中国外来水生动植物[M]. 上海: 上海科学技术出版社.

楼允东. 2000. 我国鱼类引种研究的现状与对策[J]. 水产学报, 24(2): 185-192.

王晓霞, 马尚助, 王丙刚. 2002. 银大麻哈鱼人工繁殖技术初报[J]. 淡水渔业, 32(3): 6-7.

(47) 大麻哈鱼

中文俗名：秋鲑

拉丁学名：*Oncorhynchus keta*

分类地位：脊椎动物门(Vertebrata)硬骨鱼纲(Osteichthyes)鲑目(Salmoniformes)鲑科(Salmonidae)

生态类群：水生脊椎动物(鱼类)。

形态性状：背鳍III-IV-9-11，臀鳍II-III-12-15，侧线鳞132～148，鳃耙数19～25，幽门盲囊165～206。头长为体长的19.1%～24.8%，体高为体长的16.9%～24.8%，吻长为体长的5.7%～9.3%，眼径为体长的2.1%～2.6%，尾柄长为体长的15.8%～16.9%，尾柄高为体长的7.3%～8.7%。体侧扁，背腹外廓大致相对称，呈纺锤形。头长与体高相等或略小。口端位，口裂大，上颌骨延至眼的后缘，斜向下方，似乌啄状。上、下颌不相愈合，雄鱼个体的第二性征尤为显著。上、下颌各有齿一行，齿形尖锐向内弯斜，除下颌前端4对齿较大外，其余均细小。舌弧上具有舌齿，左右各一列，每列2～4枚，背鳍居于体中稍后。腹鳍起于背鳍之后，近于臀鳍。尾鳍分叉不深。有脂鳍。

首次发现或引入的地点及时间：1988年由中国水产研究院黑龙江水产研究所从俄罗斯引进。

引入路径：有意引进养殖。

起源或原产地：分布于北太平洋，北纬40°以北。大麻哈鱼在海洋里生活3～5年，每年秋季大麻哈鱼成群结队渡过鄂霍茨克海，绕过库页岛，进入黑龙江，溯往原来的繁殖场地进行产卵。我国见于黑龙江、绥芬河和图们江等水系。

国内分布：黑龙江省的乌苏里江和黑龙江。

生活史：大麻哈鱼的产卵期为10月下旬至11月中旬，卵粒较大，卵径为5.6～6.5mm，为橘红色，怀卵量为3965～4960粒。受精卵经过冬季的低温培育，到来年春季孵出仔鱼，在产卵场所大约经过30天卵黄囊消失，然后随江流流入大海。大麻哈鱼由于经过

长途而艰辛的洄游，其间又不再进食，加之筑“卧子”产卵，体力消尽，不久便死去，完成了繁衍子代的任务。

营养和环境条件：大麻哈鱼属于冷水性溯河产卵洄游鱼类，肉食性，仔鱼主要摄食底栖生物和水生昆虫。进入海洋后以摄取小型鱼类为主。

经济和生态影响：该鱼为珍贵的经济鱼类，素以肉质鲜美、营养丰富著称于世，深受人们的喜爱，其卵也是著名的水产品，营养价值很高，本性凶猛，到大海后以捕食其他鱼类为生。

参考文献

林福申. 1987. 中国名贵珍稀水生动物·中国渔业资源调查和区划之十三[M]. 杭州: 浙江科学技术出版社.

孟庆闻, 苏锦祥, 缪学祖. 1995. 鱼类分类学[M]. 北京: 中国农业出版社.

任慕莲. 1981. 黑龙江鱼类[M]. 哈尔滨: 黑龙江人民出版社.

沈俊宝, 张显良. 2002. 引进水产优良品种及养殖技术[M]. 北京: 金盾出版社: 136-139.

唐慧珍. 1985. 淡水养殖大马哈鱼成功[J]. 海洋渔业, (6): 286.

(48) 细鳞大麻哈鱼

中文俗名：罗锅子、驼背大麻哈鱼。

拉丁学名：*Oncorhynchus gorbuscha*

分类地位：脊椎动物门(Vertebrata)硬骨鱼纲(Osteichthyes)鲑亚目(Salmonoidei)鲑科(Salmonidae)

生态类群：水生脊椎动物(鱼类)。

形态性状：体长而侧扁，略似纺锤形。头后至背鳍逐渐向尾部低弯。头侧扁，吻端突出，微弯。口裂大，形似鸟喙。上颌骨明显，游离，后端延至眼的后缘。上、下颌各有一列齿，齿形尖锐向内弯斜，除下颌前端4对齿较大外，其余皆细小。眼小。鳞细小，覆瓦状排列。脂鳍小。尾鳍深叉形。体侧有8～12条橙赤色的“婚姻色”横斑条纹，雌鱼较浓，雄鱼条斑较大。吻端、颌部、鳃盖和腹部为青黑色或暗苍色，臀鳍、腹鳍为灰白色。生活在海洋时体色银白，入河洄游不久体色则变得非常鲜艳，背部和体侧先变为黄绿色，之后逐渐变暗，呈青黑色。腹部银白色。

首次发现或引入的地点及时间：1987年由中国水产科学研究院黑龙江水产研究所从俄罗斯引进。

引入路径：有意引进养殖。

起源或原产地：北太平洋，北纬40°以北。加拿大的哥伦比亚省和阿拉斯加东南沿海，俄罗斯、堪察加半岛水域。

国内分布：黑龙江省的乌苏里江和黑龙江。

生活史：细鳞大麻哈鱼一生只生殖一次。性成熟雄鱼为3龄，雌鱼为4龄。受精卵在冬季冰下孵化，至翌年2～3月孵化仔鱼。稚鱼以底栖动物和水生昆虫为食，5月初降河洄游入海，降河洄游期较大麻哈鱼稚鱼早。

营养和环境条件：该鱼属于冷水性溯河产卵洄游鱼类，最适水温为10～18℃，低于8℃或高于20℃都会影响其摄食。在淡水到盐度为10的水体中均可良好生存和生长。该鱼是大麻哈鱼属中生活周期最短的种类，仅在海域生活一年即达到性成熟溯河洄游，进

入我国江河的是生殖产卵洄游群体，每年9月上旬溯河，9月中旬数量增加，9月末数量明显减少，至10月上旬结束。在黑龙江水系只洄游到下游河段。海洋生活阶段的水温在13℃以下；进入淡水产卵繁殖时的水温在8℃以下。幼鱼栖息水域条件同大麻哈鱼，以捕食小型鱼、虾类为主。

经济和生态影响：肉味鲜美，可鲜食，亦可加工腌渍品或罐头食品，鱼卵可腌渍经济价值高的红鱼子，为北美、欧洲、日本餐桌上备受欢迎的鱼类之一。此外，该鱼具有药用食疗价值。《水产资源繁殖保护条例》规定该鱼为重点保护对象，可捕标准以达到性成熟为原则。农业部规定，进口原料加工成品后出口，要持有渔业主管部门开具的证明。

参考文献

董崇智, 齐树海. 1992. 绥芬河驼背大麻哈鱼移植放流及回归效果的初步研究[J]. 水产学报, 16(4): 307-315.

李家乐, 董志国, 李应森, 等. 2007. 中国外来水生动植物[M]. 上海: 上海科学技术出版社.

沈俊宝, 张显良. 2002. 引进水产优良品种及养殖技术[M]. 北京: 金盾出版社: 136-139.

(49) 大西洋鲑

中文俗名：三文鱼

拉丁学名：*Salmo salar*

分类地位：脊椎动物亚门(Vertebrata)辐鳍鱼纲(Actinopterygii)鲑形目(Salmoniformes)鲑科(Salmonidae)

生态类群：海洋脊椎动物(鱼类)。

形态性状：体延长，呈纺锤形，稍侧扁。口斜裂伸达眼后。上、下颌有锯齿状利齿，两颌均稍呈钩状，下颌较明显，具细齿。尾鳍呈微凹状或平截状。背鳍鳍条10～12。脂鳍与侧线之间有10～13行鳞片。体背部及体背侧为暗蓝色，体腹侧为银白色，腹部白色。头部及侧线上方的体背侧不规则散布X形黑色斑。脂鳍无黑色外缘，尾鳍无任何斑点。溯河生殖的成鱼，体色会变成棕色或黄色，雄鱼会有大型红色或黑色斑点。上、下颌延长并弯曲成深钩状。

首次发现或引入的地点及时间：1999年我国北京康鑫公司从美国引进发眼卵①孵化。

起源或原产地：原始栖息地为大西洋北部，即北美东北部、欧洲的斯堪的纳维亚半岛沿岸。

引入路径：有意引进养殖。

国内分布：黑龙江、河北、北京、山东等地进行养殖试验。

生活史：该鱼是一种有名的溯河洄游鱼类，在淡水江河上游的溪河中产卵，产后回到海洋育肥。幼鱼在淡水中生活2～3年，然后下海，在海水中生活一年或数年，直到性成熟时再回到原出生地产卵。

营养和环境条件：除繁殖季节外，大西洋鲑成鱼都生活在海水深度不超过20m的沿海海域。它们的食物包括鱿鱼、虾、鲱和鳕等小型鱼类。陆封型大西洋鲑的人工养殖条件：适宜水温为12～18℃，pH为7～7.5，流量为5～10L/s，溶解氧为7mg/L以上。可摄食人工配合饲料。

经济和生态影响：该鱼为目前世界上最主要的养殖鱼类品种之一，也是目前人工养殖产量最高的冷水性鱼类。洄游型大西洋鲑更适于进行集约化养殖，其特点是经济价值高、生长速度快、抗病力强，但由于其在我国没有自然分布，且人工育苗技术难度较

① 即受精卵发育过程中，透过卵膜可见眼睛黑色素出现的胚胎

大，因此在中国还没有开展大规模养殖。大连龙胜海洋渔业养殖有限公司于2004年初从美国引进洄游型大西洋鲑发眼卵，并在其孵化和苗种培育等方面取得了突破性进展，获得成功，为中国的鱼类养殖增添了一个具有一定国际竞争力的新的品种。

参考文献

李家乐, 董志国, 李应森, 等. 2007. 中国外来水生动植物[M]. 上海: 上海科学技术出版社.

李永发, 梁双, 侯俊琳. 2005. 陆封型大西洋鲑的池塘养殖及生物学研究[J]. 水产学杂志, 18(1): 19-32.

刘澧津. 2002. 大西洋鲑(*Salmo salar*)饲养试验[J]. 水产学杂志, 15(1): 8-11.

夏重志, 陆久韶, 李永发, 等. 2003. 陆封型大西洋鲑生物学特性与移植驯化技术[J]. 水产学杂志, 16(2): 19-26.

夏重志, 牟振波, 陆久韶, 等. 2002. 陆封型大西洋鲑发眼卵孵化及苗种培养试验[J]. 水产学杂志, 15(1): 1-4.

晓舟. 2001. 陆封型大西洋鲑、大鳞鲑简介[J]. 科学养鱼, (1): 35.

(50) 美洲红点鲑

中文俗名： 七彩鲑、溪红点鲑、溪鳟

拉丁学名： *Salvelinus fontinalis*

分类地位： 脊椎动物亚门(Vertebrata)辐鳍鱼纲(Actinopterygii)鲑形目(Salmoniformes)鲑科(Salmonidae)

生态类群： 海洋脊椎动物(鱼类)。

形态性状： 体色变化较大，背部绿色或褐色，在背部和背鳍有暗绿色弹珠状斑点，体侧较背部的颜色淡，有带有蓝色色晕的红色斑点。尾鳍分叉较浅。性成熟产卵群体的鱼体的下半部呈红色。降海类型的鱼体上半部暗绿色，下半部银白色带有粉红色的斑点。背鳍10～14，臀鳍9～14，胸鳍10～14，腹鳍7～10，尾鳍19，具有脂鳍，鳃耙数14～22，脊椎骨58～62。

首次发现或引入的地点及时间： 2005年由我国山东省淄博市从美国引进。

引入路径： 有意引进养殖。

起源或原产地： 加拿大东部及美国东北部水域。

国内分布： 山东省。

生活史： 有溯河习性。生命周期为4～6年，最多不超过15年。2～3年后达到性成熟，产卵季节集中在每年的9～12月。当雌鱼选择好产卵地点后，用强力的尾巴掘出一个圆坑，雌鱼在产卵的同时雄鱼随时授精。成熟个体每千克体重怀卵量为2000～3000粒，卵径为3.5mm，色泽略淡于虹鳟。在8～10℃水温下，45～50天可以破膜，而在3℃水温下，破膜时间约为160天。

营养和环境条件： 生活在水温为0～26℃的淡水、海水、半咸水中，喜欢栖息于15～27m深的底层水体。食性较广，摄食软体动物、甲壳类、浮游动物、底栖动物、昆虫、

鱼类、两栖动物及鱼卵，在有些个体的胃中可以发现植物性食物。

经济和生态影响：体色鲜艳、肉质坚实、味道鲜美、营养丰富，素有“冰水皇后”之称，深受钓鱼爱好者的青睐。该鱼生长速度快，市场潜力大，经济效益好，自引进我国后已成为重要的养殖新品种，是世界上著名的五大鲑品种之一。生态风险：由于美洲红点鲑体质强健，拼抢凶猛，嘴大牙坚，咬合有力，能够捕食土著种类。

参考文献

黄权, 张东鸣, 吴莉芳, 等. 2000. 红点鲑属鱼类资源现状及保护利用[J]. 水产学杂志, 13(2): 14-19.

李永发, 刘奕, 夏资博, 等. 2011. 美洲红点鲑血液生理生化指标和流变学性质的研究[J]. 水产学杂志, 24(1): 46-49.

(51) 雨点红点鲑

中文俗名：白斑红点鲑、日光白点鲑、白点鲑、嘉鱼、普氏红点鲑、远东红点鲑

拉丁学名：*Salvelinus pluvius*

分类地位：脊椎动物亚门(Vertebrata)辐鳍鱼纲(Actinopterygii)鲑形目(Salmoniformes)鲑科(Salmonidae)

生态类群：海洋脊椎动物(鱼类)。

形态性状：体长、略侧扁，背部褐色，体侧浅绿色，腹部白色，体侧下部有橙色或黄色圆斑，体背部和体侧有白色的斑点，胸鳍和腹鳍的前缘白色。背鳍10～14，臀鳍8～12，胸鳍13或14，腹鳍8或9，侧线鳞115～130，侧线上、下纵列鳞210～230，鳃耙数13～19，鳃条骨9～14，幽门盲囊18～34，脊椎骨60～63。

首次发现或引入的地点及时间：1996年由我国黑龙江水产研究所从日本东京水产大学引进发眼卵。

引入路径：有意引进养殖。

起源或原产地：日本。

国内分布：黑龙江和北京等地。

生活史：具有一定的洄游性(降海)，降海型2年返回母亲河产卵，性成熟后婚姻色显著，一般9～11月产卵，有筑巢的习性，终生可多次繁殖。仔鱼于翌年的4～5月完成卵黄囊的吸收，上浮摄食。

营养和环境条件：该鱼可以适应淡水、半咸水和海水生活，喜欢栖息在水温低于15℃、清澈无污染的山涧溪流。食性基本是肉食性，主要摄食浮游动物、水生及落水的陆生昆虫。

经济和生态影响：在日本已有50多年的养殖历史，适于垂钓，烹制鱼肴以生鱼片著称，市价为虹鳟的2～3倍。此外，该鱼抗病力强，基本不感染病毒性疾病。目前生态风险不详。

参考文献

谷伟, 张永泉, 张慧, 等. 2010. 白点鲑的耗氧率及窒息点研究[J]. 中国农学通报, 26(21): 427-431.

黄权, 张东鸣, 吴莉芳, 等. 2000. 红点鲑属鱼类资源现状及保护利用[J]. 水产学杂志, 13(2): 14-19.

李家乐, 董志国, 李应森, 等. 2007. 中国外来水生动植物[M]. 上海: 上海科学技术出版社.

王昭明, 沈希顺, 赵路平. 2005. 日光白点鲑与河鳟受精卵的人工孵化[J]. 科学养鱼, (1): 12-13.

(52) 楚德白鲑

拉丁学名：*Coregonus lavaretus maraenoides*

分类地位：脊椎动物亚门(Vertebrata)辐鳍鱼纲(Actinopterygii)鲑形目(Salmoniformes)鲑科(Salmonidae)

生态类群：海洋脊椎动物(鱼类)。

形态性状：体延长而稍侧扁，全身银白色。口小，颌部突出。口上缘由前颌骨与上颌骨组成。眼中大，具脂性眼睑。上、下颌骨，锄骨与舌上有圆锥状齿。身被小型圆鳞，头部无鳞。鳃膜向前不与峡部相连。鳔大。背鳍一枚，位于体背中央，后方有一枚脂鳍；腹鳍有腋突；背鳍和腹鳍相对或稍前，在体中部，尾鳍叉形；各鳍均无硬棘。体被圆鳞，上颌前端无吻钩；口底无大褶膜；有脂鳞，存在幽门盲囊。身体呈纺锤形，稍侧。

首次发现或引入的地点及时间：1985年由我国黑龙江水产研究所从日本引进。

引入路径：有意引进养殖。

起源或原产地：苏联、北美洲。

国内分布：试养中。

生活史：3～4年性成熟，11月至次年1月产卵。产卵多在夜间发生，其生殖行为和能力与高白鲑接近。

营养和环境条件：该鱼生活在温带的淡水、半咸水和海水中，底栖，有群居和溯河习性。适温为4～16℃，适宜pH为7.0～7.5。主要摄食浮游生物和甲壳类，在海洋中主要摄食底栖的大型甲壳动物。

经济和生态影响：该鱼是一种可以作为增殖、养殖、捕捞和游钓的品种。生态风险不详。

参考文献

李家乐, 董志国, 李应森, 等. 2007. 中国外来水生动植物[M]. 上海: 上海科学技术出版社.

楼允东. 2000. 我国鱼类引种研究的现状与对策[J]. 水产学报, 24(2): 185-192.

田永胜, 阿斯亚. 2000. 高白鲑的生物学特性及增养殖技术[J]. 淡水渔业, 30(9): 11-13.

(53) 宽鼻白鲑

中文俗名：奇尔白鲑

拉丁学名：*Coregonus nasus*

分类地位：脊椎动物亚门(Vertebrata)辐鳍鱼纲(Actinopterygii)鲑形目(Salmoniformes)鲑科(Salmonidae)

生态类群：海洋脊椎动物(鱼类)。

形态性状：体长、稍侧扁，头小，口下位、短，吻钝。背鳍10～13，臀鳍11～14，脊椎骨60～65，脂鳍较大，背部橄榄褐色至近黑色，两侧显银白色或银灰色，腹部白色至微黄色，通常成鱼鳍较灰、幼鱼较白。体长最大可达70cm，体重达16kg以上。

首次发现或引入的地点及时间：1987年我国黑龙江水产研究所从苏联引进。

引入路径：有意引进养殖。

起源或原产地：广泛分布于俄罗斯沃隆格(46° E)和阿拉斯加(102° W)之间的北冰洋水域。

国内分布：试养中。

生活史：寿命达15年，性成熟年龄为4～5龄，溯河产卵。

营养和环境条件：冷水性鱼类，底栖，可生活在淡水、半咸水和咸水中。肉食性，以水生昆虫的幼虫、小型软体动物和甲壳类动物为食。

经济和生态影响：它具有适应能力强、生长速度快、生长期长等优良特性，作为增殖与养殖对象而被广泛移植或放养。

参考文献

李家乐, 董志国, 李应森, 等. 2007. 中国外来水生动植物[M]. 上海: 上海科学技术出版社.

楼允东. 2000. 我国鱼类引种研究的现状与对策[J]. 水产学报, 24(2): 185-192.

(54) 欧洲鳗鲡

中文俗名：欧鳗

拉丁学名：*Anguilla anguilla*

分类地位：脊椎动物亚门(Vertebrata)辐鳍鱼纲(Actinopterygii)鳗鲡目(Anguilliformes)鳗鲡科(Anguillidae)

生态类群：水生脊椎动物(鱼类)。

形态性状：欧洲鳗鲡在不同发育阶段，其形态不同。幼体阶段：呈柳叶状，生活于海中，在海草区域，从卵径为1.2mm的鱼卵发育成体长为3mm的幼体。幼体经1～2.5年海洋洄游后，体长达到70mm左右。玻璃鳗阶段：幼体经变态离开大陆架后，进入玻璃鳗阶段，无色素，全身透明，体形基本定形。之后躯体各部分出现色素，鱼体变黑，成为小鳗鱼。黄鳗阶段：当色素沉积充分发展时，即进入黄鳗或绿鳗阶段。银鳗阶段：体侧出现银白色，并向整个腹部发展。

首次发现或引入的地点及时间：1995年我国福建省水产研究所从法国引进。

引入路径：有意引进养殖。

起源或原产地：大西洋东海岸，欧洲鳗苗的主要产地有纽芬兰、丹麦、意大利等，在西欧沿海的资源量极为丰富。

国内分布：东南沿海大部分地区都有养殖。

生活史：欧洲鳗鲡是一种降河洄游产卵(catadromous)鱼类。幼鳗、成鳗栖息于河川、河口、潟湖，喜钻洞潜居，是以虾、蟹、贝、海虫维生的肉食者。每年秋季，成熟的鳗鱼开始为长途的产卵洄游作准备，经常选择一个没有月亮的夜晚，由河川降海到大西洋的马尾藻海域产卵，其受精卵会在春季和夏初被发现，幼体时期(柳叶鳗leptocephalus)则利用3年时间向欧洲迁移，进入淡水后色素产生变化，其腹部会变成

黄色。

营养和环境条件： 它能在1～38℃的水温中生活，以20～26℃为最适水温，25℃左右生长速度最快。喜欢生活于盐度18的半咸水中，但在盐度0～36的水中均能生长。养殖欧鳗的水质pH为6.5～8.5，最适pH为7.5左右。水中氨氮大于0.12mg/L时，生长速度开始下降，当氨氮含量达到0.5mg/L时，生长速度几乎为零。溶解氧含量要求较低，可以通过皮肤获得70%的氧气，但养殖中溶解氧不能低于3mg/L，一般要求为7mg/L。欧洲鳗鲡生活于水的底层，喜欢捕食鲜活的小动物，故人工配合饵料若不新鲜，将影响其摄食强度，从而影响其生长。欧洲鳗鲡贪食，当饵料充足时，就可能发生过度摄食现象，过饱者可能发生吐食，污染水质，也可能造成疾病而死亡。

经济和生态影响： 幼体或成年欧洲鳗鲡为人们重要的食物来源，如伦敦东区著名的鳝鱼冻，通过发出蓝光作为诱饵捕捉幼体鳗鱼在欧洲西面的海岸线是最常见的方法。该鱼可能会给我国日本鳗鲡带来“遗传污染”。

参考文献

戈贤平, 蔡仁逵. 2005. 新编淡水养殖技术手册[M]. 上海: 上海科学技术出版社.

沈俊宝, 张显良. 2002. 引进水产优良品种及养殖技术[M]. 北京: 金盾出版社.

(55) 美洲鳗鲡

中文俗名：美洲鳗

拉丁学名：*Anguilla rostrata*

分类地位：脊椎动物亚门(Vertebrata)辐鳍鱼纲(Actinopterygii)鳗鲡目(Anguilliformes)鳗鲡科(Anguillidae)

生态类群：水生脊椎动物(鱼类)。

形态性状：体蛇形，在不同发育阶段形态不同。玻璃鳗阶段缺乏色素，全身透明。稍大些体色变黄，称为幼鳗。脊椎骨103～111。鳗苗体形较小，眼较小但突出，成鳗体形较短胖，体色呈灰色，吻较短，眼间距较大，皮较厚，肌肉偏紧。肠子又直又长，约占体长的75%。

首次发现或引入的地点及时间：中国台湾于1978年引进，1994年从加拿大引入中国大陆。

引入路径：有意引进养殖。

起源或原产地：北美洲东部至圭亚那、格陵兰附近。

国内分布：江苏、浙江、福建和广东等沿海省份。

生活史：降海生殖洄游。产苗季节在1～6月，其中3～4月是产卵高峰期。

营养和环境条件：营底栖生活，对环境的适应能力强，适宜温度为15～28℃，低于15℃或超过28℃时食欲下降；可在盐度为0～35时生长。在自然条件下食性较广，水生昆虫是小个体鳗鱼的主要食物，大个体鳗鱼则主要摄食小龙虾和其他鱼类。

经济和生态影响：美洲鳗鲡以苗种价格最低、水质要求不高而成为今后的养殖对象之一。生态风险不详。

参考文献

陈学豪. 2006. 美洲鳗鲡的经济价值及其养殖技术[J]. 齐鲁渔业, 23(6): 4-5.

洪万树. 1998. 美洲鳗鲡生物学[J]. 海洋科学, (2): 34-35.

李家乐, 董志国, 李应森, 等. 2007. 中国外来水生动植物[M]. 上海: 上海科学技术出版社.

林明辉, 廖国礼. 2006. 欧洲鳗鲡和美洲鳗鲡生物学特性及养殖技术的比较[J]. 中国水产, (1): 24-26.

(56) 澳大利亚鳗鲡

中文俗名：短鳍鳗、黑鳗

拉丁学名：*Anguilla australis*

分类地位：脊椎动物亚门(Vertebrata)辐鳍鱼纲(Actinopterygii)鳗鲡目(Anguilliformes)鳗鲡科(Anguillidae)

生态类群：水生脊椎动物(鱼类)。

形态性状：体蛇形，在不同发育阶段形态不同。幼鱼特征及体色与一般鳗鱼类似，头小，口裂可达眼睛下方。鳞片细小不明显，且深埋于皮肤下方。背部呈黄绿至灰暗色，体侧为暗绿色，腹部颜色较浅。背鳍起点位于臀鳍起点不远处。胸鳍14～16，脊椎骨109～116。最大体长可达90cm。

首次发现或引入的地点及时间：2005年从澳大利亚引进。

引入路径：有意引进养殖。

起源或原产地：分布于太平洋和澳大利亚的淡水河流。

国内分布：主要在我国各大养鳗省份，如江苏、浙江、福建和广东等。

生活史：它是一种降河洄游鱼类，原产于海中，溯河到淡水内长大，后回到海中产卵。每年春季，大批幼鳗(也称白仔、鳗线)成群自大海进入江河口。

营养和环境条件：适宜养殖温度接近24℃，略高于欧洲鳗鲡，略低于日本鳗鲡。在18℃和35℃水温下，澳大利亚鳗鲡仍有较高的采食率，致死上限温度为37℃，鱼苗比隔年老鳗有更好的耐热能力。以鱼类、甲壳类、软体动物、水生植物、陆生和水生昆

虫为食，能适应人工饲养环境和接受配合饲料。

经济和生态影响：它是鳗鲡属中重要的经济捕捞和养殖种类之一，其增长率、成活率明显高于欧洲鳗鲡。

参考文献

过世东. 1998. 澳鳗仔鳗增长率及成活率的研究[J]. 水产科技情报, (4): 162-165.

过世东. 2001. 澳洲鳗适宜养殖温度的研究[J]. 水产科学, 20(2): 4-6.

林明辉, 廖国礼. 2006. 欧洲鳗鲡和美洲鳗鲡生物学特性及养殖技术的比较[J]. 中国水产, (1): 24-26.

(57) 浅色双锯鱼

拉丁学名：*Amphiprion nigripes*
分类地位：脊椎动物亚门(Vertebrata)辐鳍鱼纲(Actinopterygii)鲈形目(Perciformes)雀鲷科(Pomacentridae)
生态类群：海洋脊椎动物(鱼类)。
形态性状：体侧扁，口小。体橙色，体侧中间颜色较暗，腹鳍及臀鳍黑色，尾柄、尾鳍、胸鳍及背鳍软条部为黄色，鳃盖处具有一镶黑边的白色细横带，背鳍硬棘10或11，软条17或18；臀鳍硬棘2，软条13～15。体长可达11cm。
首次发现或引入的地点及时间：不详。
引入路径：有意引进观赏。
起源或原产地：西印度洋区的马尔代夫及斯里兰卡海域。
国内分布：水族观赏市场。
生活史：一个月可产卵两次，如果环境条件合适，可以终年不间断地产卵，每次产卵量在200～600粒，水温在26～27℃，6～7天后才会孵化出小鱼，在小鱼尚未孵化前，小丑鱼的父母会轮流守护。
营养和环境条件：生活在珊瑚礁或潟湖，具有领域性。属杂食性，以藻类和浮游生物为食。

经济和生态影响：多为观赏鱼，不供食用。

参考文献

戴维·阿尔德顿. 2012. 海水观赏鱼鉴赏手册[M]. 北京: 科学普及出版社.

狄克·米尔斯(Dick Mills). 2007. 观赏鱼——全世界500多种观赏鱼的彩色图鉴[M]. 北京: 中国友谊出版社.

张词祖, 张斌. 2003. 宠物100: 海水观赏鱼[M]. 北京: 中国林业出版社.

(58) 大堡礁双锯鱼

拉丁学名：*Amphiprion akindynos*

分类地位：脊椎动物亚门(Vertebrata)辐鳍鱼纲(Actinopterygii)鲈形目(Perciformes)雀鲷科(Pomacentridae)

生态类群：海洋脊椎动物(鱼类)。

形态性状：体侧扁，口小。稚鱼体具有3条白褐色纵带，成鱼体褐橙色，体具有2条镶黑边的白色横带，一条在眼后，另一条在背鳍基部，尾柄及尾鳍为白色。背鳍硬棘10或11，背鳍软条14～17；臀鳍硬棘2，臀鳍软条13或14。体长可达9cm。

首次发现或引入的地点及时间：不详。

引入路径：有意引进观赏。

起源或原产地：分布于西太平洋区，包括澳大利亚东部、新喀里多尼亚、东加等海域。

国内分布：水族观赏市场。

生活史：全年繁殖，产卵即将开始时，雄鱼追逐雌鱼至巢穴，雌鱼在巢边往返游动产卵。其后雄鱼继续在卵上游动，使之受精。卵的孵化受水温影响，孵化过程一般需6～8天。孵化后的柳叶状稚鱼阶段持续8～12天，其间稚鱼会返回水底并寻找新的海葵栖息地。

营养和环境条件：该鱼生活在珊瑚礁区，与海葵共生，为母系社会，即一尾雌鱼配数尾雄鱼，当雌鱼死亡时，其中一尾雄鱼会性转变为雌鱼。繁殖期时，具有领域性，属杂食性，以藻类及小型无脊椎动物为食。

经济和生态影响：该鱼为具有高经济价值的观赏鱼。

参考文献

戴维·阿尔德顿. 2012. 海水观赏鱼鉴赏手册[M]. 北京: 科学普及出版社.
狄克·米尔斯(Dick Mills). 2007. 观赏鱼——全世界500多种观赏鱼的彩色图鉴[M]. 北京: 中国友谊出版社.
张词祖, 张斌. 2003. 宠物100: 海水观赏鱼[M]. 北京: 中国林业出版社.

(59) 橙鳍双锯鱼

拉丁学名：*Amphiprion chrysopterus*

分类地位：脊椎动物亚门(Vertebrata)辐鳍鱼纲(Actinopterygii)鲈形目(Perciformes)雀鲷科(Pomacentridae)

生态类群：海洋脊椎动物(鱼类)。

形态性状：体侧扁，口小。体色为深褐色，吻部、胸鳍及背鳍为黄色，尾鳍为白色，体侧具2条镶黑边的白色横带，一条在眼后，另一条在背鳍基底。背鳍硬棘10或11，软条15～17；臀鳍硬棘2，软条13或14。体长可达17cm。

首次发现或引入的地点及时间：不详。

引入路径：有意引进观赏。

起源或原产地：分布于印度洋和太平洋的热带珊瑚礁。

国内分布：水族观赏市场。

生活史：该鱼以海葵为行动的领域，如觅得食物也一定将食物带回此领域范围，它们吃剩的食物便成为海葵的食物。卵的一端会有细丝，固定在海葵所栖息的岩壁上，一星期左右孵化。在此期间雌、雄鱼共同守护卵，由雄鱼用鳍泼水以除去卵上的尘埃。孵化后的幼鱼浮在水面，1～2周后即到海底生活。

营养和环境条件：杂食性，以藻类及浮游生物为主食，与腔肠动物里的海葵共生。

经济和生态影响：该鱼为观赏鱼，不供食用。

参考文献

戴维 • 阿尔德顿. 2012. 海水观赏鱼鉴赏手册[M]. 北京: 科学普及出版社.

狄克 • 米尔斯(Dick Mills). 2007. 观赏鱼——全世界500多种观赏鱼的彩色图鉴[M]. 北京: 中国友谊出版社.

张词祖, 张斌. 2003. 宠物100: 海水观赏鱼[M]. 北京: 中国林业出版社.

(60) 美国红雀鱼

中文俗名：美国红雀、加州红雀、加州宝石

拉丁学名：*Hypsypops rubicunda*

分类地位：脊椎动物亚门(Vertebrata)辐鳍鱼纲(Actinopterygii)鲈形目(Perciformes)雀鲷科(Pomacentridae)

生态类群：海洋脊椎动物(鱼类)。

形态性状：体长可达30cm以上，椭圆形。幼鱼期身体为橘色带有亮蓝色斑点，各鳍镶有蓝色边纹。成鱼变成亮橘红色，各鳍均为橘红色。此鱼为大型雀鲷鱼。

首次发现或引入的地点及时间：不详。

引入路径：有意引进观赏。

起源或原产地：东部太平洋美国加州沿海。

国内分布：水族观赏市场。

生活史：能长得很大，寿命很长，有记载可以活25年。

营养和环境条件：食肉性，以海底栖息的无脊椎动物为主食。应该饲养在400L以上的水族箱中，水温为24～27℃，pH8.1～8.4，海水相对密度为1.020～1.025，提供足够的活石供其划分领地。对同类非常凶猛，一个缸应该只放一条。食物包括各种动物性饵料、植物性饵料及人工饵料。

经济和生态影响：美国红雀鱼为特大号雀鲷鱼，具有鲜红的色彩，很迷人。因为此鱼有啄食伤害活珊瑚、海星的本事，已被美国加利福尼亚州下令保护，想看此鱼已不容易了。

参考文献

戴维·阿尔德顿. 2012. 海水观赏鱼鉴赏手册[M]. 北京: 科学普及出版社.

狄克·米尔斯(Dick Mills). 2007. 观赏鱼——全世界500多种观赏鱼的彩色图鉴[M]. 北京: 中国友谊出版社.

张词祖, 张斌. 2003. 宠物100: 海水观赏鱼[M]. 北京: 中国林业出版社.

(61) 白胸刺尾鱼

中文俗名：粉蓝刺尾鲷、粉蓝倒吊

拉丁学名：*Acanthurus leucosternon*

分类地位：脊椎动物亚门(Vertebrata)辐鳍鱼纲(Actinopterygii)鲈形目(Perciformes)刺尾鱼科(Acanthuridae)

生态类群：海洋脊椎动物(鱼类)。

形态性状：体呈椭圆形，侧扁，尾柄瘦而有力。口小，端位。背鳍一枚，连续且长。头部为深蓝黑色；体侧为宝蓝色，唇缘有白线，喉颊部至鳃盖后缘有一白色斑纹；背鳍呈鲜黄色，具黑缘；腹鳍、臀鳍淡色；胸鳍黄色；尾鳍白色，具黑边。一般体长为19cm，最大体长可达54cm。背鳍硬棘9，背鳍软条28～30；臀鳍硬棘3，臀鳍软条23～26。

首次发现或引入的地点及时间：不详。

引入路径：有意引进观赏。

起源或原产地：主要分布在印度洋和太平洋，从东非至安达曼海、印度尼西亚东南部及圣诞岛等。

国内分布：水族观赏市场。

生活史：成年体长一般为18～23cm，寿命为10年。行一夫一妻制。

营养和环境条件：该鱼栖息在沿岸及岛屿的浅水珊瑚礁区，通常见于礁盘及其上端陡坡处，栖息深度为0～25m。草食性，以海底稀疏分散的藻类为食。饲养条件：选用

470L或更大的水族箱，水温为26～28℃，水质碳硬度为8～12，pH为8.1～8.3，海水相对密度为1.021～1.024。

经济和生态影响：该鱼为极具商业价值的观赏类和养殖用鱼，可食用，但大多作为观赏鱼，已被列入世界自然保护联盟（IUCN）2012年濒危物种红色名录ver 3.1-无危物种（LC）。

参考文献

戴维·阿尔德顿. 2012. 海水观赏鱼鉴赏手册[M]. 北京: 科学普及出版社.

狄克·米尔斯（Dick Mills）. 2007. 观赏鱼——全世界500多种观赏鱼的彩色图鉴[M]. 北京: 中国友谊出版社.

张词祖, 张斌. 2003. 宠物100: 海水观赏鱼[M]. 北京: 中国林业出版社.

(62) 红海刺尾鱼

拉丁学名：*Zebrasoma sohal*

分类地位：脊椎动物亚门(Vertebrata)辐鳍鱼纲(Actinopterygii)鲈形目(Perciformes)刺尾鱼科(Acanthuridae)

生态类群：海洋脊椎动物(鱼类)。

形态性状：体呈椭圆形而侧扁。头小，头背部轮廓随着成长而略凸出。口小，端位，上、下颌各具一列扁平齿，齿固定不可动，齿缘具缺刻。体为蓝灰色，体后半部具有较深的颜色，略呈三角形。全身具有白色的细纵纹，各鱼鳍除胸鳍外皆为黑色，并有宝蓝色边缘，胸鳍灰色且具黑色边缘。胸鳍基底及尾柄硬棘部为黄色。

首次发现或引入的地点及时间：不详。

引入路径：有意引进观赏。

起源或原产地：分布于西印度洋区，从波斯湾至红海海域。

国内分布：水族观赏市场。

生活史：成熟需2～3年，产卵时结成一对或多对组成群体，可以全年繁殖，冬末春初是其产卵的高峰期，影响产卵的主要因素是光线而非温度。刚孵化的仔鱼在海上漂流时呈透明或银白色，体形高，背鳍和臀鳍上各有一根长棘，适合漂浮，而且可以保护自己。在海上漂流36～70天才沉降下来到珊瑚礁定居，此时则变态为与成鱼形态相近的稚鱼。

营养和环境条件：该鱼栖息在珊瑚礁区，水深为0～20m。属草食性，以藻类为食。具侵略性和领域性。

经济和生态影响：该鱼为观赏性鱼类，已被列入世界自然保护联盟(IUCN)2012年濒危物种红色名录ver 3.1。

参考文献

戴维·阿尔德顿. 2012. 海水观赏鱼鉴赏手册[M]. 北京: 科学普及出版社.

狄克·米尔斯(Dick Mills). 2007. 观赏鱼——全世界500多种观赏鱼的彩色图鉴[M]. 北京: 中国友谊出版社.

张词祖, 张斌. 2003. 宠物100: 海水观赏鱼[M]. 北京: 中国林业出版社.

(63) 德氏高鳍刺尾鱼

中文俗名：珍珠大帆倒吊、印度大帆吊、红海大帆吊

拉丁学名：*Zebrasoma desjardinii*

分类地位：脊椎动物亚门(Vertebrata)辐鳍鱼纲(Actinopterygii)鲈形目(Perciformes)刺尾鱼科(Acanthuridae)

生态类群：海洋脊椎动物(鱼类)。

形态性状：体长最大可达40cm，头部布满浅黄色圆点，暗色的身体带着非常明亮的条纹及斑点，有一条蓝色带白斑点的尾巴，尾柄处有一深蓝色的斑点，里面藏着一锋利的刺尾钩。当背鳍及臀鳍张开时，其身体尺寸能增大一倍。德氏高鳍刺尾鱼幼鱼期与大帆倒吊非常像，但在各鳍及身体上没有斑点。随着鱼龄的增长，斑点会出现在各鳍及身体上。

首次发现或引入的地点及时间：不详。

引入路径：有意引进观赏。

起源或原产地：分布于印度洋热带海域。主要产地：马尔代夫，红海，斯里兰卡。

国内分布：水族馆。

生活史：在繁殖季节，成熟个体会在黄昏时成群集结，产卵时通常是其中一群鱼会变得异常活跃，接着便一起往上冲，精子和卵随之排出。

营养和环境条件：饲养要求是海水盐度为26.2～32.74，pH为8.1～8.4，水族箱为600L以上。对其他吊类有攻击行为，但对其他品种的鱼很友好，所以一个缸最好只放一条。属草食性，喜食丝藻。虽然该种也和其他鱼一样喂食动物性饵料，但需要注意要

提供足够的海草及海藻等植物性饵料。每天建议喂食3次，或者准备一些人工的植物性饵料。

经济和生态影响：该鱼为观赏性鱼类。

参考文献

戴维·阿尔德顿. 2012. 海水观赏鱼鉴赏手册[M]. 北京: 科学普及出版社.

狄克·米尔斯(Dick Mills). 2007. 观赏鱼——全世界500多种观赏鱼的彩色图鉴[M]. 北京: 中国友谊出版社.

张词祖, 张斌. 2003. 宠物100: 海水观赏鱼[M]. 北京: 中国林业出版社.

(64) 额斑刺蝶鱼

中文俗名：女王神仙

拉丁学名：*Holacanthus ciliaris*

分类地位：脊椎动物亚门(Vertebrata)辐鳍鱼纲(Actinopterygii)鲈形目(Perciformes)盖刺鱼科(Pomacanthidae)

生态类群：海洋脊椎动物(鱼类)。

形态性状：体椭圆，非常侧扁。黄绿色的鱼体，在腹面的前半部为蓝色；颊部、胸鳍、腹鳍、尾鳍为黄色，胸鳍基部有一蓝色斑点；额头上有一眼状斑点，外圈为蓝色，圈内为深蓝斑点；背鳍及臀鳍后端延长，并有蓝色边线。鱼体颜色会因灯光条件或生长期的不同阶段而有变异。幼鱼体色与成鱼明显不同，呈现不均匀的条状蓝黄或纯黄图案，在成长的过程中，幼鱼体侧和头部的蓝纹逐渐消失，体色也逐渐变为蓝绿色。长至成鱼时，体藏蓝色被金边的大鳞片，前额具一带鲜蓝色斑点的宝蓝色斑。平均体长可达45cm，重1.6kg，雄鱼比雌鱼稍大一些。背鳍硬棘14，背鳍软条19～21；臀鳍硬棘3，臀鳍软条20或21。

首次发现或引入的地点及时间：不详。

引入路径：有意引进观赏。

起源或原产地：分布于西大西洋区，包括美国、墨西哥、洪都拉斯、尼加拉瓜、伯利兹、哥斯达黎加、巴拿马、加勒比海各岛屿、哥伦比亚、委内瑞拉、苏里南、法属圭亚那、圭亚那、巴西等海域。

国内分布：水族观赏市场。

生活史：季节性繁殖，高峰期每年一次，它们在临近黄昏的日落时分产卵，雌鱼一夜排卵25 000～75 000粒，鱼卵受精后顺水流浮动，经历15～20h的孵化，柳叶状稚鱼在水中诞生，在随后的48h，初生稚鱼以吸收卵黄囊存活。稚鱼主食浮游生物并迅速成长，发育为幼鱼时体长可达15～20mm。

营养和环境条件：通常单独或成对栖息于靠近海岸的礁区，喜欢生活在有海鞭、海扇及石珊瑚的礁区，活动水深为1～70m。能适应不同盐度的水质，可饲养，放入水族箱时具有很强的攻击性。适宜水温为22～24℃，水质碳硬度为8～12，pH为8.1～8.4，海水相对密度为1.020～1.025。该鱼几乎专以海绵为食，也捕食少量藻类、被囊动物、水螅及苔藓虫类；幼鱼偶尔会吃其他鱼身上的寄生虫。

经济和生态影响：该鱼为观赏性鱼类，已被列入世界自然保护联盟(IUCN) 2012年濒危物种红色名录ver 3.1。

参考文献

戴维·阿尔德顿. 2012. 海水观赏鱼鉴赏手册[M]. 北京: 科学普及出版社.

狄克·米尔斯(Dick Mills). 2007. 观赏鱼——全世界500多种观赏鱼的彩色图鉴[M]. 北京: 中国友谊出版社.

张词祖, 张斌. 2003. 宠物100: 海水观赏鱼[M]. 北京: 中国林业出版社.

(65) 雀点刺蝶鱼

中文俗名：国王神仙

拉丁学名：*Holacanthus passer*

分类地位：脊椎动物亚门(Vertebrata)辐鳍鱼纲(Actinopterygii)鲈形目(Perciformes)盖刺鱼科(Pomacanthidae)

生态类群：海洋脊椎动物(鱼类)。

形态性状：体侧扁，略呈长椭圆形，口小，成鱼体色为黑色，体侧有一白色直条纹，胸鳍及尾鳍黄色，背鳍及臀鳍颜色从黑色逐渐变成褐红色，并具有白边缘，幼鱼体呈红褐色，吻部黄色，体侧具数条白色半圆形条纹，尾鳍、胸鳍及腹鳍黄色，背鳍及臀鳍具白边，体长可达35.6cm。

首次发现或引入的地点及时间：不详。

引入路径：有意引进观赏。

起源或原产地：分布于东太平洋和大西洋珊瑚礁海域。

国内分布：水族观赏市场。

生活史：繁殖方式是雌雄两鱼在水中往上排出卵和精子，卵受精后会在水面上漂浮一段时间，而幼鱼在沉到水底前是以浮游生物为食的。

营养和环境条件：杂食性，可喂以动物、藻类饵料及人工饲料，适合于水温为26℃、海水相对密度为1.022、水量为250L以上的水族箱。

经济和生态影响：该鱼为观赏性鱼类。

参考文献

戴维·阿尔德顿. 2012. 海水观赏鱼鉴赏手册[M]. 北京: 科学普及出版社.

狄克·米尔斯(Dick Mills). 2007. 观赏鱼——全世界500多种观赏鱼的彩色图鉴[M]. 北京: 中国友谊出版社.

张词祖, 张斌. 2003. 宠物100: 海水观赏鱼[M]. 北京: 中国林业出版社.

(66) 弓背阿波鱼

中文俗名：蒙面神仙、弓背刺盖鱼、蒙面刺盖鱼
拉丁学名：*Apolemichthys arcuatus*
分类地位：脊椎动物亚门(Vertebrata)辐鳍鱼纲(Actinopterygii)鲈形目(Perciformes)盖刺鱼科(Pomacanthidae)
生态类群：海洋脊椎动物(鱼类)。
形态性状：鱼体呈长卵形，吻钝，体褐色，体侧具有无数小黄点，有一镶白边的宽黑斜纵带由额顶至背鳍末端，臀鳍黑色镶白边。硬棘13，软条17或18；臀鳍硬棘3，软条18。体长可达18cm。
首次发现或引入的地点及时间：不详。
引入路径：有意引进观赏。
起源或原产地：分布于太平洋珊瑚礁海域。
国内分布：水族观赏市场。
生活史：繁殖方式是雌雄两鱼在水中往上排出卵和精子，卵受精后会在水面上漂浮一段时间，而幼鱼在沉到水底前是以浮游生物为食的。
营养和环境条件：杂食性，可喂以动物性饲料、藻类及人工饲料，适合于水温为26℃、海水相对密度为1.022、水量为200L以上的水族箱。
经济和生态影响：该鱼为高经济价值的观赏鱼。

参考文献

戴维·阿尔德顿. 2012. 海水观赏鱼鉴赏手册[M]. 北京: 科学普及出版社.

狄克·米尔斯(Dick Mills). 2007. 观赏鱼——全世界500多种观赏鱼的彩色图鉴[M]. 北京: 中国友谊出版社.

张词祖, 张斌. 2003. 宠物100: 海水观赏鱼[M]. 北京: 中国林业出版社.

(67) 巴西刺盖鱼

中文俗名：法国神仙鱼

拉丁学名：*Pomacanthus paru*

英文名：French angelfish

分类地位：脊椎动物亚门(Vertebrata)辐鳍鱼纲(Actinopterygii)鲈形目(Perciformes)盖刺鱼科(Pomacanthidae)

生态类群：海洋脊椎动物(鱼类)。

形态性状：体略高，幼鱼体呈黑色，鱼体上有4或5条明显的黄色垂直条纹，随着鱼的成熟，黄色的条纹褪去，鱼体转为深灰色。同时鱼体鳃盖后的大部分出现斑点，臀鳍斑点较少，背鳍斑点较多，背鳍和臀鳍鳍条延长。背鳍硬棘10，软条29～31；臀鳍硬棘3，软条22～24。

首次发现或引入的地点及时间：不详。

引入路径：有意引进观赏。

起源或原产地：大西洋热带地区，包括美国南部、墨西哥、尼加拉瓜、巴拿马、哥斯达黎加、加勒比海各岛屿、巴西、哥伦比亚、委内瑞拉、法属圭亚那、圭亚那、苏里南等海域。

国内分布：水族观赏市场。

生活史：生长速度不快，需要3～5年才能性成熟。雌雄成对出现，双方在水流上升中相互环绕完成交配，在变为稚鱼前，鱼卵会在水中漂浮几周。繁殖期具有强烈领域性。

营养和环境条件：栖息于浅水礁区，水深为3～100m。通常成对出现，时常在海扇附近，属杂食性，以海绵、藻类、苔藓虫、珊瑚虫等为食。饲养水温为25～26℃，pH为8.1～8.3，海水相对密度为1.020～1.024。

经济和生态影响：该鱼为观赏鱼类。世界自然保护联盟(IUCN)濒危物种红色名录将其列为无危(LC)。

参考文献

戴维·阿尔德顿. 2012. 海水观赏鱼鉴赏手册[M]. 北京: 科学普及出版社.

狄克·米尔斯(Dick Mills). 2007. 观赏鱼——全世界500多种观赏鱼的彩色图鉴[M]. 北京: 中国友谊出版社.

张词祖, 张斌. 2003. 宠物100: 海水观赏鱼[M]. 北京: 中国林业出版社.

(68) 叶海龙

拉丁学名：*Phycodorus eques*

分类地位：脊椎动物亚门(Vertebrata)辐鳍鱼纲(Actinopterygii)刺鱼目(Gasterosteiformes)海龙科(Syngnathidae)

生态类群：海洋脊椎动物(鱼类)。

形态性状：身体由骨质板组成，且延伸出一株株海藻叶瓣状的附肢，可以让叶海龙伪装成海藻。成体叶海龙的体色可因个体差异及栖息海域的深浅而从绿色变化到黄褐色。

首次发现或引入的地点及时间：不详。

引入路径：有意引进观赏。

起源或原产地：南澳大利亚南部及西部海域。

国内分布：上海水族馆。

生活史：与同一家族的海马一样，叶海龙在孵育后代的过程中也往往存在"角色颠倒"的现象。叶海龙卵一般需要在雄性个体的育婴囊中待上大约2个月的时间才可以孵化成为幼体叶海龙。

营养和环境条件：通常生活在较浅及温暖的海水中，主要栖息在隐蔽性较好的礁石和海藻生长密集的浅海水域。伪装性极强，它全身由叶片似的附肢覆盖，就像一片漂浮在水中的藻类，并呈现绿、橙、金等体色。属肉食性，捕食小型甲壳类、浮游生物等。

经济和生态影响：叶海龙从产卵、受精、孵化到存活，概率都很低，仅有5%，因此澳大利亚有关部门已将叶海龙列为重点保护珍稀动物。《世界自然保护联盟濒危物种红色名录》将其列为近危。

参考文献

Ginsburg I. 1937. Review of the seahorse (*Hippocampus*) found on the coasts of the American continents and of Europe[J]. Proc US National Museum, 83: 497-595.

Masonjone H D, Lewis S M. 2000. Difference in potential reproductive rates of male and female seahorse related to courtship roles[J]. Animal Behaviour, 59 (1): 11-20.

Walls P G. 1975. Fishes of the Northern Gulf of Mexico[M]. Neptune City, USA: T. F. H. Publishing.

(69) 草海龙

拉丁学名：*Phyllopteryx taeniolatus*

分类地位：脊椎动物亚门(Vertebrata)辐鳍鱼纲(Actinopterygii)刺鱼目(Gasterosteiformes)海龙科(Syngnathidae)

生态类群：海洋脊椎动物(鱼类)。

形态性状：体长45cm，身体由骨质板组成，且延伸出一株株海藻叶瓣状的附肢。头部和身体有叶状附肢，尾巴也不像海马的可以盘卷起来。全身由叶子似的附肢覆盖，就像一片漂浮在水中的藻类。草海龙的大小与叶海龙差不多，不同的是草海龙有红色、紫色与黄色，有的胸上有宝蓝色条纹，身上和尾部的附肢也比叶海龙细少许多，外表比较接近海马。

首次发现或引入的地点及时间：不详。

引入路径：有意引进观赏。

起源或原产地：澳大利亚。

国内分布：上海水族馆。

生活史：草海龙在孵育后代的过程中也往往存在“角色颠倒”的现象。每年的8月和隔年的3月是草海龙的繁殖季节。在交配期间，雌性草海龙会将一定数量(一般是150～250粒)的草海龙卵排放在雄性叶海龙尾部由两片皮褶组成的育婴囊中，而雄性草海龙则要担负起孵化卵的重任。草海龙卵一般需要在雄性个体的育婴囊中待上大约2个月的时间才可以孵化成为幼体草海龙。

营养和环境条件：叶海龙没有牙齿和胃，嘴像吸管一样，能把浮游生物与像小虾的海虱吸进肚子里。生活在10～12℃的低温浪少水域，栖息水域的一般深度为4～30m，但在50m深的水域也可以发现叶海龙的踪影。幼体草海龙一般生活在较浅的水域，成体草海龙则喜欢生活在10m以深的海域。伪装性极强，安全地隐藏在海藻丛生、水流极慢且未受污染的近海水域中栖息与觅食。

经济和生态影响：它是世界上罕见的十大奇异生物之一，现在已经濒临灭绝，从1982年起，澳大利亚政府将草海龙列为重点保护珍稀动物。

参考文献

Martin-Smith K, Vincent A. 2006. Exploitation and trade of Australian seahorses, pipehorses, sea dragons and pipefishes (Family Syngnathidae) [J]. Oryx, 40 (2): 141-151.

Wilson N G, Rouse G W. 2010. Convergent camouflage and the non-monophyly of ‘seadragons’ (Syngnathidae: Teleostei): suggestions for a revised taxonomy of syngnathids[J]. Zoologica Scripta, 39 (6): 551-558.

(70) 灰海马

中文俗名：北方海马

拉丁学名：*Hippocampus erectus*

分类地位：脊椎动物亚门（Vertebrata）辐鳍鱼纲（Actinopterygii）刺鱼目（Gasterosteiformes）海龙科（Syngnathidae）

生态类群：海洋脊椎动物（鱼类）。

形态性状：身被骨板，形成环状，属于形态极小的一个种。它的寿命比同属的其他种要短，大约为2年。

首次发现或引入的地点及时间：2010年从美国引进。

引入路径：有意引进用于水族观赏。

起源或原产地：分布范围较广，从加拿大东南部的新斯科舍岛开始，沿大西洋西海岸，穿过墨西哥湾和加勒比海到委内瑞拉的广阔海域都有灰海马分布。

国内分布：水族观赏市场。

生活史：雌性海马将卵产于雄性海马的育儿袋内，约一个月后小海马孵出。近年来，其繁殖成活率有显著提高。

营养和环境条件：饲养条件是水温为24～25℃，pH为8.1～8.3，海水相对密度为1.020～1.024。食性：主要以小虾为主。

经济和生态影响：观赏性鱼类。

参考文献

Baum J K, Meeuwig J J, Vincent A C J. 2003. Bycatch of lined seahorses (*Hippocampus erectus*) in a Gulf of Mexico shrimp trawl fishery[J]. Fish Bull, 101 (4): 721-731.

Blasiola G C J. 1979. *Glugea heraldi* n. sp. (Microsporida，Glugeidae) from the seahorse *Hippocampus erectus* Perry[J]. J Fish Diseases, 2 (6): 493-500.

(71) 膨腹海马

中文俗称：大肚海马

拉丁学名：*Hippocampus abdominalis*

分类地位：脊椎动物亚门(Vertebrata)辐鳍鱼纲(Actinopterygii)刺鱼目(Gasterosteiformes)海龙科(Syngnathidae)

生态类群：海洋脊椎动物(鱼类)。

形态性状：此种海马的特征是肚子圆鼓，成鱼的高度为8～32cm，背鳍鳍条27或28，胸鳍鳍条15～17，无尾鳍，具有突出的圆形眼棘。体灰白色，在头部与躯干上有深色的斑点与污点，尾部有深色与淡色交互的条纹，雄性黑色斑块比雌性多，体长可达35cm。

首次发现或引入的地点及时间：我国上海海洋水族馆从澳大利亚昆士兰州引进，时间不详。

引入路径：有意引进用于水族观赏。

起源或原产地：分布于西南太平洋区的澳大利亚及新西兰海域。

国内分布：水族观赏市场。

生活史：繁殖方式为卵胎生。

营养和环境条件：栖息在礁石区，随着海草游动，属肉食性，以小型甲壳类为食。饲养适宜水温为24～27℃，pH为8.1～8.4，海水相对密度为1.020～1.025。

经济和生态影响：观赏性鱼类。

参考文献

Bergert B A, Wainwright P C. 1997. Morphology and kinematics of prey capture in the syngnathid fishes *Hippocampus erectus* and *Syngnathus floridae*[J]. Mar. Biol, 127(4): 563-570.

Lourie S A, Vincent A C J, Hall H J. 1999. Seahorses: an identification guide to the world's species and their conservation[R]. London: Project Seahorse: 214.

(72) 桨鳍龙王

拉丁学名：*Pyhllopteryx taeniolatus*

分类地位：脊椎动物亚门(Vertebrata)辐鳍鱼纲(Actinopterygii)刺鱼目(Gasterosteiformes)海龙科(Syngnathidae)

生态类群：海洋脊椎动物(鱼类)。

形态性状：皇冠式的角棱，头与身体成直角的弯度，身体被甲胄，具有垂直游泳的方式。躯干部由10～12节骨环组成；尾部细长呈四棱形，尾端细尖，能卷曲。雄性有腹囊，可用来装小海马，每次可装2000只小海马(俗称育儿袋)，而雌性没有腹囊。

首次发现或引入的地点及时间：不详。

引入路径：有意引进用于水族观赏。

起源或原产地：产于澳大利亚。

国内分布：水族观赏市场。

生活史：雌海马在雄海马的育儿囊中产卵，经过数周后幼体会从育儿袋里出来。

营养和环境条件：通常喜欢生活在珊瑚礁的缓流中，因为它们不善于游泳，所以经常用尾部紧紧勾住珊瑚的枝节、海藻的叶片，将身体固定，以便不被激流冲走。属肉食性，以丰年虫、轮虫、小虾等小型甲壳类为食。

经济和生态影响：观赏性鱼类。

参考文献

Froese R, Pauly D. 2006. "Hippocampus abdominalis" in FishBase. May 2006 version. Chris M C. 2005. Reproductive output of male seahorses, *Hippocampus abdominalis*, from Wellington Harbour[J]. New Zealand Journal of Marine and Freshwater Research, 39(4): 881-888.

Masonjone H D, Lewis S M. 1996. Courship behaviour in the dwarf seahorse, *Hippocampus zosterae*[J]. Copeia, 1996(3): 634-640.

(73) 咸水泥彩龟

中文俗名：彩龟、泥龟、三线龟、西瓜龟

拉丁学名：*Callagur borneoensis*

分类地位：脊椎动物亚门（Vertebrata）爬行纲（Reptilia）龟鳖目（Testudiformes）海龟科（Cheloniidae）

生态类群：爬行动物。

形态性状：背甲为椭圆形，中央隆起，背甲后部边缘不呈锯齿状，背甲为淡灰色，中央脊棱处及两侧有3条黑色粗条纹。除颈盾、第一枚缘盾外，背甲边缘处均有黑色大斑块。腹甲和甲桥均为淡黄色，腹甲较窄但长，甲桥较宽。头部为橄榄灰色，眼眶和面部为黑色，吻部上翘呈黑色，颈部、腹部为灰褐色。四肢为灰褐色或淡黄色，有鳞片。指、趾间具有丰富的蹼，尾适中。

首次发现或引入的地点及时间：不详。

引入路径：有意引进养殖。

起源或原产地：泰国、马来西亚、苏门答腊岛和加里曼丹岛。

国内分布：华南、华东等地有少量养殖。

生活史：卵生，每年6～8月为咸水龟的繁殖季节，咸水龟每次产卵12枚，卵长70mm，宽40mm，白色，硬壳。

营养和环境条件：水栖龟类，成年龟生活于港湾、江河与海洋衔接处。幼龟则生活于淡水河中，且能短时间生活在海水中。人工饲养时，应选择盐度较低的咸水中，否则皮肤会出现泛白或患水霉病，长期生活于淡水会死亡。喜暖怕寒冷，适宜温度为22℃以上，温度15℃以下时冬眠。人工饲养条件下为杂食性，食蔬菜、鱼、虾等。

经济和生态影响：咸水泥彩龟的龟板具有滋阴潜阳、益肾强骨、养血补心的功效，有很好的药用价值。生态风险不详。

参考文献

李家乐, 董志国, 李应森, 等. 2007. 中国外来水生动植物[M]. 上海: 上海科学技术出版社.

周婷. 2004. 龟鳖分类图鉴[M]. 北京: 中国农业出版社.

(74) 南美海狮

拉丁学名：*Otaria flavescens*

同种异名：*Otaria byronia*

分类地位：脊椎动物亚门(Vertebrata)哺乳纲(Mammalia)鳍脚目(Pinnipedia)海狮科(Otariidae)

生态类群：海洋哺乳类。

形态性状：雄性体长2.56m，重350kg；雌性体长2.0m，重199kg。两性异型。雄性口鼻部短而钝，宽而高，且往上翘。下颌高而宽。颈宽。鬃毛直立，长而粗，分布于头的前部、眼、下颌、颈背到前胸。雌性头小，无鬃毛。雄性体色从深褐到橙黄甚至颇浅的银灰，雌性从淡褐橙黄到浅橘黄或黄色。仔兽体背亮黑，腹面为暗的淡灰橙黄色。头骨的腭骨甚长，几乎达翼骨钩突，后缘直线形。脊椎39个，肋骨15对。齿式316/215=36。

首次发现或引入的地点及时间：1996年和2001年分别由深圳海洋世界和厦门海底世界引进。

引入路径：有意引进动物园观赏。

起源或原产地：分布在南美洲的海岸线和沿海的小岛上，从巴西的累西腓、秘鲁到麦哲伦海峡以南和福克兰群岛(马尔维纳斯群岛)。

国内分布：海洋馆。

生活史：雌性3～4年、雄性5年以上性成熟。8～12月为交配季节，12月到翌年2月幼崽出生，仔兽雄性平均体长81.7cm，平均重14.15kg，雌性平均体长78.5cm，重11.43kg。哺乳期半年至1年。

营养和环境条件：通常在靠近海岸5mile[①]内的浅水区域捕食。主食鱼、甲壳类和软体动物，吃很多种类的鱼，包括阿根廷鳕和鳀。它们还吃头足纲动物，包括鱿鱼和章鱼，也捕食成群活动的猎物。

经济和生态影响：观赏动物。被动物园和水族馆驯化进行表演，成为人们喜爱的表演明星。其皮毛和脂肪具有很高的经济价值。

① 1mile=1.609 344km

参考文献

Campagna, C. 1985. The breeding cycle of the southern sea lion, *Otaria byronia*. Marine Mammal Science[J]. 1(3): 210-218.

Majluf P, Trillmich F. 1981.Distribution and abundance of sea lions (*Otaria byronia*) and fur seals (*Arctocephalus australis*) in Peru[J]. Zeitschrift für Säugetierkunde, 46: 384-393.

(75) 加州海狮

拉丁学名：*Zalophus californianus*

分类地位：脊椎动物亚门（Vertebrata）哺乳纲（Mammalia）鳍脚目（Pinnipedia）海狮科（Otariidae）

生态类群：海洋哺乳类。

形态性状：全身被深棕色粗毛，吻端圆，外耳壳小，头的上外廓直线形。头骨长330mm，呈凸形，腭骨切迹至门齿间的距离小于头骨长的45%。齿式3141/2141=34～36。雄性颈毛鬃状。雄性体长平均为2.4m，重约为392kg，雌性为1.74m，重为110.6kg。

首次发现或引入的地点及时间：由广州市动物园海洋世界引进，时间不详。

引入路径：有意引进动物园观赏。

起源或原产地：美国加拉帕戈斯群岛。

国内分布：海洋馆。

生活史：约5岁性成熟，5～6月发情交配，这时雄兽间争斗激烈，优胜者可占有10只以上雌兽。孕期约为12个月，母兽产后即可再繁殖。寿命为25年。

营养和环境条件：海栖，成群活动。白天在海中度过，晚上到岸上睡觉，可下潜100m。主食各种水生动物。

经济和生态影响：观赏动物。被动物园和水族馆驯化进行表演，成为人们喜爱的表演明星。

参考文献

Francis M, Lowry M S, Yochem P K, et al. 1991. Seasonal and annual variability in the diet of California sea lions, *Zalophus californianus*, at San Nicolas Island, California, 1981–86[J]. Fish. Bull, 89, 331-336.

Wilson D E, Reeder D M. 2005. Mammal Species of the World. A Taxonomic and Geographic Reference (3rd ed) [M]. Washington: Johns Hopkins University Press.

(76) 南非毛皮海狮

拉丁学名：*Arctocephalus pusillus*

分类地位：脊椎动物亚门(Vertebrata)哺乳纲(Mammalia)鳍脚目(Pinnipedia)海狮科(Otariidae)

生态类群：海洋哺乳类。

形态性状：雄性深灰，雌性和多数未成熟个体体色多样，颈和背部多为灰色，但有些毛尖部白色，使其呈银灰色，腹部淡黄。具外耳壳。头骨颅基长255mm，额部平，吻中长，鼻长38mm，腭部宽，齿列平行，齿冠三尖或单尖，齿式2156/315=34～36。

首次发现或引入的地点及时间：不详。

引入路径：有意引进动物园观赏。

起源或原产地：非洲西南部阿尔戈阿湾。

国内分布：海洋馆。

生活史：雄性体长1.2m，体重120～200kg；雌性体长1.4m，体重40～50kg；仔兽体长60～65cm，体重3.5～5.5kg。11月繁殖，平均1头雄兽和3～5头雌兽组成多雌群。雌兽产后很快交尾。

营养和环境条件：食物来源于海上，主要以鱼类和乌贼等头足类为食。

经济和生态影响：观赏动物。被动物园和水族馆驯化进行表演，成为人们喜爱的表演明星。

参考文献

Rand R W. 1955. Reproduction in the female Cape fur seal, *Arctocephalus pusillus* (Schreber) [J]. Journal of Zoology, 124(4): 717-740.

Shirihai H. 2002. A complete guide to Antarctic Wildlife: the Birds and Marine Mammals of the Antarctic Continent and the Southern Ocean[M]. Degerby, Finland: Alula Press.

Warneke R M, Shaughnessy P D. 1985. Arctocephalus pusillus, the South African and Australian fur seal: taxonomy, evolution, biogeography, and life history[J]. Studies of sea mammals in south latitudes, 53-77.

(77) 澳大利亚海狮

中文俗名： 灰海狮

拉丁学名： *Neophoca cinerea*

分类地位： 脊椎动物亚门(Vertebrata)哺乳纲(Mammalia)鳍脚目(Pinnipedia)海狮科(Otariidae)

生态类群： 海洋哺乳类。

形态性状： 雌性背部银灰，腹面淡黄；雄性深褐，具粗糙的淡黄色鬃毛。头骨平均长308mm，矢状嵴高约30mm，其宽大于新西兰海狮。成体雄兽长3～3.5m，重300kg；雌兽长2.5～3m，重230kg。

首次发现或引入的地点及时间： 2007年由南宁极地海洋动物馆/海南万宁景区引进。

引入路径： 有意引进动物园观赏。

起源或原产地： 澳大利亚南部和西部海岸。

国内分布： 海洋馆。

生活史： 繁殖周期为18个月，而且在不同的群体之间并不同步，繁殖季节可以持续5～7个月。繁殖季的雄性澳大利亚海狮并没有固定的领地，它们通过打斗来建立内部等级，处于统治地位的雄性会守卫属于自己的雌性交配权。在生育幼崽之后，雌性澳大利亚海狮会选择守卫新的幼崽，而赶走上一次产下的幼崽。

营养和环境条件： 主食头足类和鱼，亦吃企鹅。可深入陆地9.7km，爬上29m的峭壁。

经济和生态影响： 观赏动物。被动物园和水族馆驯化进行表演，成为人们喜爱的表演明星。1972年澳大利亚国家公园和野生动物法案签署后禁止捕猎澳大利亚海狮，其现存大约为14 730头。

参考文献

陈旗. 1995. 澳大利亚海狮[J]. 海洋世界, (2): 8-9.

Fowler S L. 2005. Ontogeny of diving in the Australian sea lion[D]. Ph.D. thesis. University of California, Santa Cruz.

Goldsworthy S, Gales N. 2008. *Neophoca cinerea*[M]. 2008 IUCN Red List of Threatened Species.

(78) 海象

拉丁学名：*Odobenus rosmarus*

分类地位：脊椎动物亚门(Vertebrata)哺乳纲(Mammalia)鳍脚目(Pinnipedia)海象科(Odobenidae)

生态类群：海洋哺乳类。

形态性状：身体庞大，皮厚而多皱，有稀疏的刚毛，眼小，视力欠佳，体长3～4m，重达1300kg左右，长着两枚长长的牙。与陆地上肥头大耳、具长长的鼻子、四肢粗壮的大象不同的是，它的四肢因适应水中生活已退化成鳍状，不能像大象那样步行于陆上，仅靠后鳍脚朝前弯曲，以及獠牙刺入冰中的共同作用，才能在冰上匍匐前进。鼻子短短的，缺乏耳壳，看起来十分丑陋。

首次发现或引入的地点及时间：2007年由南宁极地海洋动物馆引进。

引入路径：有意引进动物园观赏。

起源或原产地：主要生活于北极海域，也可称得上是北极特产动物，但它可作短途旅行。所以在太平洋，从白令海峡到楚科奇海、东西伯利亚海、拉普帕夫海；在大西洋，从格陵兰岛到巴芬岛，从冰岛和斯匹次卑尔根群岛至巴伦支海都有其踪影。由于分布广泛，不同环境条件造成了海象一定的差异。因此，生物学家把海象又分成两个亚种，即太平洋海象和大西洋海象。

国内分布：青岛极地海洋世界。

生活史：海象的繁殖率极低，每2～3年才产一头小海象。海象孕期12个月左右，哺乳期为1年。刚出生的小海象体长仅为1.2m左右，重约50kg，身被棕色的绒毛，以抵御严寒。在哺乳期间，母海象便用前肢抱着自己心爱的宝宝，有时就让小海象骑在背上，以确保其安全健康地生长。即使断奶后，由于幼兽的牙尚未发育完全，不能独自获得足够的食物和抵抗来犯之敌，因此它还要和母海象待3～4年的时间。当牙长到10cm之后，幼兽才开始走上自己谋生的道路。

营养和环境条件：生活在北极海，但现在仅存于格陵兰岛北部、白令海及北冰洋中的一些范围不大的区域里。居住在海岸附近的浅海处，极喜爱群居。海象用须作滤泥器，一餐可以从海底吸食数以百计的水生小贝壳类动物。

经济和生态影响：海象是一种珍稀动物，也是一种经济海兽。由于多个国家的竞相猎捕，海象的数量正从两三个世纪前的数百万头锐减至今天的大约7万头以下。1972年制定的《国际海洋哺乳动物保护条例》已经把海象列为保护对象，禁止任意捕杀。

参考文献

Andersen L W, Born E W, Gjertz I, et al. 1998. Population structure and gene flow of the Atlantic walrus (*Odobenus rosmarus rosmarus*) in the eastern Atlantic Arctic based on mitochondrial DNA and microsatellite variation[J]. Molecular ecology, 7 (10) : 1323-1336.

Fay F H. 1982. Ecology and biology of the Pacific walrus, *Odobenus rosmarus* divergens Illiger[J]. North American Fauna, 74: 1-279.

(79) 白鲸

拉丁学名：*Delphinapterus leucas*

分类地位：脊椎动物亚门（Vertebrata）哺乳纲（Mammalia）鲸目（Cetacea）一角鲸科（Monodontidae）

生态类群：海洋哺乳类。

形态性状：白鲸的头部较小，额头向外隆起突出而且圆滑，嘴喙很短，唇线却很宽阔；身体颜色非常淡，为独特的白色。年轻白鲸浑身呈灰色，随着年龄增长而逐渐转淡，最终除了背脊与胸鳍、尾鳍边缘有暗色沉积外，全身皆为白色。身体中央横断面大致呈圆形，往两端逐渐变细。嘴短而宽，嘴部可产生皱褶。腹部与侧面凹凸不平，内部充满脂肪。不具背鳍，但在背鳍的位置有狭窄的背部隆起。胸鳍宽阔，大型雄鲸的胸鳍尖端上翘。尾鳍会随年龄增长而变得华美，成年雄鲸在后缘有明显如凸面镜般的凸起。上、下颚各有8或9颗似钉状的牙齿。成年白鲸体长为3.5～5m，体重为4～1500kg；幼鲸体长为1.5～1.6m，体重约为80kg。

首次发现或引入的地点及时间：由青岛极地海洋世界引进，时间不详。

引入路径：有意引进动物园观赏。

起源或原产地：北极与亚北极交汇的覆冰水域，主要集中于北纬50°～80°。

国内分布：大连、青岛等极地海洋世界。

生活史：繁殖期会随所处地区而有所不同。普遍来说，受孕多发生于冬末或夏季，阿拉斯加（Alaska）族群为2月底至4月初；东加拿大与西格陵兰（Greenland）族群为5月。怀孕期可能自不满一年至14.5个月之久。白鲸的哺育期长达两年，之后仍会待在母亲身边相当长的时间。生殖间隔平均约为两年。

营养和环境条件：白鲸具高度群居性，会形成个体间联系极为紧密的群体，通常由同一性别与年龄层的白鲸所组成，另外也有规模较小的母子对白鲸族群。食性随地区与季节性猎物的数量而有所不同，会捕食各种生物，包括鱼类（鲑、鳕、鲱等）、头足类（鱿鱼、章鱼等）、甲壳类（虾、蟹）、海虫，甚至大型浮游生物。

经济和生态影响：白鲸是来自北极圈的珍稀海洋哺乳动物，由于捕鲸的高额利润，捕鲸者对白鲸进行了疯狂的捕杀，致使白鲸数量锐减，全世界仅存不足万只。

参考文献

Hershkovitz P. 1966. Catalog of Living Whales[M]. Bulletin of the United States National Museum.(246): 1-259.

Rice D W. 1998. Marine mammals of the world. Systematics and distribution[M]. Society for Marine Mammalogy Special Publication.

(80) 北极熊

拉丁学名：*Ursus maritimus*

分类地位：脊椎动物亚门（Vertebrata）哺乳纲（Mammalia）食肉目（Carnivora）熊科（Ursidae）

生态类群：海洋哺乳类。

形态性状：体长为2～3m，雄性体重为420～500kg，最重为700kg；雌性约小1/3。最大的特点是四肢和颈较其他熊类长。头小而狭，耳短圆，足掌肥大且掌下多毛。体毛粗长厚密。全身淡黄白色或乳白色。

首次发现或引入的地点及时间：由青岛极地海洋世界引进，时间不详。

引入路径：有意引进动物园观赏。

起源或原产地：北极南部海洋沿岸和岛屿。

国内分布：大连、青岛等极地海洋世界。

生活史：繁殖期为3～5月，孕期为8个多月，每次产1～3仔，4～5岁性成熟，寿命为28～40年。

营养和环境条件：一般来说北极熊在每年的3～5月非常活跃，为了觅食辗转奔波于浮冰区，过着水陆两栖的生活。在严冬北极熊外出活动大大减少，几乎可以长时间不吃东西，此时它们寻找避风的地方卧地而睡，呼吸频率降低，进入局部冬眠。北极熊性凶猛，行动敏捷，善游泳、潜水，以海豹、鱼及鸟、海象、腐肉、苔原植物等为食。

经济和生态影响：由于全球气温的升高，北极的浮冰逐渐开始融化，北极熊昔日的家园已遭到一定程度的破坏，猎物也相应减少，目前生活在世界上的野生北极熊有2万多只。《濒危野生动植物种国际贸易公约》IUCN的红皮书则于2006年5月初正式将其列为“濒危”，2011年降为易危。

参考文献

Ramsay M A., Stirling I. 1988. Reproductive biology and ecology of female polar bears (*Ursus maritimus*) [J]. Journal of Zoology, 214 (4): 601-633.

Stirling I. 1974. Midsummer observations on the behavior of wild polar bears (*Ursus maritimus*) [J]. Canadian Journal of Zoology, 52 (9): 1191-1198.

Wilson D E, Reeder D A M. 1993. Mammals species of the world. A taxonomic and geographic reference. Second edition[M]. Washington: Smithsonian Institution Press.

(81) 海獭

拉丁学名：*Enhydra lutris*
分类地位：脊椎动物亚门(Vertebrata)哺乳纲(Mammalia)食肉目(Carnivora)鼬科(Mustelidae)
生态类群：海洋哺乳类。
形态性状：外形似水獭，体长约1m，尾长30cm，体重为25～30kg；后肢宽厚，第1～5趾依次延长，5趾连成鳍状；尾扁平状，尾与后肢均特化成专供游泳的器官；牙齿宽大，齿尖短钝，适于咬碎猎物的硬壳。
首次发现或引入的地点及时间：不详。
引入路径：有意引进动物园观赏。
起源或原产地：分布于加拿大、日本、墨西哥、俄罗斯和美国。
国内分布：大连、青岛等极地海洋世界。
生活史：性成熟的雌海獭在繁殖期间鼻子会充血，较老的雌性会有明显的伤痕，雌海獭终年可生产。海獭的繁殖比较缓慢，5年才有一胎，通常一胎只有一只。
营养和环境条件：海獭是食肉目动物中最适应海中生活的物种。它很少在陆地或冰上觅食，大多数时间都待在水里，连生产与育幼也都在水中进行。大部分时间里，海獭不是仰躺着浮在水面上，就是潜入海床觅食，当它们待在海面时，几乎一直在整理毛皮，保持它的清洁与防水性；在水底搜寻海胆、贝类和蟹类为食。
经济和生态影响：海獭毛皮茶褐色，质量极佳，价格亦昂贵，是国际动物条约中的保护动物之一。

参考文献

Costa D P, Kooyman G L. 1984. Contribution of specific dynamic action to heat balance and thermoregulation in the sea otter *Enhydra lutris*[J]. Physiological Zoology, 57(2): 199-203.

Wilson D E, Reeder D A M. 1993. Mammals species of the world. A taxonomic and geographic reference. Second edition[M]. Washington: Smithsonian Institution Press.

(82) 北海狮

中文俗名：北太平洋海狮、斯氏海狮、海驴

拉丁学名：*Eumetopias jubatus*

分类地位：脊索动物门(Vertebrata)哺乳纲(Mammalia)鳍足目(Pinnipedia)海狮科(Otariidae)

生态类群：海洋哺乳类。

形态性状：北海狮为海狮科体形最大的一种。面部短宽，吻部钝，眼和外耳壳相对较小，触须很长。前肢较后肢长且宽，前肢第一趾最长，爪退化。后肢的外侧趾较中间三趾长而宽，中间三趾具爪。全身被短毛，仅鳍肢末端裸露。雄性成体颈部周围及肩部生有较长且粗的鬃毛，体毛为黄褐色，背部毛色较浅，胸及腹部色深。它的头顶略微凹陷，吻部较为细长，可达5cm。雄兽具很小的阴囊。雌兽的体色比雄兽略淡，幼兽黑棕色。初生仔兽具密集的棕色绒毛，初生仔兽平均体长为1m，体重为16～23kg。成年雄兽最大体长为3.3m，体重为1000kg。成年雌兽最大体长约为2.5m，平均体重为273kg。

首次发现或引入的地点及时间：不详。

引入路径：有意引进动物园观赏。

起源或原产地：北太平洋的寒温带海域，包括白令海、鄂霍次克海、阿拉斯加、堪察加、阿留申群岛和北千岛等地，在中国见于江苏启东的黄海海域和辽宁大洼的渤海海域。

国内分布：大连、青岛等极地海洋世界。

生活史：北海狮是一雌多雄群居的动物，每年5～8月一只雄兽和10～15只雌兽组成多

雌群体。雌兽每胎仅产1仔，3～5岁时达到性成熟，寿命可达20年以上。

营养和环境条件：北海狮多集群活动，有时在陆岸可组成上千头的大群，但在海上常发现有一头或数十头的小群体。它们主要聚集在饵料丰富的地区。食物主要为底栖鱼类和头足类。

经济和生态影响：北海狮已被美国国家海洋渔业局(NMFS)列为濒于灭绝的海洋动物。这种动物的再生能力低下，种群数量在减少。巴伦群岛及日本北部的一些岛屿已被列为北海狮保护区，使北海狮受到很好的保护。

北海狮是一种应用价值很高的动物，无论在科学还是军事上都占有重要的角色，北海狮天资聪明伶俐，与海豚不相上下，在动物园中可以表演用鼻子顶球、投篮、钻圈，用后肢站起来，用下颌顶东西，用前肢站起来倒立走路等高超的技艺，甚至还能跳越距水面1.5m高的绳索，而且这些技艺一旦学会，几年以后仍然能够照样表演出来，表演之后还可以同观众握手致意，因而深受人们的喜爱。但因为皮肤薄，而且生满了硬毛，所以经济价值不大。在人类的精心训练下，能代替潜水员打捞海底遗物，进行水下军事侦察和海底救生等，已被美国海军编入特种部队中。

参考文献

Katsanevakis S, Bogucarskis K., Gatto F, et al. 2012. Building the European Alien Species Information Network (EASIN): a novel approach for the exploration of distributed alien species data[J]. BioInvasions Records. 1: 235-245.

Sinclair E H, Zeppelin T K. 2002. Seasonal and spatial differences in diet in the western stock of Steller sea lions (*Eumetopias jubatus*) [J]. Journal of Mammalogy, 83 (4) : 973-990.

Trites A W, Larkin P A. 1996. Changes in the abundance of Steller sea lions (*Eumetopias jubatus*) in Alaska from 1956 to 1992: How many were there?[J]. Aquatic Mammals, 22 (3) : 153-166.

(83) 帝企鹅

拉丁学名：*Aptenodytes forsteri*

分类地位：脊椎动物亚门(Vertebrata)鸟纲(Aves)企鹅总目(Impennes)企鹅目(Sphenisciformes)企鹅科(Spheniscidae)

生态类群：海洋鸟类。

形态性状：帝企鹅是现今体形最大的企鹅，一般身高在90cm以上，最大可达到120cm，体重可达50kg。颈部为淡黄色，耳朵的羽毛为鲜黄橘色，腹部为乳白色，背部及鳍状肢则是黑色，鸟喙的下方是鲜橘色。

首次发现或引入的地点及时间：不详。

引入路径：有意引进动物园观赏。

起源或原产地：南极及周围岛屿都有分布。

国内分布：大连、青岛等极地海洋世界。

生活史：帝企鹅平均寿命为19.9年，一般在5岁时达到性成熟，成熟后的帝企鹅需要行进90km到达繁殖地。每年3～4月，帝企鹅开始求爱，此时的气温一般都已降至零下40℃。帝企鹅是严格的一夫一妻制，它们每年仅有一个伴侣，相互保持忠诚，但是一年过后，大多数帝企鹅都会重新选择伴侣。在5～6月，雌性帝企鹅会产下一枚重4.5kg的蛋，由雄性帝企鹅孵卵，孵化时间大约为65天。雄性帝企鹅双腿和腹部下方之间有一布满血管的具紫色皮肤的育儿袋，能让蛋在环境温度低达零下82℃的低温中保持在舒适的36℃。

营养和环境条件：帝企鹅分布在南极大陆位于南纬66°～77°的许多地方，气温经常是

在-30～50℃，当温度超过4℃时就会“中暑”。在南极的夏季，帝企鹅主要生活在海上，它们在水中捕食、游泳、嬉戏，一方面把身体锻炼得棒棒的；另一方面吃饱喝足，养精蓄锐，迎接冬季繁殖季节的到来。它们身体上覆盖的防寒脂肪和羽毛可以减少从皮肤表面流失的热量。帝企鹅通常以大海中的鱼虾和头足类动物为食。

经济和生态影响：帝企鹅的现存(2009年)数量估计在15万～20万对，其种群数量相对稳定，从2001年起，《世界自然保护联盟濒危物种红色名录》中，帝企鹅的保护状况为无危。不过，由于全球温度持续上升，海冰继续融化，南极帝企鹅的未来堪忧，甚至面临灭绝的危险。

参考文献

Kooyman G. L, Drabek C M, Elsner R, et al. 1971. Diving behavior of the emperor penguin, *Aptenodytes forsteri*[J]. The Auk, 775-795.

oehler E J.(compiler) 2006. Species list prepared for SCAR/IUCN/BirdLife International Workshop on Antarctic Regional Seabird Populations, March 2005[M]. Cambridge: Cambridge, UK.

Wienecke B, Robertson G, Kirkwood R, et al. 2007. Extreme dives by free-ranging emperor penguins[J]. Polar Biology, 30: 133-142.

(84) 巴布亚企鹅

中文俗名：金图企鹅

拉丁学名：*Pygoscelis papua*

分类地位：脊椎动物亚门(Vertebrata)鸟纲(Aves)企鹅总目(Impennes)企鹅目(Sphenisciformes)企鹅科(Spheniscidae)

生态类群：海洋鸟类。

形态性状：身高为60～80cm，重约为6kg，具有橘红色的喙和蹼，眼睛上方有一个明显的白斑，嘴细长，嘴角呈红色，眼角处有一个红色的三角形，眼旁有白色羽毛。

首次发现或引入的地点及时间：不详。

引入路径：有意引进动物园观赏。

起源或原产地：分布于哥伦比亚、委内瑞拉、圭亚那、苏里南、厄瓜多尔、秘鲁、玻利维亚、巴拉圭、巴西、智利、阿根廷、乌拉圭，以及福克兰群岛(马尔维纳斯群岛)、南极大陆、南极半岛及南设得兰群岛、南乔治亚岛等若干座岛屿。

国内分布：大连、青岛等极地海洋世界。

生活史：一般巴布亚企鹅可以活15～20年，2年性成熟。雌企鹅每次产2枚蛋，约36天孵化，每次抚育2只小企鹅。在孵化期，雄企鹅和雌企鹅通常每1～2天会轮换一次孵卵或育雏任务。另外，在繁殖期，巴布亚企鹅只在群居地方圆10～20km活动。幼企鹅会在34～36天后孵出，幼雏约3个月大(80～100天)时换上成年企鹅的毛，并能进海觅食。

营养和环境条件：通常在近海较浅处觅食，主要食物为鱼和南极磷虾。

经济和生态影响：观赏鸟类。

参考文献

Lescroel A, Ridoux V, Bost C A. 2004. Spatial and temporal variation in the diet of the gentoo penguin (*Pygoscelis papua*) at Kerguelen Islands[J]. Polar Biology, 27(4): 206-216.

Tanton J L, Reid K, Croxall J P, et al. 2004. Winter distribution and behaviour of gentoo penguins *Pygoscelis papua* at South Georgia[J]. Polar Biology, 27(5): 299-303.

(85) 洪堡企鹅

中文俗名：洪氏环企鹅

拉丁学名：*Spheniscus humboldti*

分类地位：脊椎动物亚门(Vertebrata)鸟纲(Aves)企鹅总目(Impennes)企鹅目(Sphenisciformes)企鹅科(Spheniscidae)

生态类群：海洋鸟类。

形态性状：身高一般在45～60cm，体重为3～6kg，鳍状肢长16～17.5cm，胸部和脸上具有带状斑纹，有一条黑色的胸带，眼睛呈红棕色，鳍状肢呈黑色带有少许浅黑色的斑点，脚呈棕黑色。幼小的洪堡企鹅上面是棕色的，而下面是白色的，身上的斑点会发生变化，眼睛是灰色的，瞳孔在4～5年会由苍白色变为深红色，尽管有些成年企鹅的眼睛是黑色的。

首次发现或引入的地点及时间：中国南极科学考察队于1985年2月首次在南极洲捕获4只洪堡企鹅，带回青岛海洋馆饲养。

引入路径：有意引进动物园观赏。

起源或原产地：南美洲西海岸，由秘鲁海岸至智利的阿尔加罗沃及奇洛埃岛岩石海岸，不迁徙。

国内分布：大连、青岛等极地海洋世界。

生活史：繁殖成功与否与鱼的季节性供应关系密切，它们在大洞穴群中筑巢，夫妻轮流孵卵。

营养和环境条件：生活于温带地区，适宜生活的温度在18℃左右，温度低于10℃时就会“感冒”。在寒冷但鱼类丰富的秘鲁寒流中取食鳀和沙丁鱼，偶尔捕食生活在浅滩的鱼类和乌贼，会成群潜入水中，将鱼驱赶在一起捕食。企鹅平均每天能吃0.75kg的食物，主要是南极磷虾。

经济和生态影响：观赏鸟类。洪堡企鹅是《濒危野生动植物种国际贸易公约》(CITES)附录Ⅰ物种。

参考文献

Culik B M, Luna-Jorquera G. 1997. Satellite tracking of Humboldt penguins (*Spheniscus humboldti*) in northern Chile[J]. Marine Biology, 128(4): 547-556.

Schlosser J A, Dubach J M, Garner T W, et al. 2009. Evidence for gene flow differs from observed dispersal patterns in the Humboldt penguin, *Spheniscus humboldti*[J]. Conservation genetics, 10(4): 839-849.

Simeone A, Araya B, Bernal M, et al. 2002. Oceanographic and climatic factors influencing breeding and colony attendance patterns of Humboldt penguins *Spheniscus humboldti* in central Chile[J]. Marine Ecology Progress Series, 227, 43-50.

(86) 麦哲伦企鹅

中文俗名：麦氏环企鹅

拉丁学名：*Spheniscus magellanicus*

分类地位：脊椎动物亚门(Vertebrata)鸟纲(Aves)企鹅总目(Impennes)企鹅目(Sphenisciformes)企鹅科(Spheniscidae)

生态类群：海洋鸟类。

形态形状：麦哲伦企鹅是温带企鹅中体形最大的一个种类，在企鹅家族中属于中等身材，一般身高约为70cm，体重约为4kg。头部主要呈黑色，有一条白色的宽带从眼后过耳朵一直延伸至下颌附近。胸前有两条完整的黑环图案，没有扫帚尾巴。

首次发现或引入的地点及时间：2014年我国青岛从秘鲁引进。

引入路径：有意引进动物园观赏。

起源或原产地：主要分布在南美洲阿根廷、智利和多风暴、岩石耸立的南美洲南海岸和福克兰群岛(马尔维纳斯群岛)沿海，也有少量迁入巴西境内。

国内分布：大连、青岛等极地海洋世界。

生活史：每年9月，成年麦哲伦企鹅便开始着手坐窝，大约经历一个月，雌企鹅在10月中旬开始产蛋，一般每窝会有两只，前后间隔4天产下，每枚蛋在125g左右。孵化期一般为39～42天，最初由雌企鹅进行孵化，雄企鹅会离开繁殖区至500km外的海域觅食，大概经历15天，雄企鹅返回接替雌企鹅，改由雌企鹅外出觅食，这样交替进行直至小企鹅出壳。小企鹅长到羽翼丰满需要9～17周，雌性企鹅4岁达到性成熟，雄性企鹅为5岁。

营养和环境条件：麦哲伦企鹅是群居性动物，经常栖息在一些近海的小岛，它们尤其喜爱选择在茂密的草丛或灌木丛中坐窝，以躲避天敌的捕杀。此外，在某些气候较为干燥、植被并不茂盛的地带，如果地质较为松软，麦哲伦企鹅也会挖洞坐窝。它们直接饮用海水，并通过体腺将海水的盐分排出体外。在捕食上它们没有特殊的偏好，捕食鱼、虾和甲壳类动物。

经济和生态影响：观赏鸟类。麦哲伦企鹅的生存面临多种威胁，目前在《世界自然保护联盟濒危物种红色名录》中，麦哲伦企鹅的保护现状为近危。

参考文献

Fowler G S. 1999. Behavioral and hormonal responses of Magellanic penguins (*Spheniscus magellanicus*) to tourism and nest site visitation[J]. Biological Conservation, 90 (2) : 143-149.

Walker B G, Wingfield J C, Boersma P D. 2005. Age and food deprivation affects expression of the glucocorticosteroid stress response in Magellanic penguin (*Spheniscus magellanicus*) chicks[J]. Physiological and Biochemical Zoology, 78 (1) : 78-89.

Yorio P, Boersma P D. 1992. The effects of human disturbance on Magellanic penguin *Spheniscus magellanicus* behaviour and breeding success[J]. Bird Conservation International, 2 (3) : 161-173.

(87) 帽带企鹅

中文俗名：颊带企鹅、胡须企鹅

拉丁学名：*Pygoscelis antarctica*

分类地位：脊椎动物亚门(Vertebrata)鸟纲(Aves)企鹅总目(Impennes)企鹅目(Sphenisciformes)企鹅科(Spheniscidae)

生态类群：海洋鸟类。

形态形状：身高为70～75cm，体重为4.4～5.4kg。帽带企鹅与同属的阿德利企鹅长得相似，唯一不同之处在于它有一条黑色细带围绕在下颚。躯体呈流线型，背被黑色羽毛，腹着白色羽毛，翅膀退化，呈鳍形，羽毛为细管状结构，披针型排列，足瘦腿短，趾间有蹼，尾巴短小，躯体肥胖，大腹便便，行走蹒跚。

首次发现或引入的地点及时间：不详。

引入路径：有意引进动物园观赏。

起源或原产地：南极半岛北端西岸的南设得兰群岛及亚南极岛屿。

国内分布：大连、青岛等极地海洋世界。

生活史：排卵期为11月下旬，每年夏天通常孵出两只幼企鹅。幼企鹅的羽毛在7～8周后即长丰满。

营养和环境条件：主食磷虾和鱼，其捕食活动主要在其聚集地附近的海域。尽管它们在海上可在白天和晚上觅食，其潜入海水捕食主要集中在中午和午夜。

经济和生态影响：观赏鸟类。

参考文献

Merino S, Barbosa A, Moreno J, et al. 1997. Absence of haematozoa in a wild chinstrap penguin *Pygoscelis antarctica* population[J]. Polar Biology, 18(3): 227-228.

Moreno J, Bustamante J, Viñuela J. 1995. Nest maintenance and stone theft in the chinstrap penguin (*Pygoscelis antarctica*)[J]. Polar Biology, 15(8): 533-540.

Wilson R P, Culik B M, Kosiorek P, et al. 1998. The over-winter movements of a chinstrap penguin (*Pygoscelis antarctica*)[J]. Polar Record, 34(189): 107-112.

(88) 阿德利企鹅

拉丁学名：*Pygoscelis adeliae*

分类地位：脊椎动物亚门（Vertebrata）鸟纲（Aves）企鹅总目（Impennes）企鹅目（Sphenisciformes）企鹅科（Spheniscidae）

生态类群：海洋鸟类。

形态形状：眼圈为白色，头部呈蓝绿色，嘴为黑色，嘴角有细长羽毛，腿短，爪黑。羽毛由黑、白两色组成，它们的头部、背部、尾部、翼背面、下颌为黑色，其余部分均为白色。身高为45～55cm，体重为4.5kg。

首次发现或引入的地点及时间：不详。

引入路径：有意引进动物园观赏。

起源或原产地：环绕南极的海岸及附近岛屿，阿德利企鹅的名称来源于南极大陆的阿德利地。

国内分布：大连、青岛等极地海洋世界。

生活史：阿德利企鹅的繁殖季节在夏季，雌企鹅每次产2枚蛋，由雌企鹅孵蛋，孵蛋期为两个来月，通常只有一只小企鹅成活，小企鹅2个月大即可下水游泳。很多企鹅聚在一起能互相提防海燕及贼鸥偷袭自己的蛋及小企鹅，通常雄企鹅会先抵达并用鹅卵石修复自己的巢，雌企鹅则慢数日抵达，在交配后产下两枚蛋，并立即交由雄企鹅孵蛋4周；此时雄企鹅已失去一半体重。

营养和环境条件：以各种鱼类、软体动物和甲壳动物等为食。冬天时它们常成群结队出现在浮冰或冰山上活动，春天一到即返回其陆地栖息处。

经济和生态影响：观赏鸟类。全球变暖也颠覆了南极半岛食物链的构成，生活在浮冰下的浮游生物大量死亡，而以浮游生物为主食的磷虾也同样未能幸免，数量锐减八成，而磷虾正是企鹅的重要食物。在过去25年间，由于海冰消融，以及同其他企鹅物种对食物的竞争加剧，阿德利企鹅数量减少了65%。

参考文献

Giese M. 1998. Guidelines for people approaching breeding groups of Adélie penguins (*Pygoscelis adeliae*) [J]. Polar Record, 34 (191): 287-292.

Lishman G S. 1985. The food and feeding ecology of Adélie penguins (*Pygoscelis adeliae*) and Chinstrap penguins (*P. antarctica*) at Signy Island, South Orkney Islands[J]. Journal of Zoology, 205 (2): 245-263.

Morgan I R, Westbury H A.1981. Virological studies of Adelie penguins (*Pygoscelis adeliae*) in Antarctica[J]. Avian diseases, 1019-1026.

(89) 冠企鹅

中文俗名：跳岩企鹅、角企鹅

拉丁学名：*Rockhopper penguin*

分类地位：脊椎动物亚门（Vertebrata）鸟纲（Aves）企鹅总目（Impennes）企鹅目（Sphenisciformes）企鹅科（Spheniscidae）

生态类群：海洋鸟类。

形态性状：身高为50～60cm，体重为2～3kg，明亮的黄色羽毛冠从其头部的两侧耷拉下来，就像两道下垂的眉毛。

首次发现或引入的地点及时间：不详。

引入路径：有意引进动物园观赏。

起源或原产地：南极半岛至亚南极群岛。

国内分布：大连、青岛等极地海洋世界。

生活史：冠企鹅的繁殖地位于非常陡峭的岛屿上，孵卵方式与长冠企鹅相似，冬季远离陆地，在南大洋上度过。幼年企鹅生长很迅速，在它们10周的时候就可以下海游泳了。

营养和环境条件：聚居地大多是在海边的岩缝或陡坡之处，主食小鱼及磷虾。

经济和生态影响：观赏鸟类。

参考文献

Crawford R J, Cooper J, Dyer B M, et al. 2003. Decrease in numbers of the eastern *Rockhopper penguin* Eudyptes chrysocome filholi at Marion Island, 1994/95–2002/03[J]. African Journal of Marine Science, 25, 487-498.

Guinard E, Weimerskirch H, Jouventin P. 1998. Population changes and demography of the northern *Rockhopper Penguin* on Amsterdam and Saint Paul Islands[J]. Colonial waterbirds, 222-228.

Pütz K, Clausen A P, Huin N, et al. 2003. Re-evaluation of historical *Rockhopper penguin* population data in the Falkland Islands[J]. Waterbirds, 26 (2) : 169-175.

第三节　我国自有分布的引进复壮海洋生物

(1) 裙带菜

拉丁学名：*Undaria pinnatifida*

分类地位：褐藻门(Phaeophyta)褐藻纲(Phaeosporeae)海带目(Laminariales)翅藻科(Alariaceae)

生态类群：海洋植物(大型藻类)。

形态性状：成品大连裙带菜的孢子体黄褐色，外形很像破的芭蕉叶扇，高1～2m，宽50～100mm，明显分化为固着器、柄及叶片三部分。固着器由叉状分支的假根组成，假根的末端略粗大，以固着在岩礁上，柄稍长，扁圆形，中间略隆起，叶片的中部有由柄部伸长而来的中肋，两侧形成羽状裂片。叶面上有许多黑色小斑点，为黏液腺细胞向表层处的开口。内部构造与海带很相似，在成长的孢子体柄部两侧形成木耳状重叠褶皱的孢子叶，成熟时，在孢子叶上形成孢子囊。

首次发现或引入的地点及时间：1984年从日本引进。

引入路径：我国有记录的引进种质复壮。我国自然生长的裙带菜主要分布在浙江省的舟山群岛及嵊泗列岛，由著名藻类学家曾呈奎教授于1936年先在嵊泗列岛的嵊山岛上

发现。而现在青岛和大连地区也有裙带菜的分布，实际是早年先后从朝鲜和日本移植过来的。大连裙带菜为1932年原日本关东州水产试验场从朝鲜北部的黄海岸龙湖岛移来的，青岛裙带菜是1933年朝鲜人文德进(日本名文谷准助)从朝鲜半岛南端的济州岛移来的。

起源或原产地： 主要分布于日本、朝鲜半岛、法国和中国。

国内分布： 黄渤海沿岸、舟山群岛、浙江南麓列岛。辽宁的吕达、金县，山东青岛、烟台、威海等地为主要产区，浙江舟山群岛亦产。除自然繁殖外，已开始人工养殖。

生活史： 裙带菜的生活史与海带很相似，也是世代交替的，但孢子体生长的时间较海带短，接近一年(海带生长时间接近两年)，而配子体的生长时间较海带长，约一个月(海带配子体生长时间一般只有两个星期)。

营养和环境条件： 温带性海藻，能忍受较高的水温。

经济和生态影响： 裙带菜含有褐藻酸和藻聚糖等多糖类，这些多糖类在降低胆固醇、降低血压及预防脑血栓等方面具有良好的疗效。

参考文献

李宏基. 1991. 我国裙带菜*Undaria pinnatifida*(Harv.) Suringar养殖技术研究的进展[J]. 渔业信息与战略, 6(6): 1-4.

(2) 条斑紫菜

中文俗名：日本有明海奈良轮条斑紫菜
拉丁学名：*Porphyra yezoensis*
分类地位：红藻门(Rhodophyta)红毛藻目(Bangiales)红藻纲(Rhodophyceae)红毛藻科(Bangiaceae)
生态类群：海洋植物(大型藻类)。
形态特征：与国内条斑紫菜无明显形态差别，藻体卵形、长卵形，为紫红色或略带绿色，藻体长12～30cm，少数可达70cm以上。人工养殖筏架上的个体一般都在30cm左右，有的长达1m以上。基部心脏形、圆形或楔形。细胞单层，藻体厚35～50μm。细胞内是一星状色素体。
首次发现或引入的地点及时间：1986年由我国上海水产大学与福建省晋江水产技术推广站从日本引进。
引入路径：我国有记录的引进种质复壮。
起源或原产地：我国黄海、渤海，以及日本和朝鲜。
国内分布：辽宁、山东、江苏、浙江、福建等地。
生活史：条斑紫菜由较大的叶状体(配子体世代)和微小的丝状体(孢子体世代)两个形态截然不同的阶段组成。叶状体行有性生殖，由营养细胞分别转化成雌、雄性细胞，雌性细胞受精后经多次分裂形成果孢子，成熟后脱离藻体释放于海水中，随海水的流动而附着于具有石灰质的贝壳等基质上，萌发并钻入壳内生长为丝状体。丝状体生长到一定程度产生壳孢子囊枝，进而分裂形成壳孢子。壳孢子放出后即附着于岩石或人工设置的木桩、网帘上直接萌发成叶状体。此外，叶状体还可进行无性繁殖，由营养细胞转化为单孢子，放散附着后直接长成叶状体。

营养和环境条件：条斑紫菜多生长在潮间带，喜风浪大、潮流通畅、营养丰富的海区。耐干性强，适宜光照强度为5000～6000lx，具有光饱和点高、光补偿点低的特点。对海水相对密度的适应范围广，但以1.020～1.025为宜。丝状体耐干性差，要求低光照，自然分布于低潮线以下。
经济和生态影响：条斑紫菜属于高产作物，比国内条斑紫菜产量高、耐高温、抗病力强。

参考文献

李家乐, 董志国, 李应森, 等. 2007. 中国外来水生动植物[M]. 上海: 上海科学技术出版社.

毛震华. 1988. 日本有明海奈良轮条斑紫菜在福建引栽初获成功[J]. 中国水产, (3): 30.

(3) 日本盘鲍

中文俗名：虾夷盘鲍、紫鲍

拉丁学名：*Haliotis discus discus*

分类地位：软体动物门(Mollusca)腹足纲(Gastropoda)原始腹足目(Archaeogastropoda)鲍科(Haliotidae)

生态类群：海洋无脊椎动物(贝类)。

形态性状：壳呈长椭圆形，最大壳长20cm。壳表呈绿黑色，螺旋部高，螺肋较平，具放射状瘤肋。呼吸孔呈锥状，前端4或5个开孔。壳口内唇遮缘宽，从后向前延伸至壳口3/4处，壳内具珍珠光泽略带绿色，右侧壳肋痕明显，卵圆形，与我国黄海皱纹盘鲍属于地理亚种。

首次发现或引入的地点及时间：1986年我国福州市水产研究所从日本引进。

引入路径：有意引进种质复壮。

起源或原产地：日本北海道南端以南至韩国，以及我国山东半岛附近。

国内分布：广东、福建、辽宁和山东等地沿海有养殖。

生活史：雌雄异体，行体外受精，以透孔排水和产卵。

营养和环境条件：日本盘鲍喜栖于周围海藻丰富、水质清新、水流通畅的岩礁裂缝、砾石海底，深度可达20m。适温为5～28℃，15～20℃时摄食旺盛，最适生长盐度为18～34。以宽大的腹足爬行，以巨形藻类为主食。

经济和生态影响：日本盘鲍可与当地皱纹盘鲍杂交。

参考文献

李家乐, 董志国, 李应森, 等. 2007. 中国外来水生动植物[M]. 上海: 上海科学技术出版社.

聂宗庆, 王素平, 李木彬, 等. 1995. 盘鲍引进养殖与人工育苗实验[J].福建水产, (1): 9-16.

王立超, 连岩. 2003. 日本盘鲍与皱纹盘鲍杂交育种技术研究[J].齐鲁渔业, (5): 4-7.

燕敬平, 孙慧玲, 方建光, 等. 1999. 日本盘鲍与皱纹盘鲍杂交育种技术研究[J]. 海洋水产研究, 20 (1): 35-39.

(4) 日本大鲍

拉丁学名：*Haliotis gigantea*

分类地位：软体动物门(Mollusca)腹足纲(Gastropoda)原始腹足目(Archaeogastropoda)鲍科(Haliotidae)

生态类群：海洋无脊椎动物(贝类)。

形态性状：体长可达25cm。壳坚厚，低扁而宽，呈耳状，螺旋部只留痕迹，占全壳极小的部分。壳的边缘有一列呼吸小孔。壳表面粗糙，内面现美丽的珍珠光泽。

首次发现或引入的地点及时间：1998年由我国烟台大学水产学院从日本引进。

引入路径：我国有记录的有意引进养殖。

起源或原产地：我国辽宁、山东、连云港，日本本州岛。

生活史：自然繁殖期是在当地水温20℃左右的10～12月。亲鲍性腺成熟与蓄养水温无关，任意水温条件下喂养220天后均可诱导其产卵。排放精子、卵后，30min内进行受精。

营养和环境条件：日本大鲍属于暖水系种，大多生活于水深10m处。匍匐幼体及前期稚鲍摄食底栖硅藻，主要有舟形藻、卵形藻和菱形藻等。

经济和生态影响：有关鲍的杂交育种以日本研究较多，宫木廉夫等(1995)对日本大鲍(*Haliotis gigantean*)♀×盘鲍(*H. discus*)♂杂交组合的生长和存活情况进行了深入研究，在341天的试验期间发现前期杂交苗要比母本的自交苗生长慢，而后期杂交苗则要比自交苗生长快些；母本自交苗的存活率在整个试验期间一直最高；杂交苗的季节生长方式及存活率比较接近父本的自交组，而杂交幼鲍的外部形态则更接近于母本。小池康一对日本大鲍、盘鲍和*H. madaka*，以及它们的杂交幼体进行了研究，发现所有的杂交组合生长率均比各自的自交组合快，其中*H. madaka*♀×日本大鲍♂的日摄食率和月生长

率均优于其亲本自交组。

张起信等、孙振兴等(2001)以日本大鲍和皱纹盘鲍为亲本进行了杂交育种研究，发现其可以进行种间杂交，且杂交组合的受精率均比较高(＞70%)；受精率虽然有高低，但受精后的胚胎发育正常，杂交稚鲍的存活率具有明显优势；后代稚鲍显示出良好的生产性状和一定的杂交优势。但是由于盲目引种和杂交所引起的种间、种内的遗传渐渗，即遗传污染所造成的及可能造成的危害还没有引起水产养殖界的足够重视。

参考文献

蔡明夷, 柯才焕, 周时强, 等. 2004. 鲍遗传育种研究进展[J]. 水产学报, 28(2): 201-208.

宫木廉夫, 新山洋, 多部田修. 1995. 人为交杂メガイアワビ×クロアワビの成长と生残[J]. 水产增殖, 43(3): 401-405.

孙振兴, 宋志乐, 郑志芳, 等. 2001. 日本大鲍与皱纹盘鲍杂交的研究[J]. 齐鲁渔业, (3): 25-27.

(5) 长牡蛎

中文俗名：太平洋牡蛎、太平洋真牡蛎

拉丁学名：*Crassostrea gigas*

分类地位：软体动物门(Mollusca)双壳纲(Bivalvia)珍珠贝目(Pterioida)牡蛎科(Ostreidae)

生态类群：底栖动物(贝类)。

形态性状：太平洋牡蛎贝壳长形或椭圆形，壳的形态随生活环境的不同变异较大。壳大而薄，壳顶短而尖。腹缘圆。右壳较平，壳表面有软薄波纹状环生鳞片，排列稀疏呈紫色或淡黄色，放射肋不明显。左壳深陷，鳞片粗大，左壳壳顶固着面小。外套膜边缘具茶褐色或黑色的条纹。有群居的生活习性，由于互相挤压，外壳一般是非常不规则的。

首次发现或引入的地点及时间：1979年由我国浙江省海洋水产研究所从日本引进。

引入路径：有意引进养殖。

起源或原产地：日本、中国沿海。

国内分布：辽宁、山东、浙江、福建和广东等地沿海。

生活史：卵生型。在繁殖期间亲贝把成熟的卵或精子排出体外，在海水中受精、卵裂发育成幼虫，再固着变态成稚贝。它的整个生活史都在自然海区里度过。一般从发生后约经一年即达到性成熟。该贝虽然为雌雄异体，但也存在雌雄同体，并且相互间常发生性别转换，可以从雌雄同体转化为雌雄异体，或者雌个体转化为雄个体，性别很不稳定。

营养和环境条件：长牡蛎营固着生活，以左壳固着于坚硬的物体上。垂直分布于低潮线附近及浅海。为广温广盐性种类，对环境的适应能力强，可以在盐度为10～37的海区栖息，生长的最适盐度为20～30，水温在-3～32℃时可以生活，最适温度为5～28℃。属于滤食性贝类，成体的食物主要是海水中的浮游藻类和有机碎屑。

经济和生态影响：长牡蛎是牡蛎类中个体较大的一种贝类，产量高，生长快，肉肥满，效益好，亩产量一般在5t左右，在我国沿海大面积推广应用，取得了明显的经济效益和社会效益，极大地推动了我国牡蛎养殖事业的发展，并且发展成为我国乃至世界贝类养殖中的重要产业。

参考文献

温文. 2003. 太平洋牡蛎值得养殖的优良贝类新品种[J]. 渔业致富指南, (19): 43.
吴松. 2004. 太平洋牡蛎苗种工厂化培育技术[J]. 水产科技情报, 31(6): 279-281.

(6) 斑节对虾

中文俗名：鬼虾、草虾、花虾、竹节虾、斑节虾、牛形对虾

拉丁学名：*Penaeus monodon*

分类地位：节肢动物门(Arthropoda)甲壳纲(Crustacea)十足目(Decapoda)对虾科(Penaeidae)

生态类群：海洋甲壳动物。

形态性状：斑节对虾体表光滑，壳稍厚，体色由棕绿色、深棕色和浅黄色环状色带相间排列。其游泳足呈浅蓝色，步足、附肢呈桃红色。额角较平直，末部较粗，微向上翘，上缘具7或8齿、下缘2或3齿，以7/3者为多。额角尖端超过第一触角柄的末端。额角有侧沟，沟浅，伸到头胸甲中部消失。额角尖端超出第一触角柄的末端。

首次发现或引入的地点及时间：1986年由我国广东省从泰国引进。此后，广东、海南两省许多单位从菲律宾、中国台湾购进大量亲虾，形成了一定规模的斑节对虾养殖业。

引入路径：我国有记录的有意引进种质复壮。

起源或原产地：广泛分布于印度洋和太平洋的大部分海区，以及南亚地区。我国东海西部、台湾、南海北部沿岸浅水均有养殖，但种群较小。

国内分布：广东、海南、广西、福建和台湾等地沿海均有养殖。

生活史：性成熟年龄一般为1龄，为一年多次产卵类型。孵化的虾苗主要生活在沿岸浅水区，成虾主要生活在较深海区，繁殖时返回到沿海浅水区产卵，产后又返回到深海区生活。

营养和环境条件：适应能力强，既能生活在海水，也能生活在淡水，可耐盐度为3～45，最适盐度为20～30，生长适温为25～30℃。食性为偏动物食性的杂食性。

经济和生态影响：斑节对虾个体大，生长迅速，肉质好，市场价格高于凡纳滨对虾，是亚洲乃至全世界的重要养殖虾种。引进的斑节对虾比我国沿海的野生虾个体大，生长快，对环境具有较强的适应能力，成为我国主要对虾养殖品种之一。

参考文献

范崇权. 1990. 中国渔业资源调查和区划之七[M]. 北京: 农业出版社.

洪万树, 刘昌欣. 1997. 斑节对虾幼体发育的有效积温、生物学零度和耐温实验研究[J]. 福建水产, (3): 1-6.

沈俊宝, 张显良. 2002. 引进水产优良品种及养殖技术[M]. 北京: 金盾出版社: 314-320.

(7) 日本对虾

拉丁学名：*Penaeus japonicus*

分类地位：节肢动物门（Arthropoda）甲壳纲（Crustacea）十足目（Decapoda）对虾科（Penaeidae）

生态类群：海洋甲壳动物。

形态性状：甲壳光滑无毛，体上有十几条棕色和蓝色相间的横带。附肢呈黄色，尾肢后部色泽鲜艳，呈鲜蓝色和黄色，边缘呈红色。额角上缘有8～10齿，下缘有1或2齿。额角侧沟很深，延伸至头胸甲的后缘。额角的后脊有明显的中央沟。肝脊和额胃脊明显。

首次发现或引入的地点及时间：具体引种单位和引种时间不详。但近年来用于育苗生产的日本对虾亲虾多从中国台湾和日本沿海购入。

引入路径：我国有记录的有意引进种质复壮。

起源或原产地：广泛分布于印度-西太平洋地区，主要在日本列岛、南非红海、阿拉伯湾、孟加拉湾等海区，以日本沿海数量最多。

国内分布：我国江苏以南沿海也有少量分布。

生活史：1龄的雌、雄虾均可达到性成熟。雄虾体长达12cm、雌虾体长达15cm。雄虾的寿命为2年，雌虾为3年。体长17cm的雌虾一次可产卵70万粒。

营养和环境条件：广温性种类，其适温为17～25℃。水温高于32℃生活不正常，水温为8～10℃摄食减少，5℃以下死亡。该虾又是广盐性生物，最适盐度为15～34，对低盐度的耐力较低，盐度低达7时就会大批死亡。对水中的溶解氧含量敏感，在养殖过程中要求达到4.0mg/L以上。有较强的潜沙性，必须有干净而疏松的沙底。对饵料要求较高，主要摄食小型底栖无脊椎动物，如小型软体动物、底栖小甲壳类及多毛类，以及有机碎屑等。人工养殖中主要以小型低值双壳类、杂鱼及配合饲料为主。

经济和生态影响：肉质好，但生长速度较慢，价格高，东南沿海普遍养殖。

参考文献

范崇权. 1990. 中国渔业资源调查和区划之七[M]. 北京: 农业出版社.

沈俊宝, 张显良. 2002. 引进水产优良品种及养殖技术[M]. 北京: 金盾出版社: 293-300.

(8) 巨螯蟹

中文俗名：巨型蜘蛛蟹

拉丁学名：*Macrocheira kaempferi*

分类地位：节肢动物门(Arthropoda)甲壳纲(Crustacea)十足目(Decapoda)蜘蛛蟹科(Majidae)

生态类群：海洋甲壳动物。

形态性状：它是目前已知最大的一种蟹，也是最大的节肢动物。体深橙色，上有白斑，前两肢发展成螯。两只复眼长在身体前方，复眼之间有两根棘刺。体形呈梭形，两端尖，像一只巨型的蜘蛛。头胸甲长度加上蟹足超过3m，10条蟹爪既长又锐利，最大的样本蟹足展开后长4.2m，体长为38cm，重为20kg。

首次发现或引入的地点及时间：2002年从日本引进。

引入路径：我国有记录的有意引进，用于水族观赏。

起源或原产地：主要生长在日本附近的深海中。我国东海和台湾有记录。

国内分布：青岛海底世界。

生活史：繁殖方式为卵生。寿命最长可达100年。

营养和环境条件：终年活动于水温10℃左右的深海水域，只有繁殖季节才出现在浅海水域。

经济和生态影响：观赏性蟹类，但会攻击人类。

参考文献

Clark P F, Webber W R. 1991. A redescription of *Macrocheira kaempferi* (Temminck, 1836) zoeas with a discussion of the classification of the Majoidea Samouelle, 1819 (Crustacea: Brachyura) [J]. Journal of Natural History, 25 (5): 1259-1279.

Martin J W, Davis G E. 2001. An updated classification of the recent Crustacea. In: Science series, 39[M]. Los Angeles: Natural History Museum of Los Angeles County.

(9) 尖吻鲈

中文俗名：金目鲈、盲螬、红目鲈

拉丁学名：*Lates calacrifer*

分类地位：脊椎动物亚门(Vertebrata)辐鳍鱼纲(Actinopterygii)鲈形目(Perciformes)尖吻鲈科(Latidae)

生态类群：水生脊椎动物(鱼类)。

形态性状：体延长，侧扁，头尖；背缘呈弧形，前端下凹至背鳍前隆起。口尖，稍斜；上颚达眼后缘；前鳃盖下缘有强棘；鳃盖后缘呈锯齿状，有一硬棘。两背鳍间有一深缺口，硬棘和软条基部相连，第一背鳍有棘Ⅶ～Ⅸ，第二背鳍有鳍条10或11。胸鳍短，圆形。臀鳍有棘III，鳍条7或8。腹鳍圆，呈扇形。体被栉鳞，中等大小，具侧线鳞56～61。体色背部黑褐色、黄褐色或银灰色，随所处环境而变化；腹面为银白色；眼睛金褐色。

首次发现或引入的地点及时间：1983年由我国深圳联合水产发展公司从泰国引进。

引入路径：我国有记录的有意引进种质复壮。

起源或原产地：原产地分布于西太平洋及印度洋的热带、亚热带海区。

国内分布：分布于我国南海、东海南部等水域，在我国华南地区河口水域也常可以捕到。

生活史：仔鱼生活于河口沿岸地带半咸水水域，长至1cm以后进入淡水水域，在淡水中成长，到3～4龄性成熟时行降海产卵繁殖，成熟亲鱼在盐度为30～32、水深为10～15m的沿岸地带产卵。

营养和环境条件：该鱼属于广盐性降海鱼类，生活于沿海、河口区域及通海的淡水水体中。该鱼属于热带性鱼类，水温为25～30℃时食欲旺盛，生长迅速；水温降至10℃便不能生存。该鱼又属于肉食性鱼类，成鱼食物组成以鱼类为主，其次为甲壳类；2cm以下仔鱼以浮游动物为主。在养殖条件下生长的个体差异大时，常出现蚕食同类现

象。生长迅速。在自然条件下2～3年可长至3～5kg。

经济和生态影响：该鱼捕食本地鱼类，造成本地鱼类种群数量减少。

参考文献

李家乐, 董志国, 李应森, 等. 2007. 中国外来水生动植物[M]. 上海: 上海科学技术出版社.

梁旭方. 1997. 温水鲈类食性驯化和饲料营养研究的进展[J]. 水产科技情报, 24(1): 25-30.

陆忠康. 1998. 尖吻鲈养殖技术及其前景[J]. 现代渔业信息, 13(9): 12-16.

孟庆闻, 苏锦祥, 缪学祖. 1995. 鱼类分类学[M]. 北京: 中国农业出版社.

沈俊宝, 张显良. 2002. 引进水产优良品种及养殖技术[M]. 北京: 金盾出版社.

(10) 条斑星鲽

中文俗名：花豹子、花边爪

拉丁学名：*Verasper moseri*

分类地位：脊椎动物亚门(Vertebrata)辐鳍鱼纲(Actinopterygii)鲽形目(Pleuronectiformes)鲽科(Pleuronectidae)

生态类群：海洋脊椎动物(鱼类)。

形态性状：鱼体呈卵圆形且较厚，头部侧扁，吻短而钝。两眼位于身体的右侧，眼径较小，眼间隔平窄，上眼靠近头的颅顶背缘，眼间隔的前方为两鼻孔，呈短管状且位置邻近。上颌具齿2行，外行的前方牙齿比较大，下颌具齿1行，在下颌左、右颌骨的结合处则呈2行。鳃耙短而宽，呈三角形，内缘具小刺，其中第一鳃弓外侧鳃耙数为6。背鳍75～80，臀鳍53～56，胸鳍12，腹鳍6。

首次发现或引入的地点及时间：2002年从日本引进。

引入路径：我国有记录的有意引进养殖。

起源或原产地：日本茨城县以北到鄂霍茨克海以南海域。

国内分布：我国黄渤海亦有分布，但数量极少。

生活史：5～8cm的条斑星鲽鱼苗，经4年的养殖，雌、雄鱼体分别可达3～4.3kg与0.7～1.2kg，同时具有雌性生长快于雄性个体的特点，3龄雌性体长与体重分别是3龄雄性的1.5倍与2倍。在人工培育情况下，条斑星鲽雄鱼3龄性成熟，雌鱼4龄性成熟。每年1～5月产卵，产卵时间为晚上22时至凌晨4时。获卵方式主要靠人工挤卵干法授精。受精卵在9.4～11℃条件下7天可孵化出仔鱼。初孵仔鱼经过6天便可开口摄食。仔鱼经50～70天的培育，全长达 2～3cm，便可进行人工养殖。

营养和环境条件：条斑星鲽属于冷温性大型底栖鱼类，最适宜水温为13～21℃。杂食、底栖动物食性，主要摄食虾类、蟹类、小型贝类、棘皮动物、头足类动物及小鱼等，人工养殖可投喂小杂鱼与配合饲料。

经济和生态影响：条斑星鲽是大型鲆鲽类，外观漂亮优美，体色似松树皮，含有较高的胶原蛋白，因而肉质、口感均好，具有很高的经济价值与养殖价值，是深受消费者喜爱的高档鱼种，价格是牙鲆的5倍。该品种具有生长快、个体大、肉质好、抗病力强等优点，是工厂化养殖的优良品种。

参考文献

杜佳垠. 2003. 日本条斑星鲽养殖[J]. 渔业现代化, (2): 21-22.

宫春光. 2005. 条斑星鲽生物学性状及工厂化养殖技术[J]. 科学养鱼, (12): 38.

王晓伟, 李军, 肖志忠, 等. 2008. 条斑星鲽外部形态性状与内部组织器官的初步研究[J]. 海洋科学, 32(5): 90-96.

肖志忠, 于道德, 张修峰, 等. 2008. 条斑星鲽早期发育生物学研究——受精卵的形态、生态和卵胚的发育特征[J]. 海洋科学, 32(2): 17-21.

徐世宏, 肖志忠, 马道远, 等. 2009. 条斑星鲽人工繁殖及育种培育技术研究[J]. 海洋科学, 33(5): 1-5.

(11) 红鳍东方鲀

拉丁学名：*Fugu rubripes*

分类地位：脊椎动物亚门(Vertebrata)辐鳍鱼纲(Actinopterygii)鲀形目(Tetraodontiformes)鲀科(Tetraodontidae)

生态类群：海洋底栖鱼类。

形态特征：体呈亚圆筒形，尾部稍侧扁，头宽而圆。背部黑灰色，腹部白色，胸鳍后上方有一黑色大眼状斑，臀鳍白色。背腹有小白刺，鱼体光滑无鳞，呈黑黄色。身上的骨头不多，背鳍和腹鳍都很软。眼睛内陷，半露眼球，上、下齿各有两个牙齿形似人牙。有气囊，能吸气膨胀。

首次发现或引入的地点及时间：1998年，为克服我国亲鱼不足和种质不十分纯正的弱点，从日本引进纯种红鳍东方鲀受精卵，进行人工育苗获得成功，并从养殖的商品鱼中挑选种质纯正、健壮无伤、活力强的鱼，进一步培养至3龄以上，达到性成熟后作为亲鱼使用，目前国内已解决全人工培养亲鱼。2000年以来，全人工育苗已获得成功，解决了亲鱼种质不纯正，以及从天然海区中捕获的困难。

引入路径：我国已有记录，属于有意引进养殖。

国内分布：主要分布在黄海、渤海和东海。

生活史：性成熟年龄为3～4龄，雄鱼性成熟最小体长为35cm，雌鱼为36cm，产卵期为11月至翌年3月，有由深海向近海洄游的习性。红鳍东方鲀属于一次性产卵类型，产卵场一般在盐度较低的河口内湾地区，水深20m以内，水温17℃左右。卵为沉性卵，有黏性。孵化时间在水温15～17℃时约需10天；水温21～22℃时约需7天。

营养和环境条件：红鳍东方鲀为凶猛肉食性近海底层鱼类，人工养殖条件下投喂小杂鱼等鲜活饵料，栖息于沿岸砂质海底。适宜生长水温为14～27℃，最适水温为16～23℃，致死温度为7℃；适宜盐度为5～45，最适盐度为15～35。它是洄游型鱼类，一般于每年清明节前后从大海游至长江中下游。

经济和生态影响：红鳍东方鲀是大型鲀类，体长一般在350～450mm，最大可达800mm，体重10kg以上。味道极为鲜美，与鲥、刀鱼并称为“长江三鲜”。内脏(肝及卵巢等)、血及皮等有剧毒，误食可致死。但河鲀毒素具有较强的镇痛作用等，有很高的药用价值。肌肉无毒，可食用。

参考文献

范文涛, 刘海金, 赵文江, 等. 2011. 菊黄东方鲀♀×红鳍东方鲀♂杂交后代早期形态特征及生长速度的比较[J]. 水产学报, 35(7): 1065-1071.

胡亚丽, 华元渝. 1996. 杂交东方鲀胚胎和仔鱼的发育[J]. 南京师大学报(自然科学版), 19(1): 59-63.

雷霁霖, 陈超, 徐延康, 等. 1992. 红鳍东方鲀工厂化育苗技术研究[J]. 海洋水产研究, (13): 63-69.

(12) 美洲西鲱

中文俗名：美国鲥鱼、三黎鱼、三来鱼

拉丁学名：*Alosa sapidissima*

分类地位：脊椎动物亚门(Vertebrata)辐鳍鱼纲(Actinopterygii)鲱形目(Clupeiformes)鲱科(Clupeidae)

生态类群：海洋脊椎动物(鱼类)。

形态特征：体较长，侧扁而高，头中等大。口较大。鳞片大而薄，腹部有棱鳞，头部和背部为灰色，体侧上方略带蓝绿色光泽，体两侧和腹部白如银。

首次发现或引入的地点及时间：2001年由我国广东省中山市从美国引进。

引入路径：有意引进养殖。

起源或原产地：北美洲大西洋西岸，从加拿大魁北克省到美国的佛罗里达州河流和海洋中。

国内分布：广东、福建、上海、浙江、江苏、山东等沿海地区有养殖。

生活史：有进入江河集群产卵洄游习性，一般初次性成熟雄性为3～5龄，雌性为4～6龄。溯河到河流产卵，产卵后再降河洄游，幼体在秋天时进入海洋生长至成熟。

营养和环境条件：美洲西鲱属于温水性中上层鱼类，对水温适应范围较广，适宜水温在2～38℃，最适水温为22～30℃。多以摄食浮游生物为主。

经济和生态影响：美洲西鲱曾列全国“鲥、甲(中华鲟)、鲳、黄”四大名鱼之首，与刀鱼、河豚一起被人们称为“长江三鲜”，还曾一度是国务院举行国宴的名菜。但在20世纪末期，由于过度捕捞、水域污染、兴修水利等诸多因素，其资源严重衰退，基本绝迹。近年来，从美国引进受精卵进行孵化和养殖试验，取得了良好的经济效益。生态风险不详。

参考文献

黄顺良, 熊付益. 2004. 美国鲥鱼育苗生产技术[J]. 中国水产, 11: 47-48.

苏润荣, 苏润波. 2004. 淡水养殖新品种——鲥鱼[J]. 水产科学, 3: 25-26.

王雄, 施高敏. 2005. 顺德池塘养殖美国鲥鱼生物学特性及养殖探讨[J]. 渔业科技产业, 1: 12-13.

第四节　入侵海洋生物

一、病毒界VIRUS

(1) 白斑综合征病毒

拉丁学名：*White spot syndrome virus*（WSSV）
分类地位：线形病毒科（Nimaviridae）
生态类群：病毒。
引入路径：随对虾引进而携带。
种群建立状况：已建立种群。
形态性状：属于dsDNA病毒，具有双层囊膜但不形成包涵体。病毒粒子呈椭圆形，具囊膜，囊膜大小平均为430nm×120nm，病毒粒子的核心为电子致密的核衣壳，病毒核衣壳为杆状，直径为50nm，核衣壳大小平均为300nm×85nm，核衣壳的两端各有一帽状结构，一端为较扁的梯形，另一端为三角锥形，此端延伸出一条长尾，尾部有膨突部分。帽结构之间有14圈螺旋，螺旋与核衣壳的长轴垂直。
分布范围：WSSV除了能感染大多数对虾品种之外，还能感染其他非对虾种类，如端足类、蟹类、龙虾类、桡足类、水蝇类等。病毒粒子位于鳃、肝胰腺膜和肠道等组织的细胞内。这些动物中多数感染WSSV而不出现特殊的病理症状，在海洋生态系统中可充当WSSV 传播的中间宿主，对养殖对虾及野生甲壳纲动物资源构成严重威胁。主要分布于亚洲和太平洋海岸国家。
首次发现或引入的地点及时间：20世纪90年代初在我国沿海对虾养殖场暴发。
起源或原产地：主要分布于亚洲和太平洋海岸国家。
扩散途径：纵向传播和横向传播，其中横向传播研究已经较深入，在天然条件下，可通过污染的水、排泄物，以及病虾残体等，借助取食、鳃的呼吸和体表部位的接触进行横向传播，而纵向传播尚无定论。
生境类型：海洋、内陆地表水（淡水）。
生活史：WSSV感染对虾时，首先吸附于对虾中肠上皮细胞，然后融合、侵入细胞进而在体内增殖。WSSV的复制和组装是在宿主细胞核进行的，最后细胞解体，病毒粒子再感染周围细胞。活体感染实验表明，病毒通常在24h内完成一个生命周期。
营养和环境条件：在各环境因子中，温度对WSSV感染力的影响最明显，温度过高或过低都会降低WSSV的活力，28℃时对虾感染WSSV最严重，血细胞数量最少，15℃时感染最轻，血细胞总数最多，33℃时次之。在水体理化因子的诸因素中，以氨氮的影响最显著，氨氮含量升高可明显提高WSSV的感染强度。
经济和生态影响：该病毒能严重破坏对虾的胃、鳃、淋巴器官等，病毒感染早期特征表现为宿主细胞核肿大，染色质边移，超薄切片可以发现大量病毒粒子集中在细胞核内。感染的养殖对虾厌食，摄食减少或停止摄食，死虾空胃，行动迟钝，弹跳无力，

静卧不动或游动异常，这种异常行为可在几小时内重复出现，直到最后无力活动，腹面朝上慢慢沉到水底，或被其他对虾吃掉。患病的蓝对虾在胸腹部常有白色或暗蓝色的斑点，使整个虾体在外观上呈现一种花斑样改变。而患病的斑节对虾在濒临死亡时则显示出明显变蓝的现象，并多伴有腹部肌肉混浊。一些幸存的对虾可缓慢恢复正常。个别对虾可在甲壳、鳃部的表皮下出现大量黑色素斑点。发病后期虾体皮下、甲壳及附肢出现白色斑点。甲壳软化也较常见，头胸甲易剥离，壳与真皮分离。肝胰腺呈棕黄色且易碎。发病的对虾活力下降，应激性下降，病害呈暴发性，死亡率高，因此称为暴发性白斑病。此外，野生捕捞的对虾已普遍感染WSSV，对虾暴发性流行病对野生对虾种质资源的潜在冲击已引起西方发达国家的高度重视。

可能扩散区域：WSSV传染力强，致死率高，宿主范围广，自1993年在台湾首次报道以来，是中国1993～1994年对虾暴发性流行病的病原，成为对虾养殖业的主要病毒病原，对全球虾类养殖造成毁灭性灾害。

预防、控制和管理措施：目前尚无有效药物防治，但要加强管理措施，如彻底清淤消毒；严格检测亲虾；使用无污染和不带病原的水源并过滤消毒；受精卵先用50mg/L的PVP-I（聚乙烯吡咯烷酮碘）浸洗0.5～1min，再入池孵化；饲料中添加0.2%～0.3%的稳定维生素C；保持虾池环境稳定，加强巡池观察，不采用大排大灌换水法等加以防治。

参考文献

陈世杰. 2003. 虾病病原及对策[J]. 福建水产, 2: 52-56.

王建平, 吴雄飞. 2001. 对虾病毒病研究现状[J]. 浙江大学学报（理学版）, 28(2): 196-203.

Lo C F, Ho C H, Chen C H, et al. 1997. Detection and tissue tropism of *White spot syndrome baculovirus* (WSBV) in captured brooders of *Penaeus monodon* with a special emphasis on reproductive organs[J]. Diseases of Aquatic Organisms, 30(1): 53-72.

(2) 斑节对虾杆状病毒

拉丁学名：*Penaeus monodon baculovirus*（MBV）

分类地位：杆状病毒科(Baculoviridae)

生态类群：病毒。

引入路径：随对虾引进而携带。

种群建立状况：已建立种群。

形态性状：属于dsDNA病毒，大小为75nm×325nm，病原为A型杆状病毒，呈棒状，具有高电子密度中心，外有被膜，具嗜酸性包涵体。

分布范围：我国台湾等地，不仅在养殖虾中检出MBV，在捕捞虾中也检出MBV。

首次发现或引入的地点及时间：1981年最先在台湾斑节对虾体内分离到MBV并正式报道。

起源或原产地：菲律宾和南太平洋的塔希提岛(Tahiti)等国家和地区已相继出现此病。

扩散途径：主要感染斑节对虾(*Penaeus monodon*)，也侵害墨吉对虾(*P. merguiensis*)、短沟对虾(*P. semisulcatus*)、澳大利亚对虾、长毛对虾(*P. penicillatus*)、近缘新对虾和刀额新对虾。经口感染，健康虾通过摄食病虾而感染，MBV可通过口喂带病毒材料而感染健康虾，养殖池通过对虾摄食病死虾排出含多角体的粪便传播。

生境类型：海洋、内陆地表水(淡水)。

生活史：对虾肝胰腺和中肠上皮是MBV的主要靶器官。宿主细胞核内出现大量的致密颗粒，细胞核不胀大。随后，细胞核开始膨大，染色质浓缩成团块，并向核周围位移；核仁边移，且浓缩成高电子密度团块，有时碎裂成几个小块；核内出现病毒发生基质，并逐渐形成核内包涵体。多数情况下，可见核质中有1个到多个球形且嗜酸性(HE染色)包涵体和大量病毒粒子。包涵体为排列整齐的蛋白质晶格结构，由许多蛋白质亚单位组成。严重时细胞破裂，核内球形包涵体进入肝胰腺管，之后进入中肠，排出体外。

营养和环境条件：pH对MBV的感染度具有明显的影响，MBV的感染度随着pH的升高而增高；盐度也是影响MBV感染度的重要因子，适当降低盐度可抑制MBV的发生；氨氮是影响MBV感染度的主要因子，其含量的增加可明显增加MBV的感染度，两者呈直线相关关系。

经济和生态影响：MBV为肠感染病毒，主要感染肝胰腺和前中肠的上皮细胞核，使对虾靠近池边，游动减缓，摄食减少，空胃，并逐渐死亡。病理检查可见中肠腺大面积损害，在电镜下观察到，MBV重度感染的中肠腺上皮细胞胞质内出现空泡化，表明脂肪微粒增多，出现脂肪堆积的现象。该病毒可感染II期蚤状幼体及以后各生长阶段的虾苗、幼虾及成虾，斑节对虾仔虾和＜6mm的成虾对MBV 特别敏感。MBV单独感染对虾的致死率为70%左右，然而MBV 和其他病原如弧菌或其他病毒的混合感染导致成虾的致死率在90%以上。

可能扩散区域：该病毒是引起多种对虾生病的流行性传染性病毒，可以感染斑节对虾、长毛对虾、墨吉对虾、短沟对虾，以及新对虾的一些种类(*Metapenaeus* spp.)，除此之外，*P. karathurus*、*P. plebejus*和万氏对虾（*P. vannamei*）也可能受感染，成为对虾养殖业的主要病毒病原。

预防、控制和管理措施：目前尚无有效药物防治，但要加强管理措施，如彻底清淤消毒；严格检测亲虾；使用无污染和不带病原的水源并过滤消毒；受精卵先用50mg/L的PVP-I（聚乙烯吡咯烷酮碘）浸洗0.5～1min，再入池孵化；饲料中添加0.2%～0.3%的稳定维生素C；保持虾池环境稳定，加强巡池观察，不采用大排大灌换水法等加以防治。

参考文献

陈世杰. 2003. 虾病病原及对策[J]. 福建水产, 2: 52-56.
陈宪春. 1995. 世界性虾病蔓延及我国虾病防治进展[J]. 中国饲料, 11: 10-11.
李贵生, 何建国, 李桂峰, 等. 2001. 斑节对虾杆状病毒感染度与水体理化因子关系模型的修订[J]. 中山大学学报（自然科学版）, 40 (6): 67-71.
刘加根, 李贵生, 黄耀熊. 2005. 斑节对虾杆状病毒包涵体研究[J]. 生态科学, 24 (4): 347-349.
王建平, 吴雄飞. 2001. 对虾病毒病研究现状[J]. 浙江大学学报（理学版）, 28 (2): 196-203.
郑江, 徐晓津. 2002. 我国对虾病毒性疾病[J]. 河北渔业, 1: 21-24.

(3) 黄头杆状病毒

拉丁学名：*Yellow head baculovirus*（YHV）

分类地位：弹状病毒科(Rhabdoviridae)

生态类群：病毒。

引入路径：随对虾引进而携带入境。

种群建立状况：已建立种群。

形态性状：C型杆状病毒，长150～200nm，直径为40～60nm，有囊膜，有3层包膜，有细胞质包涵体。病毒基因组为单链正链RNA，大于22kb，编码4个主要的结构蛋白，其分子质量分别为170kDa、135kDa、67kDa和22kDa。

分布范围：1990年泰国养殖的斑节对虾首次发现该病毒，其后扩散到中国、印度、印度尼西亚、马来西亚、菲律宾和越南等地。

首次发现或引入的地点及时间：1993年在中国南方海水养殖区。

起源或原产地：在泰国中、东部人工养殖的斑节对虾中发现。

扩散途径：主要通过横向传播，鸟类也是传播媒介之一。

生境类型：海洋、内陆地表水(淡水)。

生活史：YHV侵染宿主细胞后，病毒的复制与装配在细胞质中进行。疾病的早期症状为摄食减少，活力下降，大部分虾死于发病后的4～5天，6天内累积死亡率可达100%。

营养和环境条件：病毒侵害淋巴器官，使结缔组织表皮角质坏死，细胞固缩，出现细胞质包涵体。

经济和生态影响：病虾体色发白，头胸部发黄肿大，鳃和肝呈淡黄色。50～70日龄的幼虾最易受感染，发病后3～5天内死亡率可达100%，造成巨大的经济损失。仔虾对此病毒不敏感。

可能扩散区域：随着凡纳滨对虾养殖在全国范围内的沿海和内陆水域推广，YHV呈现由南向北、由沿海向内陆水域扩散的趋势。

预防、控制和管理措施：可利用硝酸纤维素-酶免疫分析法、RT-PCR检测技术快速检测病毒感染。Lu和Loh(1992)曾用原代培养的对虾淋巴细胞增殖YHV，并建立了硝酸纤维素-酶免疫分析法用于YHV早期检测。

目前尚无有效药物防治，但要加强管理措施，如彻底清淤消毒；严格检测亲虾；使用无污染和不带病原的水源并过滤消毒；受精卵先用50mg/L的PVP-I(聚乙烯吡咯烷酮碘)浸洗0.5～1min，再入池孵化；饲料中添加0.2%～0.3%的稳定维生素C；保持虾池环境稳定，加强巡池观察，不采用大排大灌换水法等加以防治。

参考文献

陈世杰. 2003. 虾病病原及对策[J]. 福建水产, 2: 52-56.

王建平, 吴雄飞. 2001. 对虾病毒病研究现状[J]. 浙江大学学报(理学版), 28(2): 196-203.

郑江, 徐晓津. 2002. 我国对虾病毒性疾病[J]. 河北渔业, 1: 21-24.

Chantanachookin C, Boonyaratpalin S, Kasornchandra J, et al. 1993. Histology and ultrastructure reveal a new granulosis-like virus in *Penaeus monodon* affected by yellow-head disease[J]. Disease Aquatic Organisms, 17(2): 145-157.

Lu Y, Loh P C. 1992. Some biological properties of a rhabdovirus isolated from penaeid shrimps[J]. Arch Virol, 127(1-4): 339-343.

(4) 大菱鲆红体病虹彩病毒

拉丁学名：*Turbot reddish body iridovirus*（TRBIV）

英文名：turbot reddish body iridovirus

分类地位：虹彩病毒科(Iridoviridae)

生态类群：病毒。

引入路径：随大菱鲆亲鱼引进而携带。

种群建立状况：已建立种群。

形态性状：成熟病毒粒子具二十面体状的蛋白质衣壳(其横切面为六边形或五边形)和球状的病毒核心，衣壳和球状核心的大小分别为125nm和67nm左右。

分布范围：在东亚、东南亚发现最早，流行最为广泛，感染的鱼类品种也最多，宿主几乎涵盖了主要的海水和淡水养殖鱼类。而在美洲、欧洲等地区则较为少见。

首次发现或引入的地点及时间：2001年山东半岛沿海地区。

起源或原产地：欧洲，已经在包括中国和韩国在内的东亚、东南亚地区广泛存在。

扩散途径：可通过垂直和水平两种途径在仔稚鱼、幼鱼和成鱼间进行传播。

生境类型：海洋。

生活史：病毒在宿主细胞质中装配并以出芽的方式释放，即病毒通过出芽释放破损细胞膜进而损伤宿主细胞，病毒的核酸-蛋白质复合体(核物质)首先进入部分形成的核衣壳中，然后核衣壳封闭形成完整的病毒粒子，进而借助自身的膜趋势性蛋白与宿主细胞质膜或其他内膜系统相互作用进入细胞，导致细胞裂解、细胞膜破裂，并最终使得病毒靶器官受到破坏，失去正常的免疫功能，以致病毒通过循环系统扩散到全身器官组织从而导致宿主死亡。

营养和环境条件：病毒靶组织为鱼体的脾、肾、鳃、肠中的上皮和结缔组织，被病毒感染的细胞多表现为细胞肿大，细胞质匀质化。养殖水温是影响该病发生的重要因素之一，高于18℃时患此病的死亡率较高，在50℃以上30min左右即可灭活病毒。该病毒对紫外线、次氯酸钠、高锰酸钾、热等较为敏感。

经济和生态影响：大菱鲆(*Scophthalmus maximus*)原产于欧洲，于1992年引进中国，目前已成为中国北方沿海地区重要的工厂化养殖鱼类。但从2002年起，山东半岛的多个大菱鲆养殖场流行一种传染性疾病。疾病的流行病学调查、病原的人工感染实验和病理学研究显示，该病是一种病毒性感染症，即大菱鲆病毒性红体病(viral reddish body syndrome，VRBS)。大菱鲆红体病虹彩病毒可引起大菱鲆病毒性红体病并导致养殖大菱鲆大量死亡。

可能扩散区域：随着大菱鲆养殖从山东半岛辐射到辽宁、河北和福建等地，大菱鲆红体病虹彩病毒已呈现从北至南向全国沿海蔓延的趋势。

预防、控制和管理措施：大菱鲆红体病虹彩病毒流行快，发病率高，尚无有效控制措施。

当前，我国海水鱼养殖者大多使用化学合成药物或抗生素类药物治疗疾病，但是药物残留、诱导抗药性菌株及水体污染等不良反应，成为制约我国水产事业发展的

瓶颈。与传统疫苗相比，基因疫苗具有独特的优势，如生产成本低、可与其他免疫原组成多价疫苗、可诱导机体产生强烈而持久的免疫应答等。目前，水产养殖界基因疫苗的研究尚处于起步阶段，国外主要集中在鲑、鳟类的传染性造血器官坏死病病毒(IHNV)、病毒性出血败血症病毒(VHSV)、鲤春病毒血症病毒(SVCV)、乌鳢弹状病毒(SHRV)等传染性病毒的防治方面。针对大菱鲆红体病虹彩病毒已筛选出TRVI 25R(核糖酸还原酶R2β小亚基)的抗原基因，并应用分子克隆技术构建了大菱鲆红体病虹彩病毒疫苗pVAX1 47R，实验表明该疫苗能有效刺激鱼体产生免疫应答。

参考文献

乔迁. 2010. 大菱鲆红体病虹彩病毒核酸疫苗及两种海水名贵鱼类疾病的研究[D]. 青岛: 中国海洋大学硕士学位论文.

史成银, 王印庚, 黄健, 等. 2003. 大菱鲆病毒性疾病研究进展[J]. 高技术通讯, 13(9): 119-105.

史成银, 王印庚, 黄健, 等. 2005. 大菱鲆红体病虹彩病毒ATPase基因的克隆与序列分析[J]. 高技术通讯, 15(5): 91-95.

宋振荣, 野中健. 2003. 虹彩病毒在海水鱼类间感染的研究[J]. 台湾海峡, 22(3): 308-310.

吴成龙. 2008. 大菱鲆红体病虹彩病毒的流行情况调查及其主要衣壳蛋白在毕赤酵母中的重组表达[D]. 青岛: 中国海洋大学硕士学位论文.

Shi C Y, Wang C Y, Yang S L, et al. 2004. The first report of an iridovirus-like agent infection in farmed turbot, *Scophthalmus maximus*, in China[J]. Aquaculture, 236(1): 11-25.

(5) 鲑疱疹病毒

拉丁学名：*Herpesvirus salmonis virus*（HSV）

分类地位：疱疹病毒科(Herpesviridae)

生态类群：病毒。

引入路径：随虹鳟引进而传入我国。

种群建立状况：已建立种群。

形态性状：病毒颗粒呈球形，有多层衣壳，呈现二十面体对称，具囊膜，大小为150nm，衣壳直径为90nm，由162个质粒组成，病毒核酸为双链DNA。

分布范围：分布地区主要为日本，并扩延至美国佛罗里达、密西西比，巴拿马，厄瓜多尔等地。我国内陆的冷水资源极其丰富，西部的雪山融水、高原山地的河湖水，大多是适于开发养鳟业的冷水资源，现在26个省(区)的冷水资源已被开发养鳟。近年来一些地区开展了海水养殖实验，如山东省海水养殖研究所在即墨的试验基地内，在海水中成功养殖了虹鳟鱼；辽宁长海县成功进行了虹鳟的海水网箱养殖试验，结果表明东部的大海也蕴藏着适于养殖鲑鳟的冷水资源。鲑疱疹病毒随着虹鳟养殖在内陆和沿海的推广而广泛扩散。

首次发现或引入的地点及时间：1987年，地点不详。

起源或原产地：日本。

扩散途径：虹鳟、大麻哈鱼及大鳞大麻哈鱼对本病毒易感，可通过带毒苗/种、带毒亲鱼等途径传播，而且在这几种鱼间会相互交叉感染。

生境类型：海洋、内陆地表水(淡水)。

生活史：侵入细胞进而在体内复制增殖。HSV人工腹腔注射虹鳟苗种，在水温8～10℃，2～3周后各器官组织发生病变，死亡率达50%～70%。自然发病者多见于产卵后的虹鳟亲鱼，死亡率可达30%～50%。

营养和环境条件：本病毒只能在鲑科鱼类细胞上生长，在RTG-2(虹鳟性腺)及CHSE-214(大鳞大麻哈鱼胚)细胞株上生长最适宜，在宿主细胞核内形成包涵体，最适宜温度为5～10℃。

经济和生态影响：该病主要危害虹鳟的鱼苗、鱼种，大麻哈鱼及大鳞大麻哈鱼的鱼种也易感染。感染后鱼呈现厌食，昏睡，体表发黑，眼睛突出，肝、脾、肾肿大坏死，产卵后的虹鳟常见此病，死亡率为30%～50%。

可能扩散区域：虹鳟养殖不但适合西部的雪山融水、高原山地的河湖水，而且随着北方海水养殖尤其是深海网箱养殖实验的成功，鲑疱疹病毒由内陆冷水资源向北方沿海扩散。

预防、控制和管理措施：对于此病的防治需要做到以防为主，防治结合。通过饲养管理提高鱼的免疫力，以及通过水温调控阻止病毒传播。

1. 防治措施：由于鲑疱疹病毒的最适生长温度在5～10℃，可以通过提高水温的方法来控制疾病的发生和发展，也可以在饲料中添加免疫多糖如香菇多糖、黄芪多糖等拌饲投喂，一段时间后可以增加鱼的抵抗力。防治本病的关键是要做好检验检疫制度，不

从该病的疫区引进鱼卵及苗种。对于其他健康鱼的保护可以采用接种疫苗的方法，但无商业化生产的疫苗需要自己用病鱼制备灭活匀浆接种。

2. 治疗措施：将苗放于16～20℃水中饲养。发病后用9-(2-羟乙氧基甲基) 鸟嘌呤25μg/ml浸浴鱼苗，每天一次，一次30min，有一定疗效。对于鲑疱疹病毒病的治疗，因抗病毒化学合成药物对人体有危害，所以缺乏有效措施。故建议采用中草药如中国水产科学研究院长江水产研究所的“长江1号”进行治疗，也可用大黄、黄连、黄芩、板蓝根、大青叶煮水泼洒或挂药袋的方式进行治疗，但效果不显著。

参考文献

洪徐鹏. 2013. 鲑疱疹病毒病的防治[J]. 科学养鱼, 3: 62-63.

(6) 桃拉综合征病毒

拉丁学名：*Taura syndrome virus*（TSV）

分类地位：二顺反子病毒科(Dicistroviridae)

生态类群：病毒。

引入路径：随凡纳滨对虾(*Penaeus vannamei*)的引进而携带。

种群建立状况：已建立种群，并成为入侵种。

形态性状：属于细小ssRNA病毒，没有囊膜，有包涵体，是呈二十面体的球形病毒，直径为31～32nm。桃拉综合征病毒的全基因组序列已经被测定，为10 205个核苷酸的单链正链RNA。病毒的蛋白质图谱显示有3条主要的多肽和一个非主要多肽。3个主要的多肽已经在序列上得到证实，N端测序表明由ORF2编码。

分布范围：随着凡纳滨对虾淡水驯化养殖试养的成功，桃拉综合征病毒在我国广东、广西、福建、海南、浙江、山东和天津等地沿海地区甚至北京、南昌等内陆水域扩散。

首次发现或引入的地点及时间：1999年台湾南部大规模暴发桃拉综合征病毒病，2000年4月从湛江养殖的凡纳滨对虾中首次检出。

起源或原产地：1992年在乌拉圭桃拉河附近的凡纳滨对虾体内发现，很快传播到北美、南亚。

扩散途径：纵向和横向传播，可自然感染凡纳滨对虾、细角对虾、白对虾、褐对虾、南方对虾；它可通过带毒苗/种、带毒对虾产品、水生昆虫、海鸥及其他食虾海鸟等途径传播。病毒及其包涵体位于鳃、肠等组织的细胞内。

生境类型：海洋、内陆地表水(淡水)。

生活史：病毒感染敏感宿主细胞后，病毒核酸进入细胞，通过其复制与表达产生子代病毒基因组和新的蛋白质，然后由这些新合成的病毒组分装配成子代毒粒，并以一定方式释放到细胞外。病毒的这种特殊繁殖方式称为复制。凡纳滨对虾感染TSV后，从发病到大量死亡只需3～4天。发病病虾规格以6～9cm居多，发病时间一般在养殖后30～60天。

营养和环境条件：营细胞内寄生，在细胞质中增殖，受外界因素的影响较小。因此，只要感染宿主的生存条件得以满足，该病原就可能在符合该条件的地区定植。

经济和生态影响：该病于1992年首次在南美洲的厄瓜多尔地区暴发，在美洲具有广泛的地理分布，是影响南北半球养殖虾业最重要、危害最大的病原体之一。随后向世界各地的对虾养殖区域传播，可导致养殖凡纳滨对虾的累积死亡率达90%以上，直到现在也是凡纳滨对虾养殖业中最为严重的病毒病原。在我国珠江三角洲地区至今仍是最为严重的病毒病原，并严重影响该地区的养殖业发展。

可能扩散区域：随着凡纳滨对虾养殖由南向北、由沿海向内陆水域的推广，该病毒有可能向全国扩散。

预防、控制和管理措施：目前已研发了一些对虾桃拉综合征病毒(TSV)核酸检测试剂盒和快速检查技术。根据桃拉综合征病毒保守区序列设计的一对引物为主体而进行设计，采用反转录-聚合酶链反应(RT-PCR)技术，对桃拉综合征病毒的特异性RNA核酸片段进行定性检测；将该病毒基因组的一段序列克隆至转录载体pSP64 [poly(A)]上，经体外转录、磁珠法分离、纯化获得了人工的TSV RNA模板，用定量的TSV RNA阳性对照模板进行RT-PCR条件优化、灵敏度检测及样品制备方法等试验。结果表明：RT-PCR检测的灵敏度可达到0.1fg，相当于100个病毒粒子。所制备的样品对病毒RNA的反转录及扩增无抑制，适合于对虾桃拉综合征病毒的快速检测。

凡纳滨对虾桃拉综合征病毒病的防治原则主要是“以防为主，防重于治”，提倡生态养殖，合理采用微生态制剂控制，保持良好的水质。盐度日变化幅度在5以下，pH(7.8～8.6)日变化幅度在0.5以下，溶解氧保持在4mg/L以上，氨氮在0.02mg/L以下，亚硝酸盐在0.01mg/L以下，水体透明度在40～60cm。药物防病：每隔10～15天可全池泼洒溴氯海因、二溴海因、二氯海因等海因类消毒剂1次，用量为0.2～0.3ppm①。一旦发现凡纳滨对虾桃拉综合征病毒病，第一天每亩每米水深用133g超碘季铵盐全池泼洒，第二天每亩每米水深继续用133g超碘季铵盐全池泼洒，第三天每亩每米水深用200g二溴海因全池泼洒，第六天每亩每米水深用200g枯草芽胞杆菌和13 340g沸石粉全池泼洒。同时每千克饲料添加2g免疫多糖、15g红体消、10g鱼油、2g维生素C，每天早晚投喂两次药饵，连喂6天。

参考文献

黄新新, 莫胜兰, 陆承平. 2005. RT-PCR法检测我国东南沿海凡纳滨对虾的桃拉综合征病毒[J]. 中国病毒学, 20(5): 546-548.

雷质文, 黄捷, 梁成珠, 等. 2002. 对虾桃拉综合征(Taura syndrome, TS)传入我国的初步风险分析[J]. 中国动物检疫, 9(3): 43-45.

Mari J, Poulos B T, Lightner D V, et al. 2002. Shrimp *Taura syndrome virus*: genomic characterization and similarity with members of the genus Cricket paralysis-like viruses[J]. Journal of General Virology, 83(4): 915-926.

Yu C, Song Y. 2000. Outbreaks of Taura syndrome in Pacific white shrimp *Penaeus vannamei* cultured in Taiwan[J]. Fish Pathol, 35(1): 21-24.

① ppm 浓度是用溶质质量占全部溶液质量的百万分比来表示的浓度，也称百万分比浓度

二、原核生物界MONERA

(1) 副溶血性弧菌

拉丁学名：*Vibrio parahaemolyticus*（VP）

分类地位：变形菌门（Proteobacteria）γ-变形菌纲（Gammaproteobacteria）弧菌目（Vibrionales）弧菌科（Vibrionaceae）

生态类群：细菌。

引入路径：属无意引入，通过污染的海产品、活体甲壳类动物的贸易和压舱水传播。

种群建立状况：已建立种群。

形态性状：副溶血性弧菌又称嗜盐菌，属于革兰氏阴性多形态杆菌或稍弯曲弧菌，是一种人鱼共患病菌。菌体呈弧状、杆状或丝状，无芽孢。大多数菌体在液体培养基中有单段鞭毛，能运动，也存在侧鞭毛，有助于运动和更好地黏附。体积约为0.3μm×2μm，其细菌本体不像典型弧菌的弯曲状，反而是笔直的杆状。不能使乳糖及蔗糖发酵，在硫代硫酸盐柠檬酸盐胆盐蔗糖琼脂培养基（thiosulfate citrate bile salts sucrose agar culture medium，TCBS）上呈现亮绿色，与一般弧菌的黄色不同。已知副溶血性弧菌毒力基因是*tdh*及*trh*，分别编码致热性溶血素（TDH）及TDH类似溶血毒（TRH）。

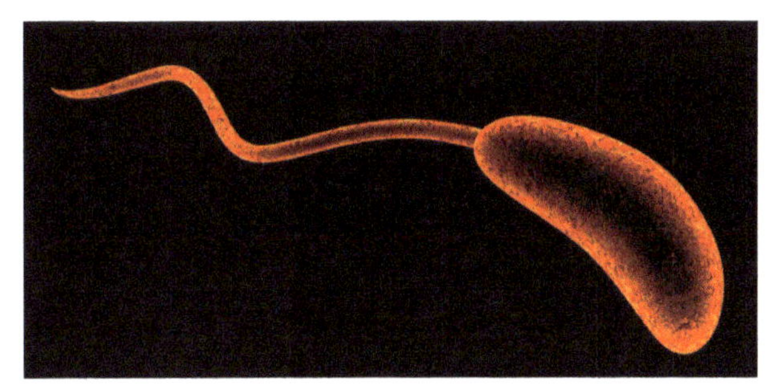

分布范围：在全球的河口、海洋和沿海环境广泛传播。该菌首先在印度加尔各答、中国台湾、日本等地流行，随后蔓延到世界多数沿海国家包括美国、智利等。常存在于海产品贝鱼的粪便中，是最常见的食物中毒病原菌。我国黄海、渤海、东海和南海海域及养殖动物体内均有分布。

首次发现或引入的地点及时间：我国上海于1957年首次报道该病原菌。

起源或原产地：1950年从日本一次暴发性食物中毒中首次分离发现。

扩散途径：不仅通过海产品而且通过受污染的淡水产品及其他食品传播；农贸市场、大型超市、宾馆饭店的水产品销售和加工场所是副溶血性弧菌通过交叉污染、最终导致食物中毒及食源性疾病发生的关键场所。

生境类型：在全球的河口、海洋和沿海环境广泛传播，主要分布在海水和海产品中。

生活史：该菌有侵袭作用，其产生的TDH和TRH的抗原性和免疫性相似，皆有溶血活性和肠毒素作用，可引致肠袢肿胀、充血和肠液潴留，引起腹泻。在3%～6%食盐水中繁殖迅速，每8～9min为1个周期。

营养和环境条件：VP为一种嗜盐性细菌，在含盐0.5%～10%的环境中均可生长，尤以含盐量在2%～4%的情况下最佳，在无盐的培养基上不能生长，在含盐10%以上的培养

基上也无法生长，能够在温度为15～44℃时生长，但以35～37℃为最佳，当温度低于4℃时则停止生长，适宜生长的pH为7.5～8.5，以pH7.7～8.0最佳，在pH低于6的酸性环境中则生长不良。本菌存活能力强，在抹布和砧板上能生存1个月以上，在海水中可存活47天。在夏、秋季发生于沿海地区，常造成集体发病。

经济和生态影响：副溶血性弧菌有11种O抗原及71种K抗原，根据其发酵糖类的情况可分为5个类型。各种弧菌对人和动物均有较强的毒力，其致病物质主要有相对分子质量为42 000的TDH和相对分子质量为48 000的TRH，具有溶血活性、肠毒素和致死作用。副溶血性弧菌食物中毒也称嗜盐菌食物中毒，是进食含有该菌的食物所致，主要来自海产品或盐腌渍品，常见者为蟹类、乌贼、海蜇、鱼、黄泥螺等，其次为蛋品、肉类或蔬菜。临床上以急性起病、腹痛、呕吐、腹泻及水样便为主要症状。1950 年，日本大阪发生了一起集体食物中毒事件，原因是食用了副溶血性弧菌污染的青鱼干，这次事件造成272人中毒，其中20人死亡。

可能扩散区域：海洋、内陆淡水及食品中广泛分布。

预防、控制和管理措施：传播副溶血性弧菌的食品主要是海产品或盐腌渍品，因此，对加工海产品的器具必须严格清洗、消毒。海产品一定要烧熟煮透，加工过程中生熟用具要分开。烹调和调制海产品拼盘时可加适量食醋。食品烧熟至食用的放置时间不要超过4h。

副溶血性弧菌畏酸(在食醋中1～3min即死亡)，因此，在水产养殖过程中尽量控制池塘pH在7.0～8.0。若池塘水体pH过高，应及时施用EM菌、乳酸菌、有机酸等以降低养殖水体的酸碱度。

参考文献

陈炳卿. 1994. 营养与食品卫生学[M]. 北京: 人民卫生出版社.

方伟, 杨杏芬, 柯昌文. 2008. 副溶血性弧菌分型研究进展[J]. 中华疾病控制杂志, 12(5): 468-472.

李刚山, 侯敏, 范泉山, 等. 2003. 副溶血弧菌的分离鉴定与菌株毒力研究[J]. 中国卫生检验杂志, 13(1): 89-89.

马骢, 郝秀红, 王芳, 等. 2006. 沿海海区副溶血弧菌致病能力的研究[J]. 中华医院感染学杂志, 16(9): 986-989.

苏世彦. 1998. 食品微生物检验手册[M]. 北京: 中国轻工业出版社.

张淑红, 申志新, 关文英, 等. 2006. 河北省沿海地区海产品副溶血弧菌污染状况调查分析[J]. 中国卫生检验杂志, 16(3): 333-334.

三、原生生物界PROTISTA

(1) 米氏凯伦藻

拉丁学名：*Karenia mikimotoi*

同种异名：*Gymnodinium nagasakiense*、*Gyrodinium aureolum*

中文同种异名：米氏裸甲藻、米金裸甲藻和长崎裸甲藻

分类地位：甲藻门(Pyrrophyta)甲藻纲(Dinophyceae)裸甲藻目(Gymnodiniales)裸甲藻科(Gymnodiniaceae)

生态类群：海洋浮游植物。

引入路径：无意引进，由压舱水引入外来赤潮藻类及其休眠孢子或孢囊。

种群建立状况：已建立种群。

形态性状：不具壳片的甲藻，为单一细胞，外形多变，多为卵形至近圆形。细胞背腹扁平，细胞长度为18～40μm，宽度为14～35μm。壳环带宽阔呈下行旋涡状，其上、下位移至约细胞长度1/5处。纵沟触及上壳少许，然后在纵沟侵入段附近直线延伸，横越顶部，再伸展至细胞背侧少许。细胞核呈椭圆形，位于下壳左侧，细胞有含淀粉核的椭圆形叶绿体10～16个，叶绿体散生于细胞中。

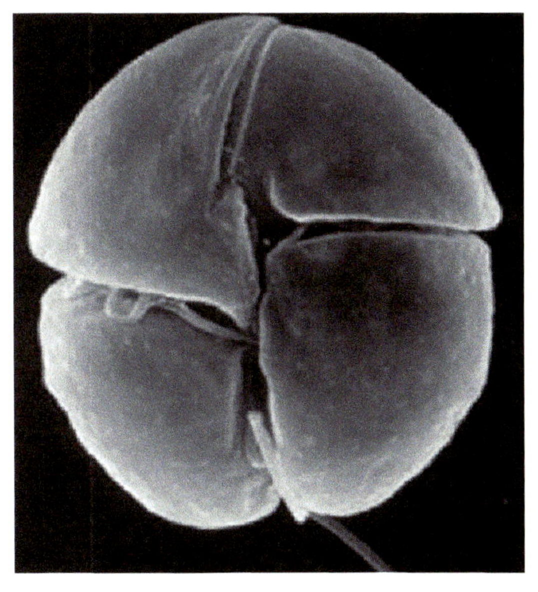

分布范围：为世界广布种，常见于温带和热带浅海水域，曾经在日本、韩国、澳大利亚、新西兰和中国形成赤潮。在中国海域广泛分布，在南海、渤海等海域引发过赤潮灾害，并造成了严重的渔业经济损失。

首次发现或引入的地点及时间：1980年香港发生米氏凯伦藻赤潮。

起源或原产地：1935年在日本京都滋贺湾(滋贺县)被发现。

扩散途径：通过海产品进口、海流和压舱水而自我扩散。

生境类型：海洋。

生活史：营海水浮游生活，单细胞个体，并能以孢囊栖息到表层沉积物中，以细胞二分裂进行繁殖。

营养和环境条件：米氏凯伦藻属于世界广布种，常见于温带和热带浅海水域，具有垂直迁移的特点，这既有益于米氏凯伦藻为避免阳光直射，迁移至光照较弱的亚表层水域，也有利于米氏凯伦藻迁移至营养物质丰富的底层水域。强降雨、充足的光照、稳

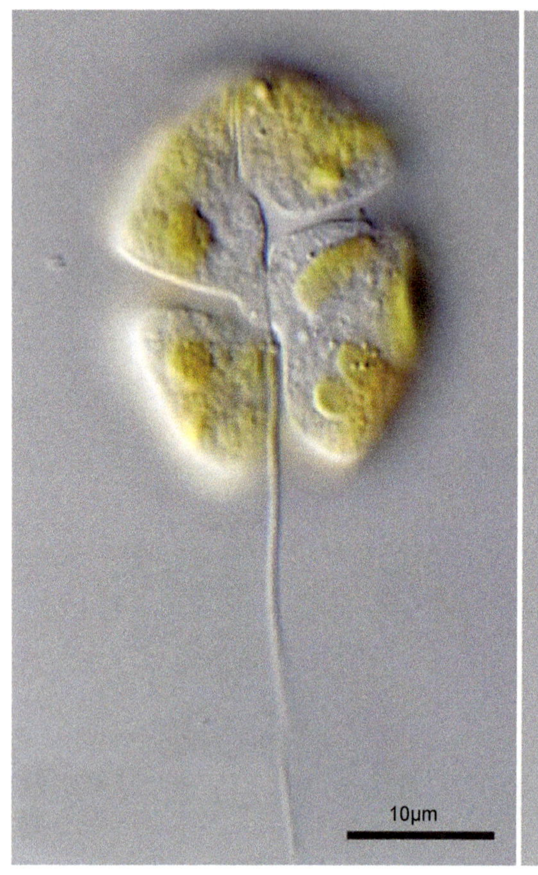

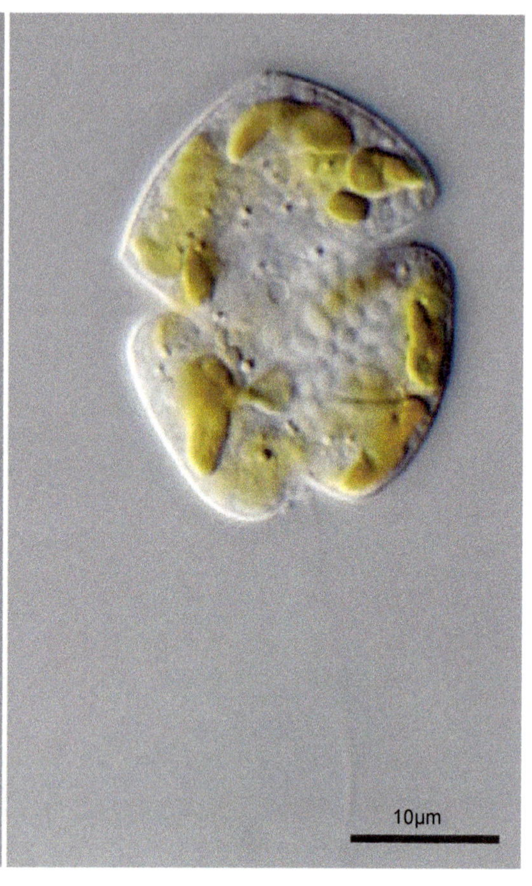

定的气温和良好的海况是米氏凯伦藻赤潮发生和发展的必要条件。其对温度的适应性不强，适温范围比较狭窄，适宜生长的温度为20.5～24℃，最高细胞密度出现在23℃左右；由于该藻细胞裸露无壁，对盐度变化极其敏感，适宜生长的盐度为27.9～30.5，出现最高细胞密度的盐度为28.9～29.7。富营养化尤其是磷酸盐相对丰富可能是近年来米氏凯伦藻事件多发的诱因之一。

经济和生态影响：米氏凯伦藻能够产生溶血毒素和鱼毒素、活性氧及部分细胞毒素，其中溶血毒素和鱼毒素作用的部位为鱼类的鳃弓、鳃耙、鳃丝及鳃小片，有溶解鳃组织细胞的作用。可产生超氧阴离子和过氧化氢，它们能够通过氧化细胞膜的膜脂，使核酸和蛋白质变性，导致鱼类等动物死亡；米氏凯伦藻至少含有一种细胞毒素，能够抑制哺乳类细胞增殖。因其高生物量，会使水体中的叶绿素含量急剧增加，从而造成水体变色，吸收和散射阳光，阻止阳光进入下层海水。在夜间的呼吸作用会大量消耗海水中的氧气，并且在赤潮消退期，藻类的分解和细菌的呼吸作用会消耗水体中大量的溶解氧，使底层水体出现缺氧情况。米氏凯伦藻赤潮发生时，海水中存在黏液性物质或者泡沫。海水黏滞性的增加不但会降低海水中氧气的扩散，而且会增加海洋生物鳃部在滤水过程中受到的压力，使鳃部脆弱的组织受到损伤。

可能扩散区域：呈现由南向北的扩散方式，该藻种最早于20世纪八九十年代出现于香

港、广东沿海区域，随后向北扩散，现在已扩散至渤海海域。

预防、控制和管理措施：赤潮已成为全球性海洋灾害，因此切实控制沿海废水废物的入海量，特别要控制氮、磷和其他有机物的排放量，避免海区的富营养化，是防范赤潮发生的一项根本措施。关于赤潮的治理方法，已报道有多种，如工程物理方法、化学方法及生物学方法。从发展趋势看，生物控制法，即分离出对赤潮藻类合适的控制生物，以调节海水中的富营养化环境将是较好的选择。生物学方法治理赤潮的办法主要有3个：一是以鱼类控制藻类的生长；二是以水生高等植物控制水体富营养盐及藻类；三是以微生物来控制藻类的生长。其中由于微生物易于繁殖的特点，微生物控藻是生物控藻里最有前途的一种控藻方式。这些杀藻微生物主要包括细菌(溶藻细菌)、病毒(噬菌体)、原生动物、真菌和放线菌等5类。多数溶藻细菌能够分泌细胞外物质，对宿主藻类起抑制或杀灭作用，因此通过溶藻细菌筛选高效、专一、能够生物降解的杀藻物质是灭杀赤潮藻的一个新的研究方向。目前来说比较现实的方法就是利用海洋微生物对赤潮藻的灭活作用及其对藻类毒素的有效降解作用，使海洋环境长期保持稳定的生态平衡，从而达到防治赤潮的目的。

目前研究者探索了利用经济微藻的竞争作用防治米氏凯伦藻，研究了盐生杜氏藻、亚心形扁藻、绿色巴夫藻、球等鞭金藻和三角褐指藻5种饵料微藻与米氏凯伦藻的竞争关系。具有强烈抑制作用者——亚心形扁藻，抑制效果随亚心形扁藻接种密度的增加而加强，其中按密度比1∶1接种混养，米氏凯伦藻在第9天几乎全部死亡；而按表面积比1∶1和体积比1∶1接种混养，在培养至第7天米氏凯伦藻几乎全部死亡。因此，我们初步确定亚心形扁藻是有效抑制米氏凯伦藻的藻种。

参考文献

刘志国, 王金辉, 蔡凡, 等. 2014. 米氏凯伦藻分布及其引发赤潮的发生规律研究[J]. 国土与自然资源研究, (1): 38-41.

郑俊斌. 2012. 米氏凯伦藻与环状异帽藻的分子鉴定研究[D]. 上海: 上海海洋大学硕士学位论文.

郑俊斌, 张风英, 马凌波, 等. 2009. 两种常见外来入侵赤潮藻的PCR鉴定[J]. 海洋渔业, 31 (3): 325-329.

Daugbjerg N, Hansen G, Larsen J, et al. 2000. Phylogeny of some of the major genera of dinoflagellates based on ultrastructure and partial LSU rDNA sequence data, including the erection of three new genera of unarmoured dinoflagellates[J]. Phycologia, 39 (39): 302-317.

Oda M. 1935. The red tide of *Gymnodinium mikimotoi* n. sp. (MS.) and the effect of altering copper sulpHate to prevent the growth of it[J]. Dobutsugaku Zasshi, Zoological Society of Japan, 47 (555): 35-48.

(2) 链状裸甲藻

拉丁学名：*Gymnodinium catenatum*

分类地位：甲藻门(Pyrrophyta)甲藻纲(Dinophyceae)裸甲藻目(Gymnodiniales)裸甲藻科(Gymnodiniaceae)

生态类群：海洋浮游植物。

引入路径：无意引进，随压舱水引入外来赤潮藻类及其休眠孢子或孢囊。

种群建立状况：已建立种群。

形态性状：藻体单细胞长卵形，背腹近圆形，长为48～65μm，宽为30～43μm。上锥体近锥形，顶端平截，下锥体锥形渐细。横沟较深，位于细胞中后部，纵沟从顶端下部起始直至细胞底部，顶沟窄细，起始于纵沟前端，环绕顶端，延伸至接近底部。细胞核大，位于藻体中央，多色素体，小，黄褐色。该种一般为链状群体，具16～32个细胞。休眠孢囊球形，直径为50μm，表面网状。

分布范围：西欧(包括地中海)、西非、印度洋、东南亚、日本、新加坡、澳大利亚、新西兰、美国西海岸、哥伦比亚、巴西南部及南大西洋等。在中国东海和南海均有

分布。

首次发现或引入的地点及时间：2003年在广东大鹏湾沉积物中发现孢囊。

起源或原产地：从阿根廷通过压舱水侵入西班牙海域，20世纪90年代末又扩散至北欧海域，1935年在日本京都滋贺湾被发现。

扩散途径：通过水产和渔业活动、水流、压舱水而自我扩散。

生境类型：海洋。

生活史：营海水浮游生活，能以链状群体出现，并能以孢囊栖息到表层沉积物中，以细胞二分裂进行繁殖。

营养和环境条件：链状裸甲藻是生长在河口、海湾的自游生物。在藻华期间，细胞分布于整个水体，在沉积物中发现孢囊。最低生长温度为4℃，最高生长温度为30℃。4～12℃时生长较弱，在11℃时不生长。水温在12～18℃时发生藻华。环境温度小于10℃时藻华终止。在25～30℃时生长很差，17～28℃时快速生长，18～22℃时生长最好。在35℃条件下，30min至几小时即可以杀死该藻。适合生长的最低盐度为15，最高盐度为35.5。

经济和生态影响：链状裸甲藻产生的毒素(贝类毒素和膝口藻毒素)属于麻痹性贝类毒素。研究显示，该藻大多数暴发于温度低于25℃时。当细胞被贝类(牡蛎、贻贝、扇贝)食用后，毒素释放，引起食用者中毒。在极端情况下，引起肌肉麻痹、呼吸困难，甚至导致死亡。在墨西哥暴发的3次赤潮中，有460人中毒，32人死亡。链状裸甲藻给野生和养殖的贝类产业带来威胁，导致巨大的经济损失。

可能扩散区域：链状裸甲藻是我国沿海常见赤潮藻种之一，在我国沿海广泛分布，从温带黄海到热带、亚热带南海均有分布。

预防、控制和管理措施：目前对于赤潮的防治，基本上还是以防为主，争取从源头上控制赤潮发生的条件，减少赤潮发生的频率。赤潮的预防首先就是要控制海域的富营养化，减少工业废水、生活污水等陆源污染物质向海洋的排放，同时加强科学的海产养殖和管理，建立生态养殖的新理念，防治海产养殖业的自身污染；其次对于重要的经济海区，特别是养殖海区，可以进行人工改善水体和底质环境，如对已经遭受严重有机污染的底泥进行疏浚，改善底质条件，缓解水体污染；最后，控制有害赤潮生物外来种的引入，对于通过船舶压舱水和养殖新品种的引入而携带的外来赤潮生物要严加防范，采取科学的监测和管理，将它们拒之门外。

赤潮的治理方法目前还只是在探索阶段，大多数应用于养殖海区，以缓解或减少水产养殖的损失，其方法大致分为3类：①物理方法，就是向赤潮水体充气、将养殖网箱下沉或拖曳他处以避开赤潮发生水域，用超声波破坏赤潮藻细胞等；②化学方法，

就是采用一些对赤潮生物破坏力大、其自身的毒性又比较低、对海洋环境不造成污染或污染非常轻微的化学物质，如硫酸铜、过氧化氢等，以及一些絮凝剂，将其喷洒在赤潮发生海区以杀灭赤潮生物；③生物方法，研究探索“以藻治藻”或“以虫治藻”等方法，挑选和培养出某些赤潮生物的“克星”生物。

参考文献

福代康夫, 高野秀昭, 千原光雄, 等. 1990. 日本的赤潮生物(写真与解说)[M]. 东京: 日本水产资源保护协会: 1-407.

胡蓉, 徐艳红, 张文, 等. 2012. N、P、Mn和Fe对链状裸甲藻生长和产毒的影响[J]. 海洋环境科学, 31(2): 167-173.

王朝晖, Kazumit M, 齐雨藻, 等. 2003. 有毒亚历山大藻(*Alexandrium* spp.)和链状裸甲藻(*Gymnodinium catenatum*)孢囊在中国沿海的分布[J]. 海洋与湖沼, 34(4): 421-430.

Gárate-Lizárraga I, Alonso-Rodríguez R, Luckas B. 2004. Comparative paralytic shellfish toxin profiles in two marine bivalves during outbreaks of *Gymnodinium catenatum* (Dinophyceae) in the Gulf of California[J]. Marine Pollution Bulletin, 48(3): 397-402.

(3) 反曲原甲藻

拉丁学名：*Prorocentrum sigmoides*

分类地位：甲藻门(Pyrrophyta)甲藻纲(Dinophyceae)原甲藻目(Prorocentrales)原甲藻科(Prorocentraceae)

生态类群：海洋浮游植物。

引入路径：无意引进，经压舱水引入外来赤潮藻类及其休眠孢子或孢囊。

种群建立状况：已建立种群。

形态性状：单细胞，个体大，细长，略呈“S”形，前端稍圆，顶端略微凹陷，后端尖细。背面近中部隆起，腹面与其对应部分稍凹。顶刺细长而尖，从细胞前端左侧伸出，翼片明显，副刺短小。鞭毛孔3个，位于前端中央，2条鞭毛由此伸出。两壳板厚而坚实，表面散生排列规则的刺丝胞孔。细胞核大，呈“U”形，位于细胞后半部。细胞长60～85μm，宽20～30μm，顶刺长9.9～16.0μm。

分布范围：栖息于热带、亚热带海域内湾和沿岸，是我国华南沿海的常见种和诱发赤潮的主要物种。

首次发现或引入的地点及时间：1990年在广东大鹏湾发生赤潮。

起源或原产地：北美沿岸。

扩散途径：通过海产品进口、海流和压舱水而自我扩散。

生境类型：海洋。

生活史：营海水浮游生活，能以孢囊栖息到表层沉积物中。

营养和环境条件：在大亚湾盐田水域表层水中，亚硝酸氮是影响反曲原甲藻数量变化的主要因子，数量变化与水温、盐度的关系也较为密切。由于表层水中的Mn含量大幅升高，以致反曲原甲藻出现数量高峰。可见，Mn是引发反曲原甲藻赤潮的重要因素之一。在底层水中，影响反曲原甲藻数量变化的环境因子除盐度外，其余均不显著。

经济和生态影响：不仅可以引发赤潮，而且会产生各种毒素，与腹泻性贝类毒素

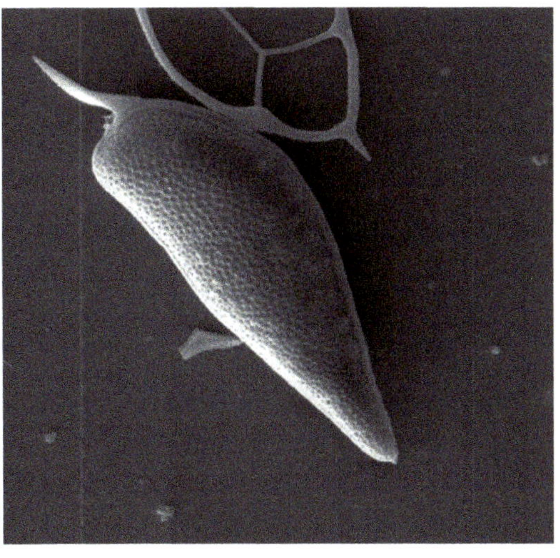

(DSP)和西加鱼毒有关。

可能扩散区域：目前主要分布于南海，可扩散至热带、亚热带海域内湾和沿岸。

预防、控制和管理措施：赤潮已成为全球性海洋灾害，因此切实控制沿海废水废物的入海量，特别要控制氮、磷和其他有机物的排放量，避免海区的富营养化，是防范赤潮发生的一项根本措施。关于赤潮的治理方法，已报道有多种，如工程物理方法、化学方法及生物学方法。从发展趋势看，生物控制法，即分离出对赤潮藻类合适的控制生物，以调节海水中的富营养化环境将是较好的选择。生物学方法治理赤潮的办法主要有3个：一是以鱼类控制藻类的生长；二是以水生高等植物控制水体富营养盐及藻类；三是以微生物来控制藻类的生长。其中由于微生物易于繁殖的特点，微生物控藻是生物控藻里最有前途的一种控藻方式。这些杀藻微生物主要包括细菌(溶藻细菌)、病毒(噬菌体)、原生动物、真菌和放线菌等5类。多数溶藻细菌能够分泌细胞外物质，对宿主藻类起抑制或杀灭作用，因此通过溶藻细菌筛选高效、专一、能够生物降解的杀藻物质是灭杀赤潮藻的一个新的研究方向。目前来说比较现实的方法就是利用海洋微生物对赤潮藻的灭活作用及其对藻类毒素的有效降解作用，可使海洋环境长期保持稳定的生态平衡，从而达到防治赤潮的目的。

参考文献

韩笑天, 郑立, 俞志明, 等. 2006. 赤潮生物原甲藻Prorocentrum分子识别和系统发育学研究[J]. 高技术通讯, 16(8): 864-869.

黄伟建, 齐雨藻. 1995. 大鹏湾反曲原甲藻种群动态机制模型辨识[J]. 应用生态学报, 6(1): 81-86.

林永水, 周近明, 林秋艳. 1995. 大鹏湾盐田水域反曲原甲藻数量的时空变化特点[J]. 热带海洋, 14(4): 77-83.

(4) 链状亚历山大藻

拉丁学名：*Alexandrium catenella*

同种异名：*Gonyaulax acatenella*、*Protogonyaulax acatenella*、*Gessnerium acatenellum*

分类地位：甲藻门(Pyrrophyta)甲藻纲(Dinophyceae)多甲藻目(Peridiniales)屋甲藻科(Goneodomaceae)

生态类群：海洋浮游植物。

引入路径：无意引进，经压舱水引入外来赤潮藻类及其休眠孢子或孢囊。

种群建立状况：已建立种群。

形态性状：单细胞，较常由2个、4个或8个细胞串连成短链状，细胞为圆形，长20～40μm，宽18～56μm，顶部偏圆，末端稍凹，细胞长度大于宽度，细胞表面有浅圆孔纹，顶孔板(Po)大致呈三角形，相连孔较大。第一顶板与顶孔板相连接，没有腹孔。有1个大的鱼钩状顶孔和1个椭圆形的前连接孔。串连成链状时，前后腹孔均清晰可见。细胞核呈“U”形。

分布范围：在中国东海、南海和香港水域形成赤潮。

首次发现或引入的地点及时间：1996年在中国东南沿海沉积物中发现孢囊。

起源或原产地：与基因库中搜索到的其他亚历山大藻rDNA序列信息相比较，中国沿海的链状亚历山大藻序列更接近于塔玛复合种的“亚洲温带”基因型。

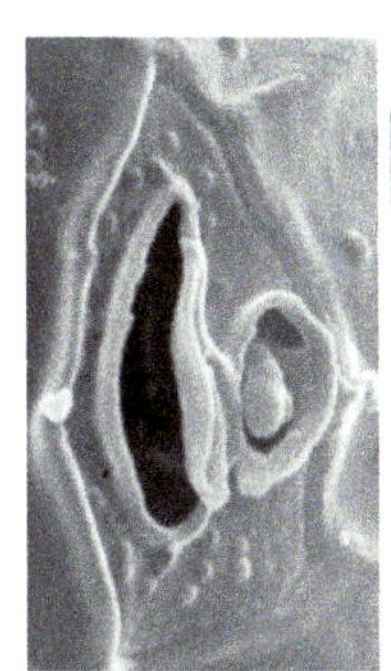

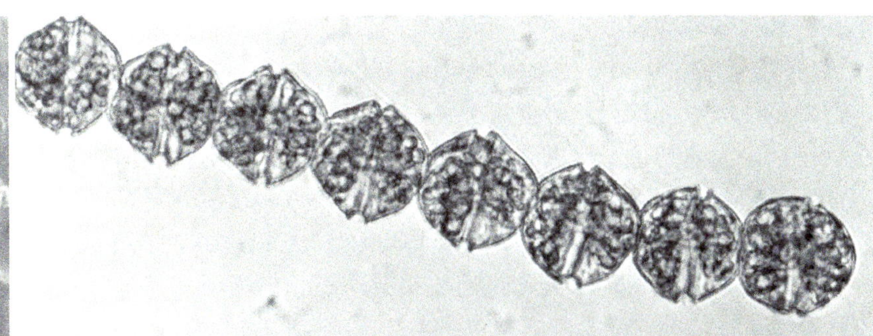

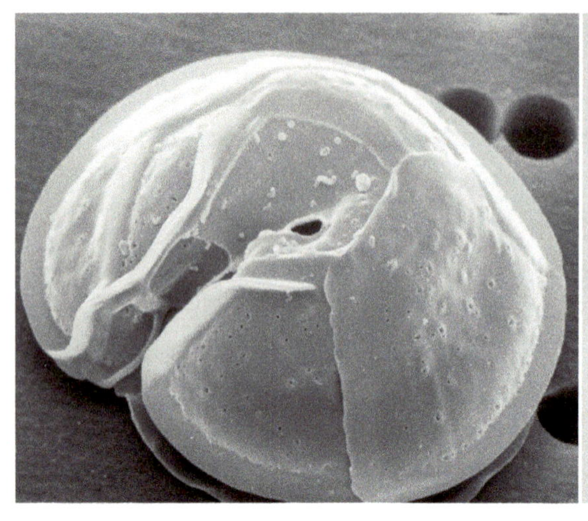

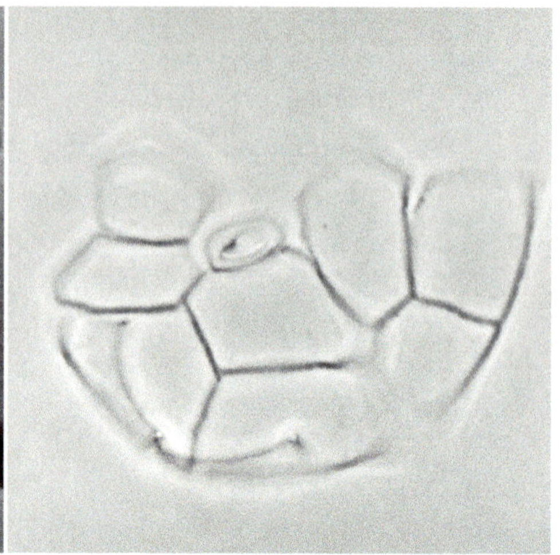

扩散途径： 通过海产品进口、海流和压舱水而自我扩散。

生境类型： 海洋。

生活史： 营海水浮游生活，能以链状群体出现，并能以孢囊栖息到表层沉积物中，以细胞二分裂进行繁殖。

营养和环境条件： 水体富营养化及微量元素是赤潮生物暴发性生长的因素，其中高浓度的磷、锰对链状亚历山大藻的生长具有促进作用。实验结果表明：链状亚历山大藻生长的最佳条件为温度20℃、盐度30、光照强度5000lx，培养基中氮、磷含量为基础F/2培养液配方中氮、磷含量的3倍。溶解性有机氮、尿素、化学需氧量、锰与链状亚历山大藻种群密度具有显著正相关关系（$P<0.05$）。溶解性有机氮含量的增加能够促进链状亚历山大藻的生长，并在温度、盐度等环境条件适宜的情况下可能成为赤潮暴发的重要诱因。

经济和生态影响： 可产生麻痹性贝类毒素（C1～C4毒素）、蛤科毒素（STX）和膝沟藻毒素（GTX）。麻痹性贝类毒素通过污染贝类传播，对人类和其他哺乳类造成影响，并且可能危害鱼类。曾在澳大利亚和日本引起麻痹性贝类中毒事件。

可能扩散区域： 已在全国沿海分布，如胶州湾、东海、南海。

预防、控制和管理措施： 赤潮已成为全球性海洋灾害，因此切实控制沿海废水废物的入海量，特别要控制氮、磷和其他有机物的排放量，避免海区的富营养化，是防范赤潮发生的一项根本措施。关于赤潮的治理方法，已报道有多种，如工程物理方法、化学方法及生物学方法。从发展趋势看，生物控制法，即分离出对赤潮藻类合适的控制生物，以调节海水中的富营养化环境将是较好的选择。生物学方法治理赤潮的办法主要有3个：一是以鱼类控制藻类的生长；二是以水生高等植物控制水体富营养盐及藻类；三是以微生物来控制藻类的生长。其中由于微生物易于繁殖的特点，微生物控藻是生物控藻里最有前途的一种控藻方式。这些杀藻微生物主要包括细菌（溶藻细菌）、病毒（噬菌体）、原生动物、真菌和放线菌等5类。多数溶藻细菌能够分泌细胞外物质，对宿主藻类起抑制或杀灭作用，因此通过溶藻细菌筛选高效、专一、能够生物降解的

杀藻物质是灭杀赤潮藻的一个新的研究方向。目前来说比较现实的方法就是利用海洋微生物对赤潮藻的灭活作用及其对藻类毒素的有效降解作用，可使海洋环境长期保持稳定的生态平衡，从而达到防治赤潮的目的。

参考文献

陈月琴, 屈良鹄, 曾陇梅, 等. 1999. 南海赤潮有毒甲藻链状-塔玛亚历山大藻的分子鉴定[J]. 海洋学报, 21(3): 106-111.

唐祥海, 于仁成, 颜天, 等. 2006. 中国沿海亚历山大藻(*Alexandrium*)核糖体rDNA部分序列分析及该藻属分子系统进化研究[J]. 海洋与湖沼, 37(6): 529-535.

Balech E. 1995. The Genus *Alexandrium* Halim (Dinoflagellata) [M]. Sherkin Island: Sherkin Island Marine Station: 1-151.

Hallegraeff G M, Anderson D M, Cembella A D, et al. 2003. Manual on Harmful Marine Microalgae[M]. Paris: UNESCO Publishing: 8-36.

Leaw C P, Lim P T, Ng B K, et al. 2005. Phylogenetic analysis of *Alexandrium* species and *Pyrodinium bahamense* (Dinophyceae) based on theca morphology and nuclear ribosomal gene sequence[J]. Phycologia, 44(5): 550-565.

Scholin C A, Herzog M, Sogin M, et al. 1994. Identification of group-and strain-specific genetic markers for globally distributed *Alexandrium* (Dinophyceae) Ⅱ. Sequence analysis of a fragment of the LSU rRNA gene[J]. Journal of Phycology, 30(6): 999-1011.

(5) 塔玛亚历山大藻

拉丁学名：*Alexandrium tamarense*

分类地位：甲藻门(Pyrrophyta)甲藻纲(Dinophyceae)多甲藻目(Peridiniales)屋甲藻科(Goneodomataceae)

生态类群：海洋浮游植物。

引入路径：无意引进，经压舱水引入外来赤潮藻类及其休眠孢子或孢囊。

种群建立状况：已建立种群。

形态性状：细胞单个，准圆形，长略大于宽，细胞大小为：长16～31μm，宽13～30μm，长宽比例为1.05～1.11，上壳略大于下壳，上壳半球形；下壳两侧不对称，左侧略长，底缘略内凹，横沟赤道位，环绕藻体一周下行的长度约与横沟宽度相等，纵沟与横沟约等宽，后部较前部宽。顶孔板背面略呈三角形，腹面近椭圆形，顶孔板左侧有一棘状突起伸向顶孔。第一顶板与第四顶板接合线中位有一腹孔。

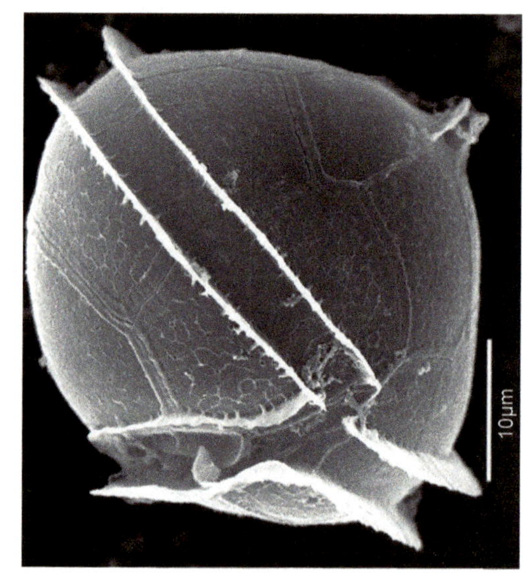

分布范围：我国在南海大鹏湾、东海舟山群岛、香港、厦门海域和胶州湾均发生赤潮。

首次发现或引入的地点及时间：1994年在大鹏湾沉积物中发现该种孢囊。

起源或原产地：采用聚合酶链反应(PCR)和限制性片段长度多态性分析(RFLP)方法，对中国南海大鹏湾、大亚湾、香港海域的赤潮有毒甲藻塔玛亚历山大藻8个不同地理株的核糖体小亚基RNA基因(ss-rDNA)进行分析，并与北美、西欧等地进行比较。结果表明，中国南海的塔玛亚历山大藻与北美等地的塔玛亚历山大藻(包括有毒株和无毒株)不同，而与西欧、澳大利亚等地的有毒株和无毒株相似。

扩散途径：通过海产品进口、海流和压舱水而自我扩散。

生境类型：海洋。

生活史：营海水浮游生活，能以链状群体出现，并能以孢囊栖息到表层沉积物中，以细胞二分裂进行繁殖。

营养和环境条件：塔玛亚历山大藻对盐度有较广的适应性，盐度的变化不会影响它的正常增殖。在盐度为14～32时，该藻均可生长，在盐度为23～27时生长最佳；各盐度最大生长率出现在接种后的6～8天。温度：塔玛亚历山大藻适温为15～25℃；当温度>30℃，培养10天后藻细胞全部死亡；细胞密度为400cells/mL时，藻细胞可于接种后18～22天达到最高生长浓度，最大生长率出现在接种后6～8天。按照微藻生态学的分类，在10～35℃时良好生长的种类为中温性，其中又根据最适温为15～25℃或20～30℃分为两类，所以本实验藻株属中温性低温株，与日本、美国株相同而与中国台湾株相

异。周围水温在12.5℃以下时，塔玛亚历山大藻能继续生存，但垂直迁移行为完全丧失，当水温升至13.8℃后，节律性的昼夜垂直迁移又重新出现。室内生理特性实验显示香港株的塔玛亚历山大藻的极限耐受温度为10～29℃，生存可能的温度为11～28℃，而最适生长温度是20～24℃。由此可见，12.5℃以下的温度已接近其生存可能的低温极限。

经济和生态影响：该藻类是一种全球分布的有毒涡鞭毛藻，由于其是重要的赤潮生物，而且其具有的毒素经食物链传递后形成麻痹性贝类毒素，对水域环境和人类健康都具有极大的危害。它含有俗称的麻痹性贝类毒素，其毒素成分主要是膝沟藻毒素-2，含量为94.13×10^{-12}g/cell；次要成分是膝沟藻毒素-4的*N*-磺基氨基甲酰衍生物C4，含量为15.67×10^{-12}g/cell。由生物试验测得其麻痹性贝毒毒性为$(3.23\sim4.11)\times10^{-6}$MU/cell。塔玛亚历山大藻及其细胞破碎液延缓了褶皱臂尾轮虫的生长发育，使轮虫的生殖前期延长，生殖期及寿命缩短，特定年龄出生率降低，产卵量减少，从而导致轮虫生殖力下降，种群增长受阻。

可能扩散区域：根据其生存的低温极限，主要分布于华南沿海。

预防、控制和管理措施：赤潮已成为全球性海洋灾害，因此切实控制沿海废水废物的入海量，特别要控制氮、磷和其他有机物的排放量，避免海区的富营养化，是防范赤潮发生的一项根本措施。关于赤潮的治理方法，已报道有多种，如工程物理方法、化学方法及生物学方法。从发展趋势看，生物控制法，即分离出对赤潮藻类合适的控制生物，以调节海水中的富营养化环境将是较好的选择。生物学方法治理赤潮的办法主要有3个：一是以鱼类控制藻类的生长；二是以水生高等植物控制水体富营养盐及藻类；三是以微生物来控制藻类的生长。其中由于微生物易于繁殖的特点，微生物控藻是生物控藻里最有前途的一种控藻方式。这些杀藻微生物主要包括细菌（溶藻细菌）、病毒（噬菌体）、原生动物、真菌和放线菌等5类。多数溶藻细菌能够分泌细胞外物质，对宿主藻类起抑制或杀灭作用，因此通过溶藻细菌筛选高效、专一、能够生物降解的杀藻物质是灭杀赤潮藻的一个新的研究方向。目前来说比较现实的方法就是利用海洋微生物对赤潮藻的灭活作用及其对藻类毒素的有效降解作用，可使海洋环境长期保持稳定的生态平衡，从而达到防治赤潮的目的。

参考文献

陈月琴, 邱小忠, 屈良鹄, 等. 1999. 南海有毒塔玛亚历山大藻的分子地理标记分析[J]. 海洋与湖沼, 29(1): 45-51.

江天久, 黄伟建, 王朝晖, 等. 2000. 几种环境因子对塔玛亚历山大(大鹏湾株)生长及其藻毒力影响[J]. 应用与环境生物学报, 6 (2): 151-154.

林元烧. 1996. 有毒甲藻——塔玛亚历山大藻在厦门地区虾塘引起赤潮[J]. 台湾海峡, 15(1): 16-18.

齐雨藻, 黄长江, 钟彦, 等. 1997. 甲藻亚历山大藻昼夜垂直迁移特性的研究[J]. 海洋与湖沼, 28(5): 458-467.

郑淑贞, 林晓, 林慧贞, 等. 1998. 塔玛亚历山大藻的麻痹性贝毒研究[J]. 海洋与湖沼, 29(5): 477-481.

Qi Y Z, Hong Y, Zheng L, et al. 1996. Dinoflagellate cysts from recent marine sediments of the South and East China seas[J]. Asian Marine Biol, 13: 87-103.

(6) 环状异帽藻

拉丁学名：*Heterocapsa circularisquam*

中文同种异名：环状异甲藻、圆鳞异囊藻、环状异孢藻

分类地位：甲藻门(Pyrrophyta)横裂甲藻纲(Dinophyceae)多甲藻目(Peridiniales)多甲藻科(Peridineaceae)

生态类群：海洋浮游植物。

引入路径：无意引进，经压舱水引入外来赤潮藻类及其休眠孢子或孢囊。

种群建立状况：已建立种群。

形态性状：细胞呈纺锤形，长18～30μm，宽12～22μm。横沟深，纵沟较浅。上体部呈圆锥形，下体部呈半球状。叶绿体单个、黄褐色，并连接到单一的蛋白核。蛋白核几乎没有细胞质小管的穿孔。细胞核细长，位于细胞的左侧。

分布范围：最初于1988年发生于日本的浦内湾，之后分布范围持续扩大，基本覆盖日本全部沿岸海域。在韩国南海也有发现。我国仅于2005年7月13日在嵊泗枸杞贻贝养殖区和2009年4月在珠海渔女塑像附近海域检出环状异帽藻。另外，在大连赤潮异湾藻(*Heterosigma akashiwo*)赤潮发生期间也曾大量检出疑似环状异帽藻的异帽藻(*Heterocapsa* sp.)。

首次发现或引入的地点及时间：2002年4月在香港田仔养殖区和2003年在长江口海域首次记录。

起源或原产地：1988年在日本西海岸首次引发赤潮。

扩散途径：通过珍珠贝的运输、船舶压舱水排放等人类活动传播而自我扩散。

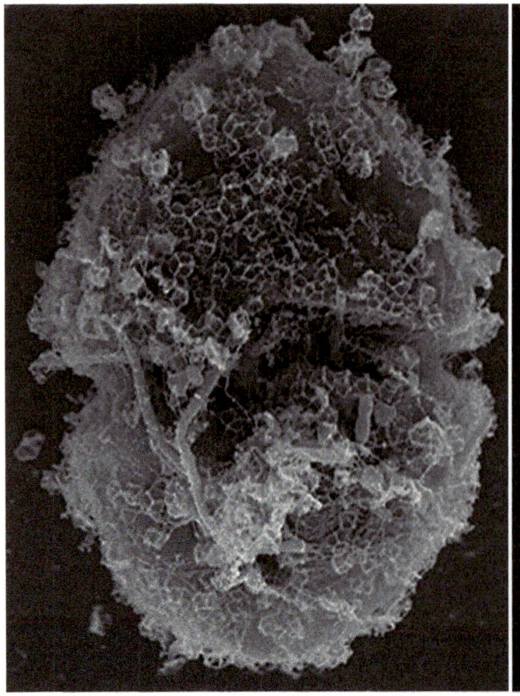

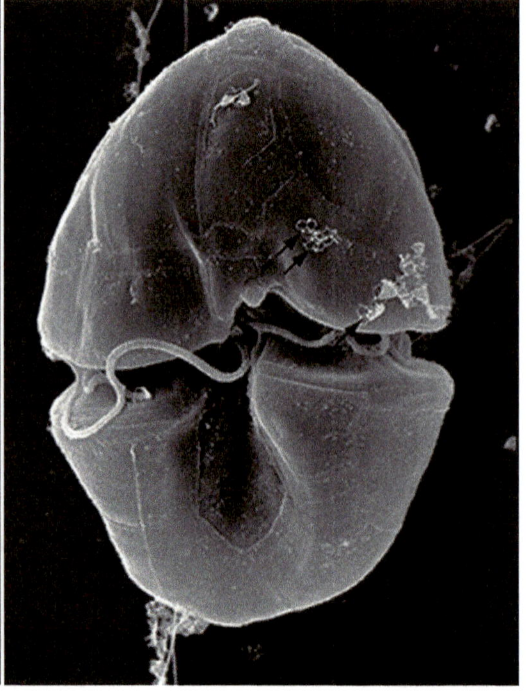

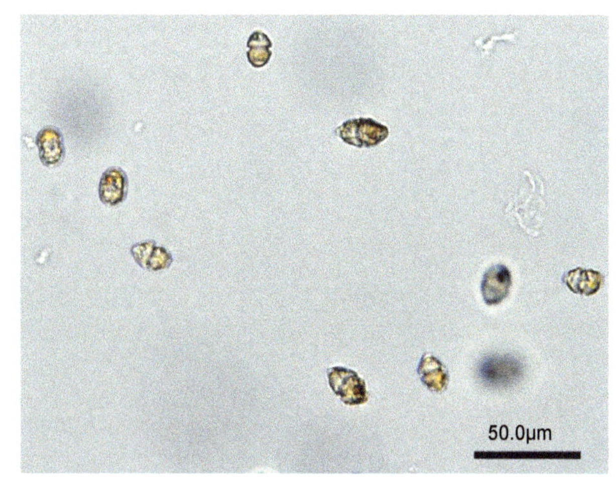

生境类型：海洋。

生活史：以细胞二分裂进行繁殖。可形成临时性的孢囊度过不适期，当环境适宜时，该孢囊可以马上萌发。

营养和环境条件：耐受水温和盐度急剧变化的能力强。附着于蛤类贝壳外侧和内侧的环状异帽藻至少存活24h，贝类体内所排出的环状异帽藻能够在海水中重新增殖。

经济和生态影响：研究表明环状异帽藻对贝类的毒性具有特异性，其危害机制比较特殊，致毒物质(易变的类蛋白物质)可能存在于细胞表面，能持续扰乱动态平衡，最终导致贝类死亡，对养殖鱼类毫无影响。在异帽藻赤潮期间没有发现贝毒和人员中毒事件，高效液相色谱法(HPLC)分析结果表明异帽藻细胞不含麻痹性贝类毒素(PSP)和贝类毒素(DSP)，在异帽藻赤潮期间采集的贻贝用小白鼠法分析也不含毒性，到目前为止没有发现异帽藻赤潮对人类的危害事件，因此异帽藻的致毒机制有别于产贝毒的有害藻类。

可能扩散区域：该种在我国不常见，2002年4月在香港田仔养鱼区曾发生赤潮。2003年6月和2005年7月在长江口海域形成赤潮。2005年7月13日在嵊泗枸杞贻贝养殖区的环状异帽藻赤潮造成少量养殖的贻贝死亡。

预防、控制和管理措施：利用核糖体内转录区分别设计出针对环状异帽藻的特异性PCR引物，通过Premier5.0软件设计多对引物，经PCR扩增、琼脂糖凝胶电泳检测，以筛选目标藻的特异性引物，并以链状亚历山大藻、利玛原甲藻、牟氏角毛藻、赤潮异弯藻作为阴性对照，进一步用PCR进行验证。研究筛选到环状异帽藻最佳引物YiF3a/YiB3a，成功鉴定了环状异帽藻，而对其他藻种则是阴性反应，可为赤潮的预测预报提供分子鉴定基础。

赤潮已成为全球性海洋灾害，因此切实控制沿海废水废物的入海量，特别要控制氮、磷和其他有机物的排放量，避免海区的富营养化，是防范赤潮发生的一项根本措施。关于赤潮的治理方法，已报道有多种，如工程物理方法、化学方法及生物学方法。从发展趋势看，生物控制法，即分离出对赤潮藻类合适的控制生物，以调节海水中的富营养化环境将是较好的选择。生物学方法治理赤潮的办法主要有3个：一是以鱼类控制藻类的生长；二是以水生高等植物控制水体富营养盐及藻类；三是以微生物来控制藻类的生长。其中由于微生物易于繁殖的特点，微生物控藻是生物控藻里最有前途的一种控藻方式。这些杀藻微生物主要包括细菌(溶藻细菌)、病毒(噬菌体)、原生动物、真菌和放线菌等5类。多数溶藻细菌能够分泌细胞外物质，对宿主藻类起抑制或杀灭作用，因此通过溶藻细菌筛选高效、专一、能够生物降解的杀藻物质是灭杀赤潮

藻的一个新的研究方向。目前来说比较现实的方法就是利用海洋微生物对赤潮藻的灭活作用及其对藻类毒素的有效降解作用，可使海洋环境长期保持稳定的生态平衡，从而达到防治赤潮的目的。

参考文献

杜佳垠. 2005. 异囊藻赤潮生物及其对渔业的影响[J]. 河北渔业, 2: 15-16.

邵娟, 王朝晖, 林朗聪, 等. 2011. 常见赤潮藻类的变性梯度凝胶电泳分析[J]. 暨南大学学报(自然科学版), 32 (5): 504-508.

王金辉, 秦玉涛, 刘材材, 等. 2006. 长江口赤潮多发区潜在有毒藻类和赤潮毒素的初步调查[J]. 海洋环境科学, 25(增刊): 15-19.

王金辉, 秦玉涛, 刘材材, 等. 2007. 长江口及邻近海域有毒藻类和赤潮毒素的本底调查[J]. 海洋湖沼通报, 1: 52-61.

郑俊斌. 2012. 米氏凯伦藻与环状异帽藻的分子鉴定研究[D]. 上海: 上海海洋大学硕士学位论文.

郑俊斌, 张风英, 马凌波, 等. 2009. 两种常见外来入侵赤潮藻的PCR鉴定[J]. 海洋渔业, 31(3): 325-329.

Horiguchi T. 1995. *Heterocapsa circularisquama* sp. nov. (Peridiniales. Dinophyceae): a new marine dinoflagellate causing mass mortality of bivalves in Japan[J]. Phycolog Res, 43(3): 129-136.

Lesser M P, Shumway S E. 1993. Effects of toxic dinoflagellates on clearance rates and survival in juvenile bivalve molluscs[J]. Shellfish Res, 12(2): 377-381.

Matsuya Y. 1999. Harmful effect of dinoflagellate *Heterocapsa circularisquama* on shellfish aquaculture in Japan[J]. Japan Agricultural Research Quarterly, 33(4): 283-293.

Matsuya Y, Nagai K, Mizuguchi T, et al. 1995. Ecological features and mass mortality of pearl oysters during the red tide of *Heterocapsa* sp. in Ago Bay in 1992[J]. Nihon Suisan Gakkai Shi, 61(1): 35-41.

四、植物界PLANTAE

互花米草

拉丁学名：*Spartina alterniflora*

分类地位：被子植物门（Angiospermae）单子叶植物纲（Monocotyledoneae）禾本目（Graminales）禾本科（Gramineae）

生态类群：滩涂植物。

引入路径：有意引进，用于沿海护堤和改良土壤，同时用于生产饲料。

种群建立状况：已建立种群，并成为入侵种。

形态性状：互花米草为禾本科米草属多年生草本植物，植株形态高大健壮，茎秆挺拔，外形像芦苇。秆粗0.5～1.5cm，株高0.5～3.0m，叶长10～40cm。发达的肉质地下茎向四周扩张，形成大的束丛。植株茎、叶都有叶鞘包裹，叶腋有叶芽，叶互生，呈长披针形，上部叶较大，下部叶较小，深绿色或浅绿色，背面有蜡质光泽。地下部分包括长而粗的地下茎和短而细的须根，根系发达，密布于30cm深的土层中。花期为7～10月，圆锥花序长20～40cm，由10～20个穗形花序组成，小穗侧扁，长约1cm，两性花，雄蕊3，花药纵向开裂，子房平滑，2个白色羽毛状柱头很长，颖果长0.8～1.5cm。

分布范围：已经广泛分布于广西、广东、香港、福建、浙江、上海、江苏、山东、天津及辽宁等沿海地区，尤其是福建、广东、广西的面积最大，成为互花米草的重灾区。

首次发现或引入的地点及时间：1979年由南京大学仲崇信教授等从美国引入我国，1980年试种成功，随之被广泛推广到广东、福建、浙江、江苏和山东等地沿海滩涂上种植。

起源或原产地：原产于北美洲大西洋海岸，分布于北起纽芬兰南至佛罗里达中部及墨西哥湾沿岸的定期泛潮带滩地和沼泽地。

扩散途径：自我扩散。

生境类型：主要生长于湿地，尤其常见于泥滩及潮间带沙滩等湿地。

生活史：有性(种子)和无性(分蘖)繁殖兼备，即互花米草的扩展包括走茎蔓延和种子繁殖两种。稀疏草滩以走茎蔓延扩展为主；在茂密连片草滩，种子萌发逐渐成为互花米草扩展的主要方式。单株一年内可繁殖几十甚至上百株。

营养和环境条件：互花米草适盐范围较宽，盐度在0～35时均能生长，在10～20的盐度下可以达到最高的生长量。对潮滩高程具有一定的要求，范围是1.0～3.0m，最适高程是1.5～2.5m。互花米草能在较宽广的气候带分布，是一种喜温性植物，可在热带、亚热带沿海地区种植。在北美，30°N～50°N的潮间带海滩都有分布。

经济和生态影响：多年生草本，生于潮间带。植株耐盐，耐淹，抗风浪。种子可随风浪传播，互花米草的地下部分包括地下茎和须根，地下茎多横向分布，深度可达50cm

以上，根系分布深度可达1～2m。该植物在原引种地以外地段滋生蔓延，形成优势种群，排挤其他植物，对当地生物多样性构成威胁，不但侵占沿海滩涂植物的生长空间，致使大片红树林消亡，而且导致贝类、蟹类、藻类、鱼类等多种生物窒息死亡，并与海带、紫菜等争夺营养，水产品养殖受到毁灭性打击，影响当地渔业产量，破坏近海生物栖息环境，影响滩涂养殖，堵塞航道，影响海水交换能力。

可能扩散区域：已经广泛分布于福建、浙江、上海、江苏、山东、天津及辽宁等沿海地区，特别是江苏和福建沿海潮间带。

预防、控制和管理措施：互花米草已成为我国沿海滩涂最严重的入侵植物，科研人员和相关管理部门不断探索防治措施，总体上可分为四大类：物理法、化学法、生物法及综合法。

物理防治：采用人力或机械装置对互花米草进行拔除、织物覆盖、刈割、火烧、水淹、踩埋等来限制其光合作用或呼吸作用，从而进行防控。该方法短时间比较有效，大多费时费力，成本也较高，且会“死灰复燃、卷土重来”。

化学防治：使用化学药物与植物器官细胞结合并发生非正常反应，阻碍植物正常的生理机能，从而使其死亡而达到防治效果，这种方法简易方便，可用于大面积防治。但通常只能清除地面部分，对种子和根系效果不理想，而且化学药品通常具有一定毒性，存在残毒问题，另外也会对非目标生物造成毒害，对当地的食物网和生态系统安全也有一定威胁。

生物防治：依据生物之间相互依存相互制约的关系，通过利用一种或几种生物控制另一种生物种群的消长。例如，引进互花米草原产地的天敌光蝉（*Prokelisia marginata*）、玉黍螺（*Littoraria irrorata*）和麦角菌（*Claviceps purpurea*）等抑制互花米草种群的生长和扩散。这种方法的治理效果具有持续性、成本相对低廉，但引进的天敌给本地生态系统带来一定风险。生物与生物、生物与环境之间的关系是极其复杂的，必须对生物的生物学、生态学特征进行详细了解、论证和评估。生物防控研究还处于实验研究阶段，目前并没有在野外大规模应用。

综合防治：将物理、化学、生物和替代等方法有机结合的技术，其核心是根据群落演替规律利用土著物种替代外来物种的生态学方法。在我国南方珠海淇澳岛栽种与互花米草相同生态位的无瓣海桑，该种红树林具有速生性和抗寒性，对互花米草的抑制作用显著，种植4年后基本可以消灭互花米草。在福建泉州市泉港区界山镇、云霄县漳江口利用乡土红树林植物秋茄、桐华树、木榄和红海榄，采用“刈割+压塑料薄膜+乡土红树林”生态工程技术治理红树林。在上海崇明东滩采用“物理+生态”的方法即“围、割、淹、晒、种、调”综合措施，先人工割掉互花米草，然后筑围堰圈地灌水，让水淹没互花米草的根至腐烂，再种植一定密度的芦苇等植物，并调节这块地的水分、盐度和水位，让它成为适合芦苇成长、不适合互花米草“卷土重来”的区域，逐渐培育起新的生态植被，建成具有循环水系的粗放养殖塘，最终将其修复为适宜各种鸟类栖息的滩涂湿地。

参考文献

曹洪麟, 陈树培, 丘向宇. 1997. 发展互花米草开发华南海滩[J]. 热带地理, 17(1): 41-46.

李加林. 2004. 互花米草海滩生态系统及其综合效益——以江浙沿海为例[J]. 宁波大学学报(理工版), 17(1): 38-42.

林光辉. 2014. 滨海湿地生态修复技术及其应用[M]. 北京: 海洋出版社.

秦卫华, 王智, 蒋明康. 2004. 互花米草对长江口两个湿地保护区的入侵[J]. 杂草科学, 4: 15-16.

沈永明. 2001. 江苏沿海互花米草盐沼湿地的经济、生态功能[J]. 生态经济, (9): 72-73.

宋连清. 1997. 互花米草及其对海岸的防护作用[J]. 东海海洋, 15(1): 11-19.

唐廷贵, 张万钧. 2003. 论中国海岸带大米草生态工程效益与“生态入侵”[J]. 中国工程科学, 5(3): 15-20.

徐国万, 卓荣宗. 1985. 我国引种互花米草的初步研究[J]. 米草研究的进展——22年来研究成果论文集. 南京大学学报, 40(2): 212-225.

闫小玲, 刘全儒, 寿海洋, 等. 2014. 中国外来入侵植物的等级划分与地理分布格局分析[J]. 生物多样性, 22(5): 667-676.

朱晓佳, 钦佩. 2003. 外来种互花米草及米草生态工程[J]. 海洋科学, 27(12): 14-19.

五、动物界ANIMALIA

(1) 沙筛贝

中文俗名：水土贝、似壳菜蛤、萨氏仿贻贝

拉丁学名：*Mytilopsis sallei*

分类地位：软体动物门（Mollusca）双壳纲（Bivalvia）帘蛤目（Veneroida）饰贝科（Dreissenidae）

生态类群：海洋污损生物。

引入路径：属无意引入，附着在船体外壳及压舱水中是其散布的主要途径，也可能在引入鲜活饵料或苗种时夹杂带入。

种群建立状况：已建立种群。

形态性状：壳表面黑黄灰色，粗糙，具鳞片状壳皮。两壳的形状及大小不一样，右壳较小，左壳较大，左壳凹入，似壳菜蛤。用足丝附着。最大壳长可达3.3cm。

首次发现或引入的地点及时间：1980年在香港首次发现，1990年在福建东山发现，1993年在厦门马銮湾发现。

起源或原产地：原产地为中美洲及加勒比海区域、西印度洋群岛。通过研究*CO I* 基因序列及其分子系统发育，证实采自我国福建、广东4个港湾的沙筛贝属于同一物种，并且是来自北美洲大西洋一侧的沙筛贝。

扩散途径：自我扩散。

国内分布：福建、广东、广西和海南、香港、台湾等地有分布，也分布于围堤内水流不畅、盐度低的水域。

生境类型：该贝为一种附着生物，必须以附着基为依托，较适宜生长在隐蔽的内湾。垂直分布从表层到底层都有附着，但附着密集区在水深1～4m，水深6m以下数量很少。

生活史：寿命为2年左右，雌雄异体，性别比例为44.9∶55.1。在厦门3～12月都有幼贝附着，春季为沙筛贝育肥、性腺发育、繁殖和浮游幼虫阶段，其个体重量从3月的

0.128g增加到5月的0.481g；4～5月及9～10月为2个附着期，夏季为沙筛贝附着高峰期，7月数量达到最大值162.37×10^{3}个/m^2。

营养和环境条件：营滤食生活，通过进出水管的水流带进浮游生物和排出废物。5月摄食量最大，胃含物中浮游植物数量高达2490个，而冬季2月沙筛贝的新陈代谢缓慢，胃含物中浮游植物数量仅有168个。

经济和生态影响：这种贝类生活力和繁殖力极强，生长迅速，能与其他养殖的贝类争夺附着基、饵料及生活空间，堵塞网箱的网孔，破坏和排斥原生物群落结构。此外，其大量的排泄物也将增加有机物的污染和使水体缺氧，导致养殖贝类减产。厦门马銮湾原来吊养牡蛎、翡翠贻贝和北方紫贻贝，因该贝类的入侵当年减产继而停产。该贝类于20世纪60年代入侵日本、中国台湾地区和印度，1980～1981年出现在香港局部水域，厦门马銮湾（1990年）、福建省东山八尺门（1993年）和惠安北岐（1998年）先后发现，但主要生活在水流不畅通的内湾或围垦的浅水，目前没有蔓延的趋势。

可能扩散区域：福建以南各地港湾水流不畅的低盐度水域。

预防、控制和管理措施：目前没有有效的防控措施，可以作为虾蟹的养殖饵料。

参考文献

蔡立哲, 高阳, 刘炜明, 等. 2006. 外来物种沙筛贝对厦门马銮湾大型底栖动物的影响[J]. 海洋学报, 28(5): 83-89.

蔡立哲, 王雯, 周细平, 等. 2009. 外来物种沙筛贝(*Mytilopsis sallei*)地理差异的*CO I* 基因分析[J]. 中国动物学会、中国海洋湖沼学会贝类学会分会第十四次学会研讨会论文摘要汇编.

林更铭, 杨清良. 2006. 厦门马銮湾外来物种沙筛贝对浮游植物的影响[J]. 热带海洋学报, 25(5): 63-67.

彭欣, 蔡立哲, 郑瑜, 等. 2012. 海水盐度对外来物种沙筛贝摄食率的影响[J]. 台湾海峡, 31(1): 95-99.

王建军. 1999. 厦门和东山外来物种沙筛贝的种群动态和结构[J]. 台湾海峡, 18(4): 372-377.

周细平, 杨丽, 蔡立哲, 等. 2006. 3个海域沙筛贝遗传差异的DNA分子标记研究[J]. 台湾海峡, 25(3): 336-342.

(2) 地中海贻贝

拉丁学名：*Mytilus galloprovincialis*

分类地位：软体动物门(Mollusca)双壳纲(Bivalvia)贻贝目(Mytiloida)贻贝科(Mytilidae)

生态类群：海洋船底污损生物。

引入路径：属无意引入，附着在船体外壳及压舱水中是其散布的主要途径。

种群建立状况：已建立种群。

形态性状：地中海贻贝颜色为深蓝色、棕色至近黑色，外部呈黑紫罗兰色。2扇壳相同呈近四边形，贝壳末端的边缘一边是稍弯曲的壳嘴，另一边是圆形。形体较其他贻贝偏大，通常是5～8cm，最大可达到15cm。

首次发现或引入的地点及时间：1981年在香港的维多利亚港被发现。

起源或原产地：地中海、黑海和亚得里亚海。

扩散途径：自我扩散。

生境类型：河口、海洋栖息地，出现在裸露的岩石岸边到砂质底部。作为一个入侵者，它通常在岩石的海岸线与水流量高的地方。

生活史：两性生殖，繁殖力很高，每年水温最高的时候产卵。成熟的贻贝产配子，帮助卵受精。卵接受配子后形成一个幼体。2～4个星期之后，幼体转变成幼贝，幼贝用足丝固定自己。

营养和环境条件：一种滤食各种浮游生物的双壳贝。此物种偏爱没有沉淀物、快速流动的水域，在有高养分的涌升流区域大量繁衍。适宜温度为16～27.7℃，适宜盐度为25～35。

经济和生态影响：地中海贻贝已经成功地在全球广泛建立族群，几乎出现在所有引入的温带地区。关于给引种地群落及当地种贻贝所带来的影响已经有很多报道，已知地中海贻贝能与本土种贻贝竞争，并逐渐成为某一地域的优势种。这可能是因为地中海贻贝生长速度快，而且在陆地环境中暴露的耐受力长，繁殖率是本土种的20%～200%。从20世纪80年代，地中海贻贝成功入侵了南非海岸，并成为西海岸潮间带岩石

上的主要物种。在南非朗格巴恩潟湖，研究显示地中海贻贝会对自然栖地种群造成影响，天然的沙洲种群被典型的岩石海岸种群取代。在我国舟山海域存在地中海贻贝与厚壳贻贝的杂交群落，被称为“杂交贻贝”，而且两者之间存在基因渐渗现象。

参考文献

申望, 叶茂, 王日昕, 等. 2011. 舟山海域外来物种地中海贻贝的自然分布现状及生态影响[J]. 台湾海峡, 30(2): 250-256.

沈玉帮, 李家乐, 牟月军. 2006. 厚壳贻贝与贻贝遗传渐渗的分子生物学鉴定[J]. 海洋渔业, 28(3): 195-200.

Branch G M, Steffani C N. 2004. Can we predict the effects of alien species[J]? *In*: Ceccherelli V U, Rossi R. Settlement, growth and production of the mussel *Mytilus galloprovincialis*[J]. Marine Ecology Progress Series, 16(1-2): 173-184.

Grant W S, Cherry M I. 1985. *Mytilus galloprovincialis* Lmk. in Southern Africa[J]. Journal of Experimental Marine Biology and Ecology, 90(2): 179-191.

Morton B. 1987. Recent marine introductions into Hong Kong[J]. Bull Mar Sci, 41: 503-513.

Morton B, Lee S Y. 1985. The Introduction of the Mediterranean mussel *Mytilus galloprovincialis* into Hong Kong[J]. Malacological Review, 18: 107-109.

(3) 指甲履螺

拉丁学名：*Crepidula onyx*

分类地位：软体动物门(Mollusca)腹足纲(Gastropoda)原始腹足目(Archaeogastropoda)帆螺科(Calyptraeidae)

生态类群：海洋污损生物。

引入路径：属无意引进，附着在船体外壳及压舱水中是其散布的主要途径。

种群建立状况：已在香港码头归化。

形态性状：外壳背面椭圆形或指甲形，成体壳长25～40mm，身体呈深褐色。外壳腹面有一块横隔板，板的前缘中央有一处小凹痕，白色。具齿舌，每行7齿，包括中央齿及1对侧齿、1对内缘侧齿和1对外缘侧齿，各齿外缘有小突起。成串的形式是小个体在上，大个体在下；即雄性个体在上，雌性个体在下，性转变的个体居中。一般25个同类叠加在一起形成一座塔。底部指甲履螺通常是雌性。在它死后，上面的雄性便变性为雌性，让这个链条得以维系。

首次发现或引入的地点及时间：1979年在香港大潭湾及维多利亚港被发现。

扩散途径：自我扩散。

起源或原产地：中美洲。

国内分布：目前仅在香港、深圳发现。

生境类型：附着生活和成串群居。用腹足牢固地吸附在附着基上。附着基多为各种贝类活个体的壳，也附着在水泥柱、铁管上。除4～12mm的幼体会移动外，所有雌性和大个体都终生不移动。

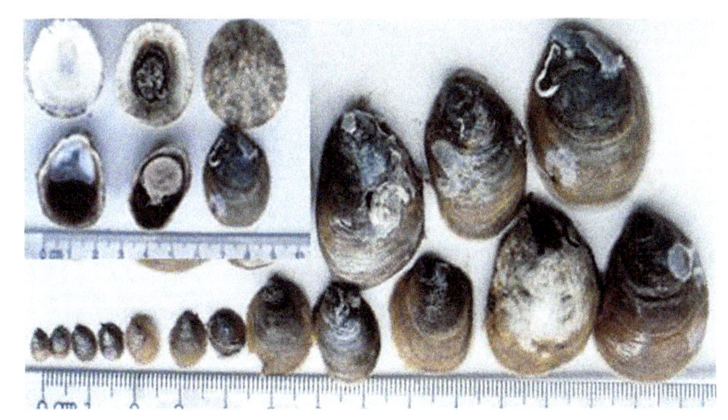

生活史：种群包括性别未分化的幼体、雄性个体、处在性转变阶段的个体、雄性个体。雌雄同体，雄性先熟，由雄性变为雌性。壳长5mm以下都是未分化的幼体，9～16mm都是雄性，6～9mm及16～22mm的部分个体也是雄性，雄性个体的阴茎和精巢都很发达。壳长17～24mm的部分个体，生殖腺不饱满，是性转变的个体。17mm以上的个体开始有膨大的子宫出现。21mm以上的个体已经孕育卵块，或者子宫露出，卵巢也很发达。全部个体都有阴茎，16mm以下的小个体，阴茎长度随壳长的增长而增长，多数大个体的阴茎就基本不再生长了。雌性个体腹足下孕育着卵块，每个平均怀卵量为2610粒。

营养和环境条件：属滤食性的腹足类，靠抬高贝壳、水流经壳缘被抬高进行滤食和排出废物。

经济和生态影响：目前广东沿海有分布，适应能力强，对土著贝类造成竞争，导致本

地种的灭绝。该螺用腹足牢固地吸附在附着基上，也附着在水泥柱、铁管上。附着在船底随过往的船只或各种附着基移动传播，1968年入侵日本东京湾濑户内海，1980～1982年又在日本广岛沿海发现，1979年在中国香港大潭湾及维多利亚港发现。指甲履螺入侵中国香港后，已经归化为本地污损生物的优势种之一，估计是远洋轮从日本带来的。该种已经成为中国香港码头、网箱养殖场的污损生物，大量附着在翡翠贻贝的壳上，密度可达11～994个/m^2。应跟踪监视指甲履螺在我国沿海的扩散，尤其是对贝类养殖可能造成的危害。

可能扩散区域：中国南部沿岸港湾。

预防、控制和管理措施：待研究。

参考文献

黄玉山, 黄宗国. 1999. 香港维多利亚港码头的附着生物群落[J]. 海洋学报, 21(2): 86-92.

黄宗国. 1984. 指甲履螺扩散到深圳湾[J]. 海洋通报, 3(6): 92-93.

黄宗国, BrianMorton, 叶颖薇. 1983. 指甲履螺在香港的分布和生态生物学特征[J]. 海洋学报, (S1): 3-15.

Arakawa K Y. 1980. Distribution of marine gastropod immigrant, *Crepidula onyx* Sowbrby, in Japanese waters[J]. Marine Fouling, 2(1): 60.

Arakawa K Y. 1982. On the distribution of an immigrated silipper limpet, *Crepidula onyx*[J]. Marine Fouling, 4(1): 25.

Huang Z G, Morton B, Yipp M W. 1983. *Crepidula onyx* into and established in Hong Kong[J]. Malacological Review, 16: 97-98.

(4) 象牙藤壶

拉丁学名：*Balanus eburneus*

分类地位：节肢动物门(Arthropoda)甲壳纲(Crustacea)蔓足亚纲(Cirripedia)围胸目(Thoracica)藤壶科(Balanidae)

生态类群：海洋污损生物。

引入路径：属无意引进，随船体外壳和压舱水传入。

种群建立状况：已建立种群并归化。

形态性状：壳表面白色，无彩色条纹。幅部宽，边缘齿状；小颚切缘上、下大对刺之间的中型刺呈栉状；板有放射的纵沟纹分割生长脊。

首次发现或引入的地点及时间：1978年首次在青岛和北方沿海发现，已归化。

扩散途径：自我扩散。

起源或原产地：不详。

分布范围：全国沿海。

生境类型：海洋船底、码头、浮标等附着基。

生活史：产卵受精→幼虫→变态后附着。

营养和环境条件：主要捕食浮游动物中的桡足类及蔓足类的幼体。

经济和生态影响：象牙藤壶附着于船底，能使航速降低；附着于浮标上，能降低浮力；附着于管道内，可缩窄管道通路；在海产养殖业中，能占据某些水产养殖对象的有效附着面，污损养殖筏架和绳索，加快水下金属的腐蚀等。

可能扩散区域：已扩散至全国沿海。

预防、控制和管理措施：用防污漆消除。

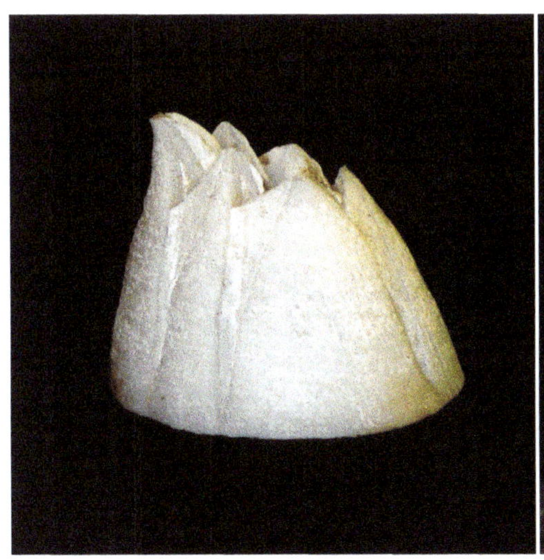

参考文献

黄宗国, 蔡如星. 1984. 海洋污损生物及其防除[M]. 北京: 海洋出版社: 154.

任先秋, 刘瑞玉. 1978. 中国近海蔓足类 I 藤壶属[J]. 海洋科学集刊, 13: 119-196.

徐海根. 2004. 中国外来入侵物种名录[M]. 北京: 中国环境出版社.

中国外来入侵物种数据库[DB/OL]. http: //www.chinaias.cn/wjPart/index.aspx[2017-2-10].

Arakawa K Y. 1980. On alien immigration of marine sessile invertebrates into Japanese waters[J]. Marine Fouling, 2 (1): 29.

(5) 致密藤壶

拉丁学名：*Balanus improvises*

分类地位：节肢动物门(Arthropoda)甲壳纲(Crustacea)蔓足亚纲(Cirripedia)围胸目(Thoracica)藤壶科(Balanidae)

生态类群：海洋污损生物。

引入路径：属无意引进，随船体外壳及压舱水传入。

种群建立状况：已建立种群并归化。

形态性状：壳表面白色，无彩色条纹。幅部窄，边缘光滑；小颚切缘中型刺不呈栉状；楯板无纵沟纹。

首次发现或引入的地点及时间：1978年首次在北方沿海发现。

扩散途径：自我扩散。

起源或原产地：不详。

分布范围：全国沿海。

生境类型：海洋船底、码头、浮标等附着基。

生活史：产卵受精→幼虫→变态后附着。

营养和环境条件：主要捕食浮游动物中的桡足类及蔓足类的幼体。

经济和生态影响：致密藤壶附着于船底，能使航速降低；附着于浮标上，能降低浮力；附着于管道内，可缩窄管道通路；在海产养殖业中，能占据某些水产养殖对象的有效附着面，污损养殖筏架和绳索，加快水下金属的腐蚀等。

可能扩散区域：已扩散至全国沿海。

预防、控制和管理措施：用防污漆消除。

参考文献

黄宗国, 蔡如星. 1984. 海洋污损生物及其防除[M]. 北京: 海洋出版社: 154.

任先秋, 刘瑞玉. 1978. 中国近海蔓足类 I 藤壶属[J]. 海洋科学集刊, 13: 119-196.

徐海根. 2004.中国外来入侵物种名录[M]. 北京: 中国环境出版社.

中国外来入侵物种数据库[DB/OL]. http: //www.chinaias.cn/wjPart/index.aspx[2017-2-10].

Arakawa K Y. 1980. On alien immigration of marine sessile invertebrates into Japanese waters[J]. Marine Fouling, 2 (1): 29.

(6) 纹藤壶

拉丁学名：*Balanus amphitrite*

分类地位：节肢动物门(Arthropoda)甲壳纲(Crustacea)蔓足亚纲(Cirripedia)围胸目(Thoracica)藤壶科(Balanidae)

生态类群：海洋污损生物。

引入路径：属无意引进，随船体外壳及压舱水传入。

种群建立状况：已建立种群并归化。

形态性状：壳表面有彩色条纹，楯板无凹穴，幅部较阔，顶缘平行于基底。

首次发现或引入的地点及时间：1978年首次在北方沿海发现。

扩散途径：自我扩散。

起源或原产地：不详。

国内分布：全国沿海。

生境类型：海洋船底、码头、浮标等附着基。

生活史：产卵受精→幼虫→变态后附着。

营养和环境条件：主要捕食浮游动物中的桡足类及蔓足类的幼体。

经济和生态影响：纹藤壶附着于船底，能使航速降低；附着于在浮标上，能降低浮力；附着于管道内，可缩窄管道通路；在海产养殖业中，能占据某些水产养殖对象的有效附着面，污损养殖筏架和绳索，加快水下金属的腐蚀等。

可能扩散区域：已扩散至全国沿海。

预防、控制和管理措施：用防污漆消除。

参考文献

黄宗国, 蔡如星. 1984. 海洋污损生物及其防除[M]. 北京: 海洋出版社: 154.

任先秋, 刘瑞玉. 1978. 中国近海蔓足类 I 藤壶属[J]. 海洋科学集刊, 13: 119-196.

徐海根. 2004. 中国外来入侵物种名录[M]. 北京: 中国环境出版社.

中国外来入侵物种数据库[DB/OL]. http: //www.chinaias.cn/wjPart/index.aspx[2017-2-10].

Arakawa K Y. 1980. On alien immigration of marine sessile invertebrates into Japanese waters[J]. Marine Fouling, 2 (1): 29.

(7) 韦氏团水虱

拉丁学名：*Sphaeroma walkeri*

分类地位：节肢动物门（Arthropoda）软甲纲（Malacostraca）等足目（Isopoda）团水虱科（Sphaeromatidae）

生态类群：水生无脊椎动物。

引入路径：属无意引进，附着船底带入。

种群建立状况：已建立种群，并成为入侵种。

形态性状：头部额角突出。第1～2胸节体表光滑，第3胸节具有2排小突起，第4～7胸节各具有一排突起。腹部及腹尾节布满尾突。腹尾节近末端内陷，边缘向上弯起，末端呈波浪状。第1触角柄部第1节宽，第2节短，第3节长；鞭部13节，伸至第1胸节下缘；第2触角17节，伸至第3胸节中部。第1胸肢细长，基节腹面后部有稀疏的短刚毛；座节背面有浓密的刚毛；长节背面前部具有浓密的刚毛；腕节前缘前角有稀疏的刚毛；掌节背面前角有少量刚毛；从长节腹缘至掌节腹缘均具有成片的短刚毛。雄性腹肢自第2腹肢基端发出，细长，超过第2腹肢内肢。第4、第5腹肢外肢膜状，内肢具皱襞；第5腹肢外肢具2个突起。尾肢内外两肢均发达，均超过腹尾节末端。内肢基端粗，顶端逐渐尖锐；外肢外缘有6个锯齿。

首次发现或引入的地点及时间：1982～1983年在香港船底码头首次被发现。

扩散途径：自我扩散。

起源或原产地：北印度洋。

分布范围：福建以南沿海，主要分布在我国海南、广东、广西、福建和台湾等红树林生长的沿海。

生境类型：海洋营钻孔生活。

生活史：雌雄异型，雌虫产卵时，将卵包在母体胸部的育卵囊中孵化，每次包卵数目为5～20粒。韦氏团水虱雌虫所产的幼虫同时在母体穿凿的洞穴中继续穿凿，形成新的孔或通过水流漂流到新的红树继续危害，由于保护周密，韦氏团水虱的子一代成活率极高，而且繁殖周期长。

营养和环境条件：韦氏团水虱是软甲纲的一种钻孔生物，能在木头中钻洞，在泥沙里、礁石底下、海藻丛中，以及海绵动物的孔隙中均可生活。靠滤食悬浮在水中的浮游生物、藻类和细菌为生，鱼、虾、蟹都是其天敌。

经济和生态影响：由于韦氏团水虱属于蛀木生物，钻入各种红树的气生根内部，钻空

红树林的树根、树茎，对红树林的危害严重。广西和海南红树林保护区内密集饲养鸭子，大量鸭子不断觅食泥土里的蟹类，导致其天敌不断减少，加之保护区周边高位虾塘等排放含有酸性虾粪的污水，使水体富营养化，导致鱼、虾、蟹逐渐减少和韦氏团水虱大量繁殖，造成海口市美兰区演丰镇海南东寨港国家级自然保护区内约100亩红树林逐渐枯萎，濒临死亡，北海廉州湾发生成片红树林枯死现象，面积约为3亩，共329株。

可能扩散区域：中国亚热带、热带港湾。

预防、控制和管理措施：由于韦氏团水虱是一种钻孔生物，会钻入各种红树的树根、树茎和木头内部，随木头、船底漂流扩散，且对其所产的幼虫保护周密，子一代成活率极高，繁殖期长，因此很难防治。韦氏团水虱靠滤食悬浮在水中的浮游生物、藻类和细菌为生，而鱼、虾、蟹都是其天敌。因此，减少对海域有机污染物的排放和水体富营养化，增加生物多样性，保持食物链和生态系统平衡，有效增加鱼、虾、蟹等天敌可减缓其繁殖和扩散。

参考文献

于海燕. 2002. 中国扇肢亚目(甲壳动物等足目)的系统分类学研究[D]. 青岛: 中国科学院海洋研究所博士学位论文: 163.

于海燕, 李新正. 2003. 中国近海团水虱科种类记述[M]. 海洋科学集刊, 45: 239-259.

Mak P M S, Huang Z G, Morton B. 1985. *Sphaeroma walkeri* introduced into and established in Hong Kong[J]. Crustaceana, 49: 75-82.

Morton B. 1987. Recent marine introductions into Hong Kong[J]. Bulletin of Marine Science, 41(2): 503-513.

(8) 奥利亚罗非鱼

拉丁学名：*Oreochromis aureus*

分类地位：脊椎动物亚门(Vertebrata)辐鳍鱼纲(Actinopterygii)鲈形目(Perciformes)慈鲷科(Cichlidae)

生态类群：鱼类。

引入路径：有意引进养殖。

种群建立状况：已建立种群。

形态性状：体侧扁，背高隆起，腹部弧形。吻圆钝，突出。口小端位，口裂不达眼前缘，无口须。体色青紫色带金色光彩，腹部白色，体侧有暗横带9或10条，鳞片中央的色素较四周深，使体侧具有多条纵向排列的点线条纹。背鳍、臀鳍呈暗紫色，均有素色斑点。胸鳍淡灰透明。腹鳍灰黑且长，末端达生殖突。尾鳍具斑点，斑点从接近尾柄处开始，随年龄增长而向后散布，并由银白色逐渐转向金黄色，尾鳍后缘平截。背鳍和尾鳍边缘呈微红色。背鳍XVI12，软条28；臀鳍III9(10)，尾鳍平截，略带圆角。脊椎骨29～30。体被圆鳞，颊部有水平排列的鳞3列，每列5～7枚。沿侧线纵列鳞数(30)31～35(36)。侧线分上、下两段，上段侧线鳞数20～25，下段侧线鳞数11～15。背鳍起点至上侧线间鳞数4～6，臀鳍起点至上侧线间鳞数12～14，胸鳍基至腹鳍基之间5～7(8)。

首次发现或引入的地点及时间：1981年由广州市水产研究所经香港从我国台湾省引进试养，1983年和1999年中国科学院研究院淡水渔业研究中心分别从美国和埃及引进。

扩散途径：人为携带。

起源或原产地：非洲、尼罗河下游和以色列等地。

国内分布：已在全国30多个省(自治区、直辖市)推广。

生境类型：海水、淡水。

生活史：一年达到性成熟，多次产卵，繁殖的最低水温为20～22℃，受精卵于雌鱼口腔中孵化。受精卵的孵化时间随温度而定，在25～27℃需13～14天。

营养和环境条件：耐寒力极强，可广泛生存在12～40℃水温条件下，生长温度为16～36℃，最适生长温度为28～32℃；对盐度适应性广，能在淡水、半咸水和海水中生长，在盐度40上下的海水池塘中生长良好。对海水酸碱度有较强的适应能力，但在中性或微碱性水域中生长更好。杂食性鱼类，食性广，可食各种藻类、有机碎屑、米糠等人工饲料。

经济和生态影响：该鱼是罗非鱼属中耐寒力最强的一种，对水质条件具有很强的耐受力，适宜于肥水养殖。可能会吞食其他鱼类的受精卵。

可能扩散区域：全国沿海及淡水水域。

预防、控制和管理措施：加强控制，防止随意扩散。

参考文献

李家乐, 董志国, 李应森, 等. 2007. 中国外来水生动植物[M]. 上海: 上海科学技术出版社.

孟庆闻, 苏锦祥, 缪学祖. 1995. 鱼类分类学[M]. 北京: 中国农业出版社.

沈俊宝, 张显良. 2002. 引进水产优良品种及养殖技术[M]. 北京: 金盾出版社.

王明学. 1995. 罗非鱼养殖[M]. 北京: 科学技术文献出版社.

王整松. 1987. 罗非鱼的养殖[M]. 2版. 北京: 农业出版社.

(9) 尼罗罗非鱼

拉丁学名：*Oreochromis nilotica*

分类地位：脊椎动物亚门(Vertebrata)辐鳍鱼纲(Actinopterygii)鲈形目(Perciformes)慈鲷科(Cichlidae)

生态类群：鱼类。

引入路径：有意引进养殖。

种群建立状况：已建立种群。

形态性状：体侧扁，头中等大小，口端位；眼中等大小，略偏头部上方。成熟雄鱼颌部不扩大，下颌长为头长的29%～37%。鳞大，圆形，侧线分上、下两段。上段侧线有鳞片18～24枚，下段侧线有鳞片12～22枚。沿侧线列鳞数30～35，通常32或33。背鳍发达，起于鳃盖后缘相对，终止于尾柄前端；硬棘16或17，软条12或13；臀鳍末端超过尾柄，硬棘3，软条9～11；胸鳍较长，可达到或超过腹鳍末端，无硬刺，软条14或15；腹鳍胸位，硬刺1，软条15。尾鳍末端钝圆形。幼鱼尾鳍后缘平截，成鱼尾鳍后缘呈扇形。体色呈黄褐至黄棕色，从背部至腹部，由深逐渐变浅；喉、胸部白色。成体雄性呈红色；体侧有9条与体轴垂直的黑色带条，其中背鳍下方有7条，尾柄上有2条；背鳍边缘黑色，在背鳍和臀鳍上有较为规则的黑色斑纹；尾鳍和胸鳍的边缘红色，成体雄鱼显得特别鲜艳；雌鱼体色较暗淡，孵育期间呈茶褐色，体侧黑，体表条纹特别明显，头部也出现若干不太规则的黑色条纹。

首次发现或引入的地点及时间：1978年由中国水产科学研究院长江水产研究所从苏丹引进。

扩散途径：人为携带。

起源或原产地：非洲尼罗河水系。

国内分布：我国大部分省(自治区、直辖市)都有分布。

生境类型：海水、淡水。

生活史：初次性成熟年龄为4～6个月，初次性成熟体重为150～200g，怀卵量为800～2000粒，水温在22～32℃时常年都可以产卵，当水温超过38℃或低于20℃时很少甚至不产卵。产卵周期为30天左右，但个体之间的差异很大，最短的产卵周期只有15天左右。受精卵在雌鱼口腔中孵化，当水温为25～30℃时，约100h育苗就可以孵出。

营养和环境条件：该鱼属于广盐性鱼类，能适应较大盐度范围的变化，可以从淡水中直接移入盐度为15的海水中，反之亦然。若从较低盐度(15以下)开始，逐步升高盐度，经短期驯化，最后能在盐度为30的海水中正常生长，在盐度为40的条件下仍能

生存。适宜的温度为16～38℃，最适生长水温为24～32℃，在30℃时生长最快。耐低氧性较强，在水温为22～25℃时，溶氧量为0.7mg/L时，仅表现出微弱的浮头，但仍能摄食；在溶氧量为2.24mg/L时摄食旺盛。为保持正常生长，水体中溶氧量必须保持在3mg/L以上，低于0.1mg/L则窒息。氨氮为1mg/L以下。pH为7.5～8.5。二氧化碳在50mg/L以下。在人工喂养的条件下，除摄食以上天然饵料外，还大量摄食各类商品饲料，如糠麸、油料饼粕、豆渣、酒糟等农副产品和食品加工副产品，以及人工配合饵料。

经济和生态影响：在华南地区已野化为常见种。尼罗罗非鱼经常形成大种群，排挤甚至杀死较弱小的当地鱼种，对南方土著鱼类形成强烈竞争，在湖泊和湿地还会影响水鸟的存在。

可能扩散区域：热带和亚热带地区。

预防、控制和管理措施：加强控制，防止随意扩散和逃逸到自然水域。

参考文献

陈品健. 2002. 浅谈外来物种对水产养殖业的影响[J]. 厦门科技, (3): 50-51.

李振宁, 解焱. 2002. 中国外来入侵种[M]. 北京: 中国林业出版社.

孟庆闻, 苏锦祥, 缪学祖. 1995. 鱼类分类学[M]. 北京: 中国农业出版社.

沈俊宝, 张显良. 2002. 引进水产优良品种及养殖技术[M]. 北京: 金盾出版社.

第二章

外来船舶压舱水生物

第一节 压舱水生物研究进展

自20世纪初以来，船舶压舱水是海洋外来生物入侵种传播的重要媒介(Carlton，1985)，是造成地理性隔离水体间海洋生物传播的最主要途径(Mackenzie，1999；Gregory，2000；Geoff，2000；Deborah et al.，2013；薛俊增等，2011；Gulsen et al.，2012；Lidita and Arga，2013)。船舶压舱水携带的入侵物种可能是海洋植物或动物，也可能是海洋病毒或细菌。与自然海洋生态环境相比，船舶压舱水是一种特殊环境下的生态系统，经压舱水驯化并存活的生物往往具有极强的生命力和竞争力。它们一旦被释放到自然海洋环境中，就可能产生不可控制的“雪崩式”繁殖，对土著物种造成极大的冲击，甚至引起本地物种灭绝(Holmes and Minchin，1995)。一种在它的栖息地没有负面影响的物种，一旦到了入侵的新区域就可能对经济和生态造成一系列的危害。海洋外来入侵生物通过改变环境条件和资源的可利用性而对本地物种产生致命影响，入侵生物的数量大大增加以后，会掠夺本土生物的食物来源，造成有害寄生虫和病原体的传播、本土物种的灭绝等负面影响。它们不仅使生物多样性减少，而且使系统的能量流动、物质循环等功能受到影响，严重者会导致整个生态系统的崩溃，现已被全球环境基金会(GEF)认定为海洋面临的四大威胁之一，另外三大威胁分别是陆地海洋污染源、对现有海洋资源的过度利用、沿海和海洋栖息地的自然变更和破坏(全球压舱水管理项目中国国家项目实验小组，2001)。

早在20世纪初，欧洲北海就大面积暴发中华盒形藻(*Biddulphia sinensis*，现在称*Odontella sinensis*)，这是大家所熟知的广泛分布于亚热带印度洋–太平洋沿岸水域的硅藻，而在这之前中华盒形藻从未在欧洲水域被报道过。中华盒形藻细胞较大，一般长61～320μm，宽112～264μm(金德祥等，1965)，如此大的细胞在海区浮游植物鉴定中是不可能被忽视的，因此科学家提出该种可能是通过海流从遥远的水域带来的。Ostenfeld在1908年首次推测该种应该是通过船舶运输引入欧洲水域的，也可能是作为船体上污损生物的一部分进入欧洲水域的，更可能是通过压舱水及其沉积物的排放而进入本地水域的。这种解释的提出虽然没有受到质疑，但直到数十年后才找到相关佐证。Hallegraeff等(1990)从日本到澳大利亚的船舶压舱水样品中成功培养出长耳盒形藻(*Biddulphia aurita*)，Gollasch等(2000)从一艘新加坡到德国的船舶压舱水中发现并培养出中华盒形藻，从而证实了Ostenfeld在1908年提出的假设。因为中华盒形藻的入侵没有造成危害，对当时的船舶压舱水及其沉积物的排放引入外来入侵物种的研究没有引起人们的重视。20世纪70年代，北海再次发生外来物种威氏圆筛藻(*Coscinodiscus wailesii*)赤潮，因为威氏圆筛藻可以分泌一种黏液，从而阻塞渔网，给当地渔业造成严重危害(Boalch and Harbor，1977；Hasle and Lange，1992)，所以科学家开始重视这一问题，并且直接对压舱水中的海洋生物进行检测。此时的研究主要集中在压舱水中生存下来的海洋动物(Medcof，1975；Williams et al.，1988)。

在过去的20年中，因外来船舶压舱水引发的海洋生物入侵并造成严重损失的事

件频繁发生。20世纪80年代，一种美洲淡海栉水母(*Mnemiopsis leidyi*)通过压舱水被带到黑海并迅速繁殖，导致当地鱼类近乎灭绝、当地水产养殖业的萧条(Ricciardi and Hugh，2000)。*Mnemiopsis leidyi*原属于北美大西洋海岸，自从20世纪80年代通过船舶压舱水传入黑海后，迅速地栖息下来且大量快速地繁殖，它们给当地的生态环境和生产力造成了巨大的影响(Vinogradov et al.，1989)。在黑海中，它们的数量达到了10亿t，几乎吃光了黑海里所有用于喂养当地凤尾鱼的浮游生物，严重影响了当地凤尾鱼的产量，同这种栉水母入侵黑海以前相比，凤尾鱼产量已经减少到以前产量的10%(Reeve，1993)。1992年，这种栉水母传入了地中海，1999年11月，在里海也发现了这种栉水母(沈欣军等，2004)。20世纪80年代中期欧洲里海的斑马贻贝(*Dreissena polymorpha*)通过压舱水入侵美国的伊利湖，因伊利湖有着与欧洲相似的温度和适宜的环境，斑马贻贝迅速繁殖，并蔓延到北美五大湖和密西西比河，给美国的生态环境和经济带来巨大损失。更不幸的是，数量巨大的斑马贻贝附着在输水管道上，使发电厂和自来水公司的供水系统和其他设施不能正常运转，直接影响到人类的生产和生活。正是由于这次事件，20世纪90年代美国把立法的焦点转移到了外来物种入侵方面。

由于压舱水引发生物入侵所带来的灾难性后果引起了全世界的极大关注，国际上许多国家相继开展了船舶压舱水引起的外来生物入侵及其相关研究工作。然而，对压舱水运输潜在危害的深刻认识是在澳大利亚水域中发现存在有毒浮游植物种类(Hallegraeff et al.，1988)，这个时期，压舱水中的沉积物也成为澳大利亚学者研究的重点。20世纪80年代末，在澳大利亚东南的塔斯曼水域出现了3种外来的有毒甲藻，分别为链状裸甲藻(*Gymnodinium catenatum*)、链状亚历山大藻(*Alexandrium catenella*)和微小亚历山大藻(*Alexandrium minutum*)，均为产麻痹性贝类毒素(PSP)的甲藻，在此之前，澳大利亚水域从未有产毒甲藻的报道。随后在霍巴特港口、墨尔本港口及阿德莱德港口第一次暴发了有毒甲藻赤潮，产生的甲藻毒素累积在牡蛎、贻贝和扇贝体内，食用这些贝类会导致人患麻痹性神经中毒症，严重者会死亡。澳大利亚已有多起PSP中毒事件的发生。此后，澳大利亚开始进行广泛的船舶压舱水的检测，发现压舱水中含有大量可以成功培养的硅藻(包括可以产毒的硅藻拟菱形藻*Pseudo-nitzschia*)(Forbes and Hallegraeff，1998)，更严重的是，从韩国和日本进入澳大利亚的船舶中含有大量的产PSP的活体甲藻：链状亚历山大藻和塔玛亚历山大藻(*Alexandrium tamarense*)。一个压舱水舱沉积物中，估计含有3亿个活的塔玛亚历山大藻的孢囊，由此推断，有毒塔玛亚历山大藻可能是通过船舶压舱水及其沉积物从日本和韩国入侵澳大利亚水域的(Hallegraeff and Bolch，1992)；而微小亚历山大藻则是由压舱水从地中海传播而来(Scholin and Anderson，1991)，这些有毒甲藻的繁殖使澳大利亚水产养殖业遭受了巨大的经济损失。由于水域相连，新西兰很快也出现了PSP中毒事件。Hallegraeff和Bolch(1991)的研究结果充分证明，压舱水及其沉积物在外来物种入侵中起到重要的媒介作用，在扩大有毒物种的地理分布中起到载体作用。因此，Ruiz等(1997)提出，由压舱水携带的外来有害赤潮藻如有毒有害的赤潮藻及其孢囊在全球范围进行传播，成为其在全球传播的一个最重要途径。因此，对压舱水引入外来赤潮藻类及其休眠孢子

或孢囊的研究成为研究压舱水外来生物的重点。

Hallegraeff和Bolch（1991，1992）对进入澳大利亚18个港口的343艘外轮进行取样调查，其中65%的船舶压舱水舱中携带有大量的沉积物。所有检测的样品中都含有硅藻，其中一些种类以前在澳大利亚水域中未曾报道过，同时还检测到硅藻休眠孢子，尤其是角毛藻（*Chaetoceros* spp.）的休眠孢子；50%的沉积物样品中含有甲藻孢囊。在鉴定出来的53种孢囊中，20种孢囊能够成功培养出其活细胞（*Diplopelta* spp.、*Diplopsalopsis* spp.、*Gonyaulax* spp.、*Polykrikos* spp.、*Protoperidinium* spp.、*Scrippsiella* spp.和*Zygabikodinium* spp.）。其中，16艘船舶沉积物中检测到有毒甲藻孢囊——塔玛亚历山大藻、链状亚历山大藻和微小亚历山大藻。

1992年，德国环境保护机构与汉堡大学开始联合研究，这是欧洲首次关于压舱水的取样研究，目的是对压舱水中发现的浮游类和深海生物进行彻底的分类评估。科学家分析了取自186条船的压舱水样品，研究显示压舱水中的浮游植物主要是硅藻、甲藻和绿藻，共147种，其中11种为外来物种（包括2种有毒甲藻）；浮游动物大部分是桡足类动物和轮虫，在已识别的257种物种中，有150种来自德国水域，平均每只船舶携带海洋浮游动物的总数超过了400万种（白敏冬等，2005）。1996年，瑞典对入境压舱水及其沉积物中的浮游植物进行检测，结果发现，在取样中几乎没有检测到活的细胞存在，但对压舱水及其沉积物进行培养后，发现大量浮游植物生长。因此推测这些物种在排放到瑞典水域后会萌发、生长（Jansson，1994）。1996～1997年，新西兰对75艘外轮的161个压舱水舱进行检测，其中，129（80%）个水舱中含有活体的节肢动物（甲壳类），44（27%）个水舱中含有活体的软体动物（贝类、蜗牛等），24（15%）个水舱中有活体的环节动物（Hay et al.，1997）。MacDonald（1998）对进入苏格兰港口的船舶压舱水中的甲藻孢囊进行检测，结果表明，62%的沉积物样品中含有甲藻孢囊（包括产PSP的有毒种类塔玛亚历山大藻和链状亚历山大藻）。Forbes和Hallegraeff（1998）对从日本到澳大利亚航线的7艘外轮进行取样培养试验，共有31种硅藻被成功培养出，其中70%是浮游硅藻，30%为底栖硅藻。主要有聚生角毛藻（*Chaetoceros socialis*）、短棘藻（*Detonula pumila*）、中肋骨条藻（*Skeletonema costatum*）和圆海链藻（*Thalassiosira rotula*）等，并检测到具有产生记忆缺失性贝毒（amnesic shellfish poisoning，ASP）的尖刺拟菱形藻（*Pseudo-nitzschia pungens*）和伪柔弱拟菱形藻（*Pseudo-nitzschia pseudodelicatissima*）。Burkholder等（2007）对进入美国13个港口的28艘外来船舶进行取样分析，检测到浮游植物100种，其中包括23种潜在有害种，如曲刺角毛藻（*Chaetoceros concavicornis*）、渐尖鳍藻（*Dinophysis acuminata*）、岗比毒甲藻（*Gambierdiscus toxicus*）、赤潮异弯藻（*Heterosigam akashiwo*）、微小原甲藻（*Prorocentrum minimum*）和多列拟菱形藻（*Pseudo-nitzschia multiseries*）。成链的硅藻和甲藻是其优势种，活细胞能达到检测总细胞的50%。

从20世纪80年代末起，在进行广泛的船舶压舱水的生物检测调查的同时，国外研究人员也通过多种先进科技手段和方法验证压舱水在外来物种入侵中起到的载体作用。例如，利用微体古生物学和分子生物学手段，通过沉积物放射性核素分析位于澳

大利亚塔斯马尼亚地区的链状裸甲藻(*Gymnodinium catenatum*)孢囊，表明其出现在1973年左右，恰逢此时第一次在该地区排放国际船舶的压舱水(McMinn et al.，1998)。利用分子工具可以检测同种生物在不同地区间的同源性。Bolch和de Salas(2007)通过测定LSU-rDNA和rDNA-ITS序列分析亚洲和澳大利亚的链状裸甲藻(*Gymnodinium catenatum*)和有毒的塔玛亚历山大藻复合体，同时结合历史分布记录、沉积物年代研究、毒素概况、生殖研究，以及以前的分子研究表明，这些有毒的甲藻是在过去的100年中引入澳大利亚的，最有可能是通过压舱水从日本或其他东南亚国家进入澳大利亚的。

我国海岸线总长18 000km，跨越5个气候带，生态系统类型多，这种自然特征使我国更容易遭受外来海洋生物入侵的危害。然而，中国对压舱水引入外来浮游生物的调查研究起步较晚，最早见于香港地区，Chu等(1997)对进入香港的5艘外轮的压舱水采样，结果表明，共有81种生物被检测出，其中，藻类2门6种，动物11门至少62种，桡足类是压舱水的优势种类。调查的同时还对无脊椎动物的幼体进行培养，共有7种幼体被成功培养出僧帽牡蛎(*Saccostrea cucullata*)、沙筛贝(*Mytilopsis sallei*)、纹藤壶(*Balanus amphitrite*)、中国毛虾(*Acetes chinensis*)、小相手蟹(*Nanosesarma* sp.)、蛇稚虫(*Boccardia* sp.)和一种未定种海鞘，其中沙筛贝是我国至今唯一记录到的压舱水外来入侵动物物种。随后Zhang和Dickman(1999)对进入香港港口的国际船舶压舱水中的浮游甲藻和硅藻组成及丰度进行了周年变化研究，结果表明，来自美国奥克兰港口的船舶压舱水中共检测到硅藻90种，甲藻17种，其中包含15种有害浮游生物，如中肋骨条藻(*Skeletonema costatum*)、拟菱形藻(*Pseudo-nitzschia* spp.)、海洋原甲藻(*Prorocentrum micans*)、链状亚历山大藻(*Alexandrium catenella*)等。同时Dickman和Zhang(1999)还对从墨西哥的曼萨尼约进入中国香港的4艘外轮进行检测，共检测到硅藻51种，甲藻8种。孙美琴(2005)进行了厦门近岸海域外来甲藻的入侵研究，从进入厦门港的14艘船舶压舱水及沉积物中检测到12种甲藻及孢囊，其中3种为有毒种类，分别为塔玛亚历山大藻(*Alexandrium tamarense*)、渐尖鳍藻(*Dinophysis acuminata*)和多边舌甲藻(*Lingulodinium polyedrum*)。郑剑宁等(2006)共对52艘进入宁波港的国际航行的船舶压舱水进行了生物分析与鉴定，结果表明，船舶压舱水携带的浮游植物的细胞平均丰度为3.5×10^3cells/L，共鉴定出50种浮游藻类，包括14种赤潮相关种和4种外洋种。与赤潮有关的种类有中肋骨条藻(*Skeletonema costatum*)、旋链角毛藻(*Chaetoceros curvisetus*)、浮动弯角藻(*Eucampia zoodiacus*)、尖刺菱形藻(*Pseudo-nitzschia pungens*)、细长翼根管藻(*Rhizosolenia alata* f. *gracillima*)、具齿原甲藻(*Prorocentrum dentatum*)、海洋原甲藻(*P. micans*)和裸甲藻(*Gymnodinium* sp.)。李伟才等(2006)对进入日照港口的23艘船舶的压舱水进行分析研究，共检测到浮游植物41种，其中硅藻36种、甲藻4种、金藻1种，硅藻是压舱水中的优势种。李伟才还列出21种同期未在锚地出现的物种作为“疑似外来物种”。同时李伟才等(2006)对进入烟台的17艘船舶也进行了同样的调查，检测到浮游植物31种，其中硅藻17属20种、甲藻5属11种。18种同期未在锚地出现的物种作为“疑似外来物种”。邢小丽(2007)对进入厦门港的13艘外轮

进行定量检测，共检测出浮游植物155种和变种，硅藻45属146种和变种(包括2种角毛藻休眠孢子)，裸藻1种，隐藻1种，硅鞭藻1种，甲藻6属6种，4种孢囊，其中含赤潮藻48种。优势种主要有骨条藻(*Skeletonema* spp.)、具槽帕拉藻(*Melosira sulcata*)、菱形海线藻(*Thalassionema nitzschioides*)、角毛藻(*Chaetoceros* sp.)、隐藻(*Cryptomonads* sp.)、圆筛藻(*Coscinodiscus* spp.)、小环藻(*Cyclotella* spp.)，同时还从压舱水舱沉积物中分离出一种外来种——沃氏甲藻(*Woloszynskia* sp.)。

2006～2008年国家海洋局第三海洋研究所等单位的研究团队先后在福建厦门港、福州港和江阴港，广东湛江港，广西防城港，以及海南洋浦港等华南主要港口首次较全面地开展压舱水多门类的生物调查，检出的压舱水生物多达309种，并对其种类组成特征、不同粒级丰度、主要生理生态分布规律及外来物种潜在的入侵机制等做了初步探讨(杨阳等，2008；李炳乾，2009；李炳乾等，2009；杨清良等，2009，2011，2012)。

第二节　压舱水生物物种组成与丰度

一、材料与方法

2006～2008年先后在福建厦门港、福州港、江阴港，广东湛江港，广西防城港和海南洋浦港等口岸采集入境的8艘集装箱船和9艘散杂货船的压舱水生物样品。每艘船舶采集压舱水100～200L，将每份压舱水依次通过160μm、77μm和20μm的筛绢过滤，收集样品，加入甲醛固定(终浓度为2%～5%)。经48h沉淀后，用虹吸管轻轻吸掉上清液，浓缩至20～50mL用来分析物种组成。其中，经160μm孔径筛绢收集的样品用于浮游动物的鉴定分析，经77μm和20μm筛绢过滤的样品用于浮游植物的鉴定分析。

样品分析与鉴定：浮游植物样品经过滤、固定、静置沉淀后，浓缩至20～50mL，从中取0.1mL，用浮游植物计数框在光学显微镜下进行藻类种类鉴定及定性、定量观察。优势微型硅藻通过透射电镜(TEM)进行观察和鉴定。浮游动物样品经过滤、固定、静置沉淀后，在解剖镜下进行观察、鉴定。

藻类培养：将经77μm和20μm筛绢过滤后的压舱水各取2～5mL加入F/2培养基于三角瓶中静置培养，温度为(22±1)℃，光照强度(日光灯)为2000lx，光周期为黑暗∶光照= 12∶12。实验培养液为F/2培养液，配制培养液所用海水来自厦门港外围水域，海水盐度为30～32。

二、结果与讨论

本次调查检出的压舱水生物在历次调查中物种多样性最高。其中从77μm 和20μm两种孔径网收集的滤样里鉴定藻类7门87属257种(含变种、变型)，包括60种赤潮生

物，以及12种锚地及邻近海域从未记录的淡水和半咸淡水藻类。整合所收集的截至2009年的历史调查资料，其中包括公开发表的文献和相关的硕士、博士学位论文。迄今为止共在华南港口的外轮压舱水中检出生物12门397种，其中植物338种(含变种和变型)、动物59种(含幼体)，包括有毒或有害赤潮种(含疑似种)89种(表2.1)。

表2.1　华南港口外轮压舱水生物物种名录(含香港)

序号	中文种名	拉丁文学名	备注
I	蓝藻门	Cyanophyta	
1	黏球藻	*Gloeocapsa* sp.	
2	平裂藻	*Merismopedia* sp.	
3	螺旋藻	*Spirulina* sp.	
4	颤藻	*Oscillatoria* sp.	
5	* 红海束毛藻	*Trichodesmium erythraeum*	
6	* 铁氏束毛藻	*Trichodesmium thiebautii*	
II	硅藻门	Bacillariophyta	
7	美丽曲壳藻	*Achnanthes amoena*	微型（定性样品）
8	短柄曲壳藻	*Achnanthes brevipes*	
9	优美曲壳藻	*Achnanthes delicatula*	香港 (Dickman and Zhang，1999)
10	咖啡双眉藻	*Amphora coffeaeformis*	厦门港（邢小丽，2007)
11	联合双眉藻	*Amphora copulata*	微型（定性样品）
12	叉纹双眉藻	*Amphora decussata*	厦门港（邢小丽，2007)
13	易变双眉藻	*Amphora proteus*	厦门港（邢小丽，2007)
14	双眉藻	*Amphora* sp.	厦门港（邢小丽，2007)
15	爪哇曲壳藻亚缢变种	*Achnanthes javanica* var. *subcontricta*	
16	爱氏辐环藻	*Actinocyclus ehrenbergi*	
17	洛氏辐环藻	*Actinocyclus roperi*	
18	辐环藻	*Actinocyclus* sp.	
19	环状辐裥藻	*Actinoptychus annulatus*	
20	波状辐裥藻	*Actinoptychus undulatus*	
21	围穴辐裥藻	*Actinoptychus pericavatus*	香港 (Dickman and Zhang，1999)
22	翼茧形藻	*Amphiprora alata*	
23	平滑双眉藻	*Amphora laevis*	
24	* 冰河星杆藻	*Asterionella glacialis* (=*A. japonica*)	
25	克氏星脐藻	*Asteromphalus cleveanus*	
26	* 派格棍形藻（奇异棍形藻）	*Bacillaria paxillifera* (=*Bacillaria paradoxa*)	
27	优美辐杆藻	*Bacteriastrum delicatulum*	
28	透明辐杆藻	*Bacteriastrum hyalinum*	厦门港（邢小丽，2007)
29	变异辐杆藻	*Bacteriastrum varians*	厦门港（邢小丽，2007)
30	辐杆藻	*Bacteriastrum* sp.	
31	* 锤状中鼓藻	*Bellerochea malleus*	
32	* 钟形中鼓藻	*Bellerochea horologicales*	

续表

序号	中文种名	拉丁文学名	备注
33	异角盒形藻	*Biddulphia heteroceros*	
34	横滨盒形藻	*Biddulphia gruendleri*	厦门港（邢小丽，2007）
35	活动盒形藻（活动齿状藻）	*Biddulphia mobiliensis* (=*Odontella mobiliensis*)	
36	钝角盒形藻	*Biddulphia obtusa*	
37	高盒形藻（高齿状藻）	*Biddulphia regia* (=*Odontella regia*)	
38	* 中华盒形藻	*Biddulphia sinensis* (=*Odontella sinensis*)	
39	盒形藻	*Biddulphia* sp.	
40	短形美壁藻	*Caloneis brevis*	厦门港（邢小丽，2007）
41	* 海洋管角藻	*Cerataulina pelagica* (=*Ceratanlina bergonii*)	
42	紧密角管藻	*Cerataulina compacta*	
43	均等角毛藻	*Chaetoceros aequatoriale*	
44	窄隙角毛藻	*Chaetoceros affinis*	
45	窄隙角毛藻绕链变种	*Chaetoceros affinis* var. *circinalis*	
46	窄隙角毛藻威氏变种	*Chaetoceros affinis* var. *willei*	厦门港（邢小丽，2007）
47	奥氏角毛藻	*Chaetoceros aurivillii*	
48	短孢角毛藻	*Chaetoceros brevis*	厦门港（邢小丽，2007）
49	卡氏角毛藻	*Chaetoceros castracanei*	
50	* 扁面角毛藻	*Chaetoceros compressus*	
51	* # 曲刺角毛藻	*Chaetoceros concavicornis*	香港（Dickman and Zhang，1999）
52	* 旋链角毛藻	*Chaetoceros curvisetus*	
53	* 柔弱角毛藻	*Chaetoceros debilis*	
54	* 并基角毛藻	*Chaetoceros decipiens*	厦门港（邢小丽，2007）
55	密连角毛藻	*Chaetoceros densus*	
56	* 齿角毛藻	*Chaetoceros denticulatus*	
57	* 双突角毛藻	*Chaetoceros didymus*	
58	远距角毛藻	*Chaetoceros distans*	
59	异角角毛藻	*Chaetoceros diversus*	
60	印度角毛藻	*Chaetoceros indicum*	
61	* 垂缘角毛藻	*Chaetoceros laciniosus*	
62	罗氏角毛藻	*Chaetoceros lauderi*	
63	* 洛氏角毛藻	*Chaetoceros lorenzianus*	
64	短刺角毛藻	*Chaetoceros messanensis*	
65	牟勒氏角毛藻	*Chaetoceros muelleri*	厦门港（邢小丽，2007）
66	日本角毛藻	*Chaetoceros nipponica*	
67	* 秘鲁角毛藻	*Chaetoceros peruvianus*	
68	* 拟旋链角毛藻	*Chaetoceros pseudocurvisetus*	
69	嘴状角毛藻格氏变型	*Chaetoceros rostratus* f. *glandazi*	厦门港（邢小丽，2007）
70	角毛藻	*Chaetoceros* sp.	
71	* 皇冠角毛藻	*Chaetoceros diadema* (=*C. subsecundus*)	
72	卵形藻	*Cocconeis* sp.	

续表

序号	中文种名	拉丁文学名	备注
73	棘冠藻	*Corethron criophilum* (=*Corethron pelagicum*，*Corethron hystrix*)	
74	圆筛藻	*Coscinodiscus* spp.	
75	非洲圆筛藻	*Coscinodiscus africanus*	
76	蛇目圆筛藻（有光圆筛藻）	*Coscinodiscus argus*	
77	* 星脐圆筛藻	*Coscinodiscus asteromphalus*	
78	具翼圆筛藻	*Coscinodiscus bipartitus* (=*Planktoniella blanda*)	
79	* 中心圆筛藻	*Coscinodiscus centralis*	
80	弓束圆筛藻	*Coscinodiscus curvatulus*	
81	小型弓束圆筛藻	*Coscinodiscus curvatulus* var. *minor*	
82	多束圆筛藻	*Coscinodiscus divisus*	
83	巨圆筛藻交织变种	*Coscinodiscus gigas* var. *praetexta*	
84	* 格氏圆筛藻	*Coscinodiscus granii*	
85	强氏圆筛藻	*Coscinodiscus janischii*	
86	* 琼氏圆筛藻	*Coscinodiscus jonesianus*	
87	光亮圆筛藻	*Coscinodiscus nitidus*	
88	小眼圆筛藻	*Coscinodiscus oculatus*	
89	虹彩圆筛藻	*Coscinodiscus oculus-iridis*	
90	* 辐射圆筛藻	*Coscinodiscus radiatus*	
91	洛氏圆筛藻	*Coscinodiscus rothii*	香港（Dickman and Zhang，1999）
92	有棘圆筛藻	*Coscinodiscus spinosus*	
93	微凹圆筛藻	*Coscinodiscus subconcavus*	
94	细弱圆筛藻	*Coscinodiscus subtilis*	
95	* 威氏圆筛藻	*Coscinodiscus wailesii*	
96	维廷圆筛藻	*Coscinodiscus wittianus*	
97	苏氏圆筛藻	*Coscinodiscus thorii*	
98	圆筛藻 1	*Coscinodiscus* sp.1	
99	圆筛藻 2	*Coscinodiscus* sp.2	
100	圆筛藻 3	*Coscinodiscus* sp.3	
101	圆筛藻 4	*Coscinodiscus* sp.4	
102	扭曲小环藻	*Cyclotella stelligera*	
103	* 条纹小环藻	*Cyclotella striata*	
104	柱状小环藻	*Cyclotella stytorum*	
105	极微小环藻	*Cyclotella atomus*	微型（定性样品）
106	* 隐秘小环藻	*Cyclotella cryptica*	微型（定性样品）
107	微小小环藻	*Cyclotella caspia*	微型（定性样品）
108	* 孟氏小环藻	*Cyclotella meneghiniana*	微型（定性样品）
109	* 新月筒柱藻	*Cylindrotheca closterium*	
110	披针桥弯藻	*Cymbella lanceolata*	
111	蜂腰双壁藻	*Diploneis bombus*	

续表

序号	中文种名	拉丁文学名	备注
112	新西兰双壁藻	*Diploneis novaeseelandiae*	
113	华丽双壁藻	*Diploneis splendida*	厦门港（邢小丽，2007）
114	双壁藻	*Diploneis* sp.	厦门港（邢小丽，2007）
115	* 布氏双尾藻	*Ditylum brightwellii*	
116	太阳双尾藻	*Ditylum sol*	
117	* 浮动弯角藻	*Eucampia zoodiacus*	
118	脆杆藻	*Fragilaria* spp.	
119	异极藻	*Gomphonema* sp.	厦门港（邢小丽，2007）
120	海生斑条藻	*Grammatophora marina*	厦门港（邢小丽，2007）
121	波状斑条藻	*Grammatophora undulata*	厦门港（邢小丽，2007）
122	* 柔弱几内亚藻	*Guinardia delicatula* (=*Rhizosolenia delicatula*)	
123	* 萎软几内亚藻	*Guinardia flaccida*	
124	* 斯氏几内亚藻	*Guinardia striata* (=*Rhizosolenia stolterfothii*)	
125	长尾布纹藻	*Gyrosigma macrum*	
126	簇生布纹藻	*Gyrosigma fasciola*	
127	簇生布纹藻弧形变种	*Gyrosigma fasciola* var. *arcuata*	
128	刀形布纹藻	*Gyrosigma scalproides*	厦门港（邢小丽，2007）
129	霍氏半管藻	*Hemiaulus hauckii*	厦门港（邢小丽，2007）
130	膜状半管藻	*Hemiaulus membranaceus*	厦门港（邢小丽，2007）
131	中华半管藻	*Hemiaulus sinensis*	
132	楔形半盘藻	*Hemidiscus cuneiformis*	
133	哈德半盘藻	*Hemidiscus hardmannianus*	
134	黄埔水生藻	*Hydrosera whampoensis*	
135	* 北方劳德藻	*Lauderia borealis*	
136	* 丹麦细柱藻	*Leptocylindrus danicus*	
137	* 地中海细柱藻	*Leptocylindrus mediterraneus*	
138	短楔形藻	*Licmophora abbreviata*	
139	波状石丝藻	*Lithodesmium undulatum*	
140	方格直链藻	*Melosira cancellate*	香港（Dickman and Zhang，1999）
141	颗粒直链藻	*Melosira granulata*	
142	颗粒直链藻最窄变种	*Melosira granulata* var. *angustissima*	
143	冰岛直链藻	*Melosira islandica*	
144	尤氏直链藻	*Melosira juergensii*	
145	* 念珠直链藻	*Melosira moniliformis*	
146	* 拟货币直链藻	*Melosira nummuloides*	香港（Dickman and Zhang，1999）
147	直链藻	*Melosira* sp.	
148	* 具槽帕拉藻	*Paralia sulcata* (=*Melosira sulcata*)	
149	方格舟形藻	*Navicula cancellate*	香港（Dickman and Zhang，1999）
150	直舟形藻	*Navicula directa*	厦门港（邢小丽，2007）
151	远距舟形藻	*Navicula distans*	香港（Dickman and Zhang，1999）

续表

序号	中文种名	拉丁文学名	备注
152	海氏舟形藻	*Navicula hennedyi*	微型（定性样品）
153	点状舟形藻	*Navicula maculata*	
154	膜状舟形藻	*Navicula membranacea*	
155	串珠舟形藻	*Navicula monilifera*	
156	极小舟形藻	*Navicula perminuta*	微型（定性样品）
157	喙头舟形藻	*Navicula rhynchocephala*	
158	盾形舟形藻	*Navicula scutiformis*	厦门港（邢小丽，2007）
159	善氏舟形藻	*Navicula thienemannii*	微型（定性样品）
160	吐丝舟形藻	*Navicula tuscula*	厦门港（邢小丽，2007）
161	舟形藻	*Navicula* sp.	
162	亚历山大菱形藻	*Nitzschia alexandrina*	微型（定性样品）
163	双头菱形藻	*Nitzschia amphibia*	厦门港（邢小丽，2007）
164	簇生菱形藻	*Nitzschia fasciculata*	厦门港（邢小丽，2007）
165	碎片菱形藻	*Nitzschia frustulum*	厦门港（邢小丽，2007）
166	颗粒菱形藻	*Nitzschia granulata*	
167	长菱形藻	*Nitzschia longissima*	
168	* 弯端长菱形藻	*Nitzschia longissima* f. *reversa*	厦门港（邢小丽，2007）
169	洛伦菱形藻	*Nitzschia lorenziana*	
170	洛伦菱形藻密条变种	*Nitzschia lorenziana* var. *densestriata*	
171	钝头菱形藻	*Nitzschia obtusa*	
172	琴氏菱形藻	*Nitzschia panduriformis*	
173	毕氏菱形藻	*Nitzschia petitiana*	厦门港（邢小丽，2007）
174	具点菱形藻	*Nitzschia punctata*	厦门港（邢小丽，2007）
175	弯菱形藻	*Nitzschia sigma*	
176	纤细菱形藻	*Nitzschia subtilis*	
177	粗条菱形藻	*Nitzschia valdestriata*	微型（定性样品）
178	菱形藻	*Nitzschia* spp.	
179	微缘羽纹藻	*Pinnularia viridis*	香港（Dickman，1999）
180	微辐节羽纹藻	*Pinnularia microstauron*	厦门港（邢小丽，2007）
181	相似斜纹藻	*Pleurosigma affine*	厦门港（邢小丽，2007）
182	端尖斜纹藻	*Pleurosigma acutum*	
183	艾希斜纹藻	*Pleurosigma aestuarii*	
184	宽角斜纹藻	*Pleurosigma angulatum*	
185	柔弱斜纹藻	*Pleurosigma delicatulum*	
186	镰刀斜纹藻	*Pleurosigma falx*	
187	飞马斜纹藻	*Pleurosigma finmarchia*	
188	美丽斜纹藻	*Pleurosigma formosum*	厦门港（邢小丽，2007）
189	海洋斜纹藻	*Pleurosigma pelagicum*	
190	舟形斜纹藻	*Pleurosigma naviculaceum*	厦门港（邢小丽，2007）
191	舟形斜纹藻微小变型	*Pleurosigma naviculaceum* f. *minuta*	

续表

序号	中文种名	拉丁文学名	备注
192	诺马斜纹藻	*Pleurosigma normanii*	
193	诺马斜纹藻化石变种	*Pleurosigma normanii* var. *fossilis*	厦门港（邢小丽，2007）
194	坚实斜纹藻	*pleurosigma rigidum*	厦门港（邢小丽，2007）
195	斜纹藻 1	*Pleurosigma* sp.1	
196	斜纹藻 2	*Pleurosigma* sp.2	
197	拟菱形藻	*Pseudonitzschia* sp.	
198	* 成列拟菱形藻	*Pseudonitzschia seriata*	
199	* ○柔弱拟菱形藻	*Pseudonitzschia delicatissima*	
200	* ○多纹拟菱形藻	*Pseudonitzschia multiseries*	香港（Zhang and Dickman，1999）
201	* ○假柔弱拟菱形藻	*Pseudonitzschia pseudodelicatissima*	香港（Zhang and Dickman，1999）
202	* ○尖刺拟菱形藻	*Pseudonitzschia pungens*	
203	范氏圆箱藻	*Pyxidicula weyprechtii*	厦门港（邢小丽，2007）
204	缝舟藻	*Rhaphoneis* sp.	厦门港（邢小丽，2007）
205	双角缝舟藻	*Rhaphoneis samphiceros*	厦门港（邢小丽，2007）
206	* 翼根管藻	*Rhizosolenia alata*	
207	* 翼根管藻细长变型	*Rhizosolenia alate* f. *gracillma*	厦门港（邢小丽，2007）
208	* 翼根管藻印度变型	*Rhizosolenia alata* f. *indica*	
209	伯氏根管藻	*Rhizosolenia bergonii*	
210	卡氏根管藻	*Rhizosolenia castracanei*	
211	距端根管藻	*Rhizosolenia calcar-avis* (= *Pseudosolenia calcar-avis*)	
212	厚刺根管藻	*Rhizosolenia crassispina*	
213	柔弱根管藻	*Rhizosolenia delicatula*	香港（Dickman and Zhang，1999）
214	* 脆根管藻	*Rhizosolenia fragillissima*	厦门港（邢小丽，2007）
215	* 钝棘根管藻半刺变种	*Rhizosolenia hebetata* var. *semispina*	
216	透明根管藻	*Rhizosolenia hyalina*	
217	覆瓦根管藻	*Rhizosolenia imbricata*	
218	粗根管藻	*Rhizosolenia robusta*	
219	* 刚毛根管藻	*Rhizosolenia setigera*	
220	斯氏根管藻	*Rhizosolenia stolterforthii*	香港（Dickman and Zhang，1999）
221	* 笔尖根管藻	*Rhizosolenia styliformis*	
222	笔尖形根管藻粗径变种	*Rhizosolenia styliformis* var. *latissima*	
223	钩状棒杆藻	*Rhopalodia uncinata*	
224	* 优美施罗藻	*Schroederella delicatula*	
225	* 中肋骨条藻	*Skeletonema costatum*	
226	玛氏骨条藻	*Skeletonema marinoi*	厦门港（邢小丽，2007）
227	曼氏骨条藻	*Skeletonema munzelii*	厦门港（邢小丽，2007）
228	拟中肋骨条藻	*Skeletonema pseudocostatum*	厦门港（邢小丽，2007）
229	热带骨条藻	*Skeletonema tropicum*	厦门港（邢小丽，2007）
230	* 掌状冠盖藻	*Stephanopyxis palmeriana*	

续表

序号	中文种名	拉丁文学名	备注
231	塔形冠盖藻	*Stephanopyxis turris*	
232	泰晤士扭鞘藻	*Streptotheca thamesis*	
233	领形双菱藻	*Surirella collare*	
234	美丽双菱藻挪威变种	*Surirella elegans* var. *norvegica*	
235	华状双菱藻	*Surirella fastuosa*	
236	流水双菱藻	*Surirella fluminensis*	
237	芽形双菱藻	*Surirella gemma*	
238	库氏双菱藻	*Surirella kurtzii*	
239	双菱藻	*Surirella* spp.	
240	尖针杆藻	*Synedra acus*	
241	平片针杆藻	*Synedra tabulata*	厦门港（邢小丽，2007）
242	平片针杆藻小型变种	*Synedra tabulata* var. *parva*	厦门港（邢小丽，2007）
243	肘状针杆藻	*Synedra ulna*	
244	针杆藻	*Synedra* spp.	
245	* 菱形海线藻	*Thalassionema nitzschioides*	
246	菱形海线藻小型变种	*Thalassionema nitzschioides* var. *parva*	
247	* 艾伦海链藻	*Thalassiosira allenii*	厦门港（邢小丽，2007）
248	密联海链藻	*Thalassiosira condensata*	香港（Dickman and Zhang，1999）
249	细长列海链藻	*Thalassiosira leptopus*	
250	* 极小海链藻	*Thalassiosira minima*	厦门港（邢小丽，2007）
251	* 蓼软海链藻	*Thalassiosira mala*	厦门港（邢小丽，2007）
252	* 诺氏海链藻	*Thalassiosira nordenskioldi*	厦门港（邢小丽，2007）
253	* 太平洋海链藻	*Thalassiosira pacifica*	香港（Dickman and Zhang，1999）
254	* 假微型海链藻	*Thalassiosira pseudonana*	微型（定性样品）
255	* 细弱海链藻	*Thalassiosira subtilis*	
256	海链藻 1（偏心型组）	*Thalassiosira* sp.1 （含 *Coscinodiscus excentricus* 等）	
257	海链藻 2（线型组）	*Thalassiosira* sp.2（含 *Coscindiscus lineatus*， *C. marginato-lineatus* 等）	
258	* 威氏海链藻	*Thalassiosira weissflogii*	厦门港（邢小丽，2007）
259	佛氏海毛藻	*Thalassiothrix frauenfeldii*	
260	长海毛藻	*Thalassiothrix longissima*	
261	地中海海毛藻	*Thalassiothrix mediterranea*	
262	海毛藻	*Thalassiothrix* sp.	
263	范氏海毛藻	*Thalassiothrix vanhoeffenii*	
264	蜂窝三角藻	*Triceratium favus*	
265	粗纹藻	*Trachyneis aspera*	厦门港（邢小丽，2007）
266	卵形褶盘藻	*Tryblioptychus cocconeiformis*	厦门港（邢小丽，2007）
267	角毛藻休眠孢子	*resting spore*	厦门港（邢小丽，2007）
III	金藻门	Chrysophyta	
268	* 小等刺硅鞭藻	*Dictyocha fibula*	

续表

序号	中文种名	拉丁文学名	备注
Ⅳ	黄藻门	Xanthophyta	
269	黄管藻	*Ophiocytium* sp.	
270	头状黄管藻	*Ophiocytium capitatum*	
Ⅴ	裸藻门	Euglenophyta	
271	长尾扁裸藻	*Phacus longicauda*	
Ⅵ	绿藻门	Chlorophyta	
272	韩氏集星藻	*Actinastrum hantzschii*	
273	纤维藻	*Ankistrodesmus* sp.	
274	镰形纤维藻	*Ankistrodesmus falcatus*	
275	锥刺四棘鼓藻	*Arthrodesmus subulatus*	
276	绿星球藻	*Asterococcus* sp.	
277	小球藻	*Chlorella* sp.	
278	厚顶新月藻	*Closterium dianae*	
279	新月藻	*Closterium* sp.	
280	长拟新月藻	*Closteriopsis longissima*	
281	小空星藻	*Coelastrum microporum*	
282	华美十字藻	*Crucigenia lauterbornei*	
283	四角十字藻	*Crucigenia quadrata*	
284	纺锤柱形鼓藻	*Penium libellula*	
285	双射盘星藻	*Pediastrum biradiatum*	
286	比韦盘星藻	*Pediastrum biwae*	
287	二角盘星藻纤细变种	*Pediastrum duplex* var. *gracillimum*	
288	单角盘星藻	*Pediastrum simplex*	
289	盘星藻	*Pediastrum* sp.	
290	尖细栅藻	*Scenedesmus acuminatus*	
291	爪哇栅藻	*Scenedesmus javaensis*	
292	龙骨栅藻	*Scenedesmus cavinatus*	
293	齿牙栅藻	*Scenedesmus denticulatus*	
294	二形栅藻	*Scenedesmus dimorphus*	
295	斜生栅藻	*Scenedesmus obliquus*	
296	裂孔栅藻	*Scenedesmus perforatus*	
297	四尾栅藻	*Scenedesmus quadricauda*	
298	四尾栅藻极大变种	*Scenedesmus quadricauda* var. *maxmus*	
299	刚毛弓形藻	*Schroederia setigera*	
300	螺旋弓形藻	*Schroederia spiralis*	
301	水绵 1	*Spirogyra* sp. 1	
302	水绵 2	*Spirogyra* sp. 2	
303	水绵 3	*Spirogyra* sp. 3	
304	角星鼓藻	*Staurastrum* sp.	
305	二叉四角藻	*Tetraedron bifureatum*	

续表

序号	中文种名	拉丁文学名	备注
306	单棘四星藻	*Tetrastrum hastiferum*	
307	韦氏藻	*Westella botryoides*	
308	粗刺微芒藻	*Micractinium crassisetum*	
309	香味网绿藻	*Dictyochloris fragrans*	
Ⅶ	甲藻门	Pyrrophyta	
310	*△链状亚历山大藻	*Alexandrium catenella*	
311	*△塔玛亚历山大藻	*Alexandrium tamarense*	厦门港（孙美琴，2005）
312	亚历山大藻	*Alexandrium* sp.	
313	短角角藻	*Ceratium breve*	
314	偏转角藻	*Ceratium deflexum*	
315	*叉状角藻	*Ceratium furca*	
316	*梭角藻（纺锤角藻）	*Ceratium fusus*	
317	膨角藻	*Ceratium inflatum*	
318	大角角藻	*Ceratium macroceros*	
319	*马西里亚角藻	*Ceratium massiliense*	
320	美丽角藻	*Ceratium pulchellum*	
321	角藻	*Ceratium* spp.	
322	*三叉角藻	*Ceratium trichoceros*	
323	*三角角藻	*Ceratium tripos*	
324	*△渐尖鳍藻	*Dinophysis acuminata*	厦门港（孙美琴，2005）
325	*△具尾鳍藻	*Dinophysis caudata*	
326	*△倒卵形鳍藻	*Dinophysis forthii*	香港（Dickman and Zhang，1999）
327	疣刺漆沟藻	*Gonyaulax spinifera*	香港（Dickman and Zhang，1999）
328	春膝沟藻	*Gonyaulax verior*	厦门港（孙美琴，2005）
329	膝沟藻	*Gonyaulax* sp.	
330	*△米金裸甲藻（米氏凯伦藻）	*Gymnodinium mikimotoi* (=*Karenia mikimotoi*)	
331	*△多边舌甲藻	*Lingulodinium polyedrum*	厦门港（孙美琴，2005；邢小丽，2007）
332	*夜光藻	*Noctiluca scintillans*	
333	多甲藻	*Peridinium* sp.	
334	*△波罗的海原甲藻	*Prorocentrum balticum*	香港（Dickman and Zhang，1999）
335	*△海洋原甲藻	*Prorocentrum micans*	
336	*△微小原甲藻	*Prorocentrum minimum*	香港（Dickman and Zhang，1999）
337	*△反屈原甲藻	*Prorocentrum sigmoides*	香港（Dickman and Zhang，1999）
338	锥腹原多甲藻	*Protoperidinium conicoides*	厦门港（孙美琴，2005）
339	锥形原多甲藻	*Protoperidinium conicum*	厦门港（孙美琴，2005）
340	*叉形原多甲藻	*Protoperidinium divergens* (=*Peridinium divergens*)	
341	海洋原多甲藻	*Protoperidinium oceanicum* (=*Peridinium oceanicum*)	
342	灰甲原多甲藻	*Protoperidinium pellucidum*	厦门港（孙美琴，2005）

续表

序号	中文种名	拉丁文学名	备注
343	原多甲藻	*Protoperidinium* spp.	
344	* 斯氏藻	*Scrippsiella* sp.	厦门港（邢小丽，2007）
345	* 锥状斯氏藻	*Scrippsiella trochoidea*	厦门港 （孙美琴，2005；邢小丽，2007）
346	* # ○沃氏甲藻	*Woloszynskia* sp.	厦门港（邢小丽，2007）
Ⅷ	肉足鞭毛虫门	Sarcomastigophora	
347	五叶抱球虫	*Globigerina quinqueloka*	
Ⅸ	软体动物门	Mollusca	
348	明螺	*Atlanta* sp.	
349	大口明螺	*Atlanta lesueuri*	
Ⅹ	节肢动物门	Arthropoda	
350	肥胖三角溞（肥胖僧帽溞）	*Evadne tergestina*	
351	中华哲水蚤	*Sinocalanus sinensis*	
352	微刺哲水蚤	*Canthocalanus pauper*	
353	普通波水蚤	*Undinula vulgaris*	
354	亚强真哲水蚤	*Eucalanus subcrassus*	
355	小拟哲水蚤	*Paracalanus parvus*	
356	针刺拟哲水蚤	*Paracalanus aculeatus*	
357	强额拟哲水蚤	*Paracalanus crassirostris*	
358	厦门矮隆哲水蚤	*Bestiola amoyensis*	
359	刺尾纺锤水蚤	*Acartia spinicauda*	
360	太平洋纺锤水蚤	*Acartia pacifica*	
361	中华异水蚤 (= 中华小纺锤水蚤）	*Acartiella sinensis*	
362	尖刺唇角水蚤	*Labidocera acuta*	
363	真刺唇角水蚤	*Labidocera euchaeta*	
364	锥形宽水蚤	*Temora turbinata*	
365	海洋伪镖水蚤	*Pseudodiaptomus marinus*	
366	刷状伪镖水蚤	*Pseudodiaptomus penicillus*	
367	火腿许水蚤	*Schmackeria poplesia*	
368	星叶剑水蚤	*Sapphirina stellata*	
369	细长腹剑水蚤	*Oithona attenuata*	
370	隐长腹剑水蚤	*Oithona decipiens*	
371	拟长腹剑水蚤	*Oithona similis*	
372	近缘大眼剑水蚤	*Corycaeus affinis*	
373	美丽大眼剑水蚤	*Corycaeus speciosus*	
374	东亚大眼剑水蚤	*Corycaeus asiaticus*	
375	平大眼剑水蚤	*Corycaeus dahli*	
376	大眼剑水蚤	*Corycaeus* sp.	
377	背突隆剑水蚤	*Oncaea clevei*	

续表

序号	中文种名	拉丁文学名	备注
378	尖额真猛水蚤	*Euterpina acutifrons*	
379	挪威小毛猛水蚤	*Microsetella norvegica*	
380	节糠虾	*Siriella* sp.	
XI	尾索动物门	Urochorda	
381	异体住囊虫	*Oikopleura dioica*	
XII	浮游幼体	*Pelagic larva*	
382	纺锤水蚤幼体	*Acartia larva*	
383	唇角水蚤幼体	*Labidocera larva*	
384	角水蚤幼体	*Pontellina larva*	
385	胸刺水蚤幼体	*Centropages larva*	
386	中华哲水蚤幼体	*Sinocalanus larva*	
387	伪镖水蚤幼体	*Pseudodiaptomus larva*	
388	长腹剑水蚤幼体	*Oithona larva*	
389	大眼剑水蚤幼体	*Corycaeus larva*	
390	桡足类无节幼体	*Copepoda nauplius larva*	
391	桡足幼体	*Copepodite larva*	
392	莹虾幼体	*Lucifer larva*	
393	中国毛虾幼体	*Acetes chinensis*	香港（Dickman and Zhang，1999）
394	短尾类蚤状幼体	*Brachyura zoea larva*	
395	僧帽牡蛎幼体	*Saccostrea cucullata*	香港（Chu et al.，1997）
396	纹藤壶幼体	*Balanus amphitrite*	香港（Chu et al.，1997）
397	藤壶无节幼虫	*Balanus nauplius larva*	
398	#沙筛贝幼体	*Mytilopsis sallei*	香港（Chu et al.，1997）
399	小相手蟹幼体	*Nanosesarma* sp.	香港（Chu et al.，1997）
400	多毛类幼体（环节动物门）	*Polychaeta larva* (Annelida)	
401	蛇稚虫幼体	*Boccardia* sp.	香港（Chu et al.，1997）
402	阔沙蚕幼体（环节动物门）	*Platynereis larva* (Annelida)	
403	长尾类幼体	*Macruran larva*	
404	无脊椎动物卵	invertebrate eggs	
405	海鞘类幼体	*Ascidian* sp.	香港（Chu et al.，1997）

注：#外来入侵种和潜在入侵种；*有害赤潮生物；△产毒生物；○疑似产毒生物；除特别加注补充的记录外，均为本调查(2006～2008年)所检出的物种

上述物种中硅藻种数最多(60属255种，占植物总种数75.81%)，其次是绿藻门(21属38种)，较多的还有甲藻门(11属35种)和蓝藻门(5属6种)，金藻、裸藻和黄藻等门类较少(1～2种)。其中在20μm孔径网滤样发现的常见种(出现率≥30%)是条纹小环藻(*Cyclotella striata*)、波状辐裥藻(*Actinoptychus undulatus*)、小眼圆

筛藻(*Coscinodiscus oculatus*)和布氏双尾藻(*Ditylum brightwellii*)等；在77μm孔径网滤样里发现的常见种是菱形海线藻(*Thalassionema nitzschioides*)、中华盒形藻(中华齿状藻)(*Biddulphia sinensis=Odontella sinensis*)、中肋骨条藻(*Skeletonema costatum*)、星脐圆筛藻(*Coscinodiscus asteromphalus*)和纺锤角藻(*Ceratium fusus*)等。两种滤样的植物组成虽然有不同，但均以硅藻为主体，绿藻其次。后者是淡水、半咸淡水种，物种虽然多但出现率较低，仅出现在压舱水盐度较低(<5)的有关船舶。

另外，从160μm和77μm两种孔径网收集的滤样里记录到浮游动物5门30属59种(包括16种通常无法鉴定到种的不同门类浮游动物幼体和无脊椎动物卵)。其中桡足类物种最多(含10种幼体，共21属37种，占动物总种数的71.2%)，主要包括哲水蚤目(Calanoida)、剑水蚤目(Cyclopoida)和猛水蚤目(Harpacticoida)种类。其中软体动物门(Mollusca)和环节动物门(Annelida)各2种，肉足鞭毛虫门(Sarcomastigophora)和尾索动物门(Urochorda)各1种。节肢动物门(Arthropoda)的物种最多(49种)，尤其是桡足类(Copepoda)，达21属40种(含10种幼体)，占动物总种数的67.80%。动物物种组成的主要特点有两个：一是浮游幼体和卵比较多。除了桡足类的幼体外，还有多毛类(Polychaeta)的阔沙蚕幼体(*Platynereis larva*)、十足类的莹虾幼体(*Lucifer larva*)、(蔓足亚纲)围胸目的藤壶无节幼虫(*Balanus nauplius larva*)、长尾类幼体(*Macruran larva*)、短尾类的溞状幼体(*Brachyura zoea larva*)，以及无脊椎动物卵等；二是小型种所占物种数量比例较高。以桡足类为例，除幼体外的29种中，小型种就占22种(75.9%)，分属于拟哲水蚤科(Paracalanidae)、纺锤水蚤科(Acartiidae)、胸刺水蚤科(Centropagidae)、伪镖水蚤科(Pseudodiaptomidae)和长腹剑水蚤科(Oithonidae)等。仅发现角水蚤科(Pontellidae)唇角水蚤属(*Labidocera*)的少数几种是中、大型桡足类。常见种主要由沿岸低盐性类群和广盐性类群组成，外海高盐性类群种类较少。低盐性类群代表种有枝角类的肥胖僧帽溞(*Evadne tergestina*)和众多的桡足类，如中华哲水蚤(*Sinocalanus sinensis*)、锥形宽水蚤(*Temora turbinata*)、微刺哲水蚤(*Canthocalanus pauper*)、针刺拟哲水蚤(*Paracalanus aculeatus*)等暖温–高温低盐种。该类群还包括火腿许水蚤(*Schmackeria poplesia*)、太平洋纺锤水蚤(*Acartia pacifica*)、海洋伪镖水蚤(*Pseudodiaptomus marinus*)、真刺唇角水蚤(*Labidocera euchaeta*)和中华异水蚤(*Acartiella sinensis*)等广温性半咸淡河口种类；广盐性类群的代表种主要包括小拟哲水蚤(*Paracalanus parvus*)、近缘大眼剑水蚤(*Corycaeus affinis*)和拟长腹剑水蚤(*Oithona similis*)等广温广盐种。高温高盐的外海类群的代表种有普通波水蚤(*Undinula vulgaris*)等桡足类。

华南主要港口外来船舶压舱水所收集的浮游植物和浮游动物的平均丰度分别为2934.7cells/dm^{3}和32 451.4ind./m^3。浮游植物丰度以硅藻、绿藻和甲藻为主体；浮游动物则以节肢动物，尤其是小型桡足类(包括幼体)为主。本次调查与以往调查结果相比，除了物种较丰富外丰度也明显较高(表2.2，表2.3)。

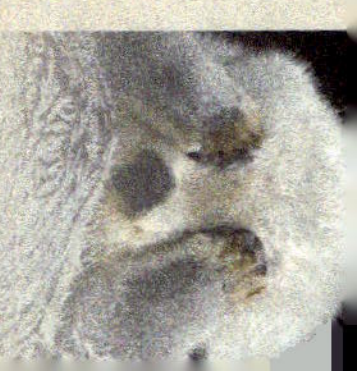

表2.2　中国有关港口间检出的压舱水生物物种丰富度和丰度比较

调查时间（年.月）/ 口岸	船数（始发港）/ 采样方法	外轮压舱水生物物种丰富度	外轮压舱水生物平均丰度	压舱水理化特点（水龄 / 水温 / 盐度 / 溶解氧 /pH）	材料来源
2006.12 ～ 2008.8/ 东南沿海港口	17 艘（东南亚、阿拉伯海等）/ 采水 100 ～ 200dm³，依次经 160μm、77μm 和 10μm 3 种不同孔径的网过滤	植物：7 门 87 属 257 种（含赤潮种 60 种）；动物：5 门 30 属 52 种；福建沿海和金门一带尚无记录的 12 种	植物：2 934.7cells/dm³；动物：32 451.4ind./m³	2 ～ 210 天 /16 ～ 24.6℃ / 5 ～ 38	本调查
1994.6 ～ 1995.10/ 香港	5 艘（亚洲和北美沿岸）/ 定量样品用 80μm 孔径网自舱底到舱表拖网；定性样品多次拖网（侧重于动物）	植物：2 门 6 种；动物：11 门至少 62 种（未列物种名录）；实验室幼体培养出 7 种动物（含 3 种定种，1 种外来入侵种）	哲水蚤目：0 ～ 850ind./m³；剑水蚤目：0 ～ 1 500ind./m³；猛水蚤目：0 ～ 350ind./m³	1 天至 1 年 /24 ～ 31℃ / 29 ～ 39/ 4.8 ～ 10.7mg/dm³ (DO)	Chu et al.，1997
1996.6 ～ 1997.4/ 香港	34 艘（美国奥克兰港）/ 采水 100dm³，经 10μm 孔径网过滤（侧重于植物）	植物：2 门 107 种（仅列出 15 种有害藻种名录）	植物：550cells/dm³（中途换大洋水）与 4235cells/dm³（未换水）	20 艘：16 天；14 艘：9 ～ 17 天	Zhang and Dickman，1999
1996.6 ～ 1998.2/ 香港	9 艘（墨西哥曼萨尼约港）/ 采水 100dm³，取 20dm³ 水经 10μm 孔径网过滤（侧重于植物）	植物：2 门 59 种（中途换水的 53 种；未换的 34 种）。即当时国内尚无记录的仅 3 种	植物：436cells/dm³（中途换大洋水）与 838cells/dm³（未换水）	21 天左右 /32.7 ～ 35.6（没换水）与 34.4 ～ 35.8（换水）	Zhang and Dickman，1999
2002.3 ～ 2003.7 / 宁波港	52 艘（未在公海换水的国际航行船舶数不详）/ 采水量不详（侧重于植物）	植物：5 门 48 种；动物 6 类 18 种（仅列出 14 种"赤潮相关种"和 4 种"外洋种"）	植物：3 500cells/dm³；动物：1 640ind./m³；"赤潮相关种"：115ind./m³	—	郑剑宁等，2005
2004.3 ～ 5 / 烟台港，2003.10 ～ 2004.3 / 日照港	17 艘（东南亚）/ 采水 0.5dm³（侧重于植物） 23 艘（东南亚）/ 采水 0.5dm³	植物：2 门 22 属 31 种，列出 18 种同期未在锚地出现的物种 植物：3 门 41 种，列出 21 种同期未在锚地出现的物种	— —	— —	李伟才等，2006

表2.3　17艘外轮压舱水检出的不同粒级压舱水浮游生物的丰度

生物体粒径	20～77μm	77～160μm	＞160μm
浮游植物丰度/(cells/dm³)	2 432.1(0.0～29 569.4)	122.3(0.0～905.4)	
浮游动物丰度/(ind./dm³)		74.9(0.0～1 305.7)	1.1(0.0～9.2)
总丰度/(ind./dm³)	2 432.1(0.0～29 569.4)	197.2(0.0～2 211.1)	1.1(0.0～9.2)
《国际船舶压舱水及沉积物控制和管理公约（草案）》丰度检出阈值(CCS海事室，2004)/(ind./dm³)	＜10 000 ＜10 000(10～50μm)	＜0.01 ＜0.01(≥50μm)	＜0.01 ＜0.01(≥50μm)

第三节　压舱水生物入侵机制研究

外来生物物种是指当地历史上从来没有分布的，而是被人类直接或间接引入的生物物种。在外来生物物种当中，有一些生物物种被引入之后，由于环境适宜、没有天敌等，通过迅速繁殖与当地生物物种产生激烈的竞争，以致剥夺当地物种的生存空间和食物资源，最终排挤和消灭掉被竞争的当地物种，破坏当地的生态平衡。这些极具侵略性的外来生物物种就被称为“外来入侵物种”“外来入侵生物”或“外来入侵生物物种”。外来物种入侵新的生境需要具备一定的条件，尽管目前对这种条件的研究还只是初步的，但核心问题是外来种入侵的生物学和生态学研究。目前的研究大致可分为4个方面：①入侵过程研究；②入侵机制研究；③入侵预测和风险评估研究；④应对策略和防控措施研究。我国对陆地生物的入侵已逐步展开深入的研究，但对海洋生物入侵的关注较少，而且都停留在一般性资料的分析和推测上，实地调查和试验数据更少，对其危害的程度和如何防治缺乏基础数据(黄建辉等，2003；刘芳明等，2007)。本研究通过对压舱水样品进行培养，观察其浮游生物的生存能力；分析了压舱水中浮游生物与压舱水水龄、温度、盐度等因素的关系，从而探讨外来船舶压舱水中生物的环境适应性。同时，通过模拟压舱水中携带的生物被排放进入目的港口的情况，对船舶压舱水中的赤潮藻与本地赤潮物种间的竞争进行研究，从而进一步探讨船舶压舱水携带外来生物入侵的机制。

一、环境适应性研究

1. 压舱水中浮游植物的培养

压舱水舱是一个恶劣的环境，伴随着相当大的扰动，缺乏食物和光(U.S. Coast Guard，1993)。最后的幸存者必须通过4个阶段才能确保从一个地方到另一个地方能生存发展：①加装压舱水；②经过船舶运输；③排放压舱水；④在新的环境中竞争生长。并不是所有被载入压舱水舱中的生物都能存活下来，因此我们需要对排放的压舱水或沉积物进行培养，来确定被载入压舱水舱中的生物经过水舱内恶劣的环境后是否仍具有生存能力。通过细胞培养能更准确地说明细胞的存在状态，较好地评估排

放的压舱水是否有可能给某一国港口水域带来危害，同时也为入侵机制的研究提供依据。

国内对外来船舶压舱水生物物种入侵机制的研究多见于香港(外轮压舱水动物)和厦门(外轮压舱水植物)的初步工作。Chu等于1997年对动物幼体做了室内培养工作，共有7种幼体被成功培养，其中沙筛贝(*Mytilopsis sallei*)是我国至今唯一记录到的压舱水外来入侵动物物种。这充分说明浮游动物的幼体随压舱水排入锚地后仍具有繁衍的机会，对锚地的生态系统具有潜在的威胁。在浮游植物方面，邢小丽(2007)通过模拟压舱水舱黑暗的环境条件来研究厦门港外来船舶压舱水中潜在入侵种的生存能力，其中，沃氏甲藻可以在压舱水黑暗环境下生活100天以上，并且有可能随着压舱水排放而传播到世界各地。据报道，沃氏甲藻属的某些种类可以形成赤潮(Kremp et al.，2005)。因此，沃氏甲藻的排放可能会给锚地带来潜在的入侵威胁。

Hallegraeff和Bolch(1991，1992)提出，压舱水及其沉积物中携带大量硅藻和甲藻细胞，以及它们的休眠孢子或孢囊，如聚生角毛藻(*Chaetoceros socialis*)休眠孢子在20%的沉积物样品中存在。同时，沉积物培养结果发现，有大量的长耳盒形藻、聚生角毛藻，一些小的、不产生休眠形式的羽纹纲硅藻如舟形藻和菱形藻在沉积物黑暗环境和4℃的环境下保存6个月后仍能培养出活体细胞。Kelly(1993)对进入华盛顿的外来船舶压舱水及其沉积物进行培养，成功培养出14种硅藻(主要是骨条藻、海链藻、斜纹藻、角毛藻、盒形藻、圆筛藻、双尾藻等)、3种甲藻(裸甲藻、原多甲藻、斯氏藻)及1种裸藻。Forbes和Hallegraeff(1998)发现浮游植物被载入压舱水舱后由于不适应黑暗和营养限制等恶劣条件，大部分浮游生物会沉入船舱底部并迅速衰退，5天左右便由褐色变成黑色，但一些硅藻，如角毛藻、短棘藻、双尾藻、细柱藻、骨条藻和海链藻可以形成休眠孢子(Garrison，1984；Sicko-Goad et al.，1989；McQuoid and Hobson，1996)，甲藻则可以形成孢囊以度过不良环境。Forbes和Hallegraeff(1998)从压舱水中成功培养出31种硅藻，其中角毛藻、短棘藻、骨条藻和海链藻是可以培养出来的常见种，而一些暖水种如优美辐杆藻、长角盒形藻和太阳漂流藻也曾被成功培养。培养成活的硅藻约70%营浮游生活，30%营底栖生活。同时他们从71%的船舶压舱水中成功培养出活的拟菱形藻细胞。也有研究表明，不同的硅藻种类能在低光照或黑暗的环境下存活相当长的时间(Smayda and Mitchell-Innes，1974；Chan，1980；Lewis et al.，1999)，且压舱水中存活的浮游植物主要是成链的硅藻和甲藻(Burkholder et al.，2007)。

本研究用F/2培养液培养压舱水中的浮游植物，共成功培养出13种硅藻和1种甲藻(表2.4)。其中，出现频率最高的是海链藻，其次为骨条藻、菱形藻。而在培养出来的藻类中，有43%的物种营浮游生活，57%的物种营底栖生活。当船舶压舱水在异地港口排放时，上述藻类可以存活下来并对当地海区产生潜在的影响。本研究未曾采到底部的沉积物，仅就压舱水中的生物进行了培养，与Forbes和Hallegraeff(1998)的试验结果相符。

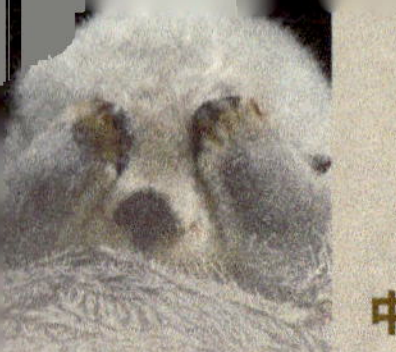

表2.4 压舱水中培养出的浮游植物种类

物种	出现频率/%
海链藻（*Thalassiosira* sp.）	66.7
菱形藻（*Nitzschia* sp.）	50
骨条藻（*Skeletonema* sp.）	50
新月菱形藻（*Nitzschia closterium*）	33.3
角毛藻（*Chaetoceros* sp.）	33.3
洛伦菱形藻（*Nitzschia lorenziana*）	16.7
长菱形藻（*Nitzschia longissima*）	16.7
翼茧形藻（*Amphiprora alata*）	16.7
菱形海线藻（*Thalassionema nitzschioides*）	16.7
日本星杆藻（*Asterionella japonica*）	16.7
念珠直链藻（*Melosira moniliformis*）	16.7
长耳盒形藻（*Biddulphia aurita*）	16.7
舟形藻（*Navicula* sp.）	16.7
裸甲藻（*Gymnodinium* sp.）	16.7

2. 压舱水类型和水龄对浮游植物种类和丰度的影响

压舱水水龄为压舱水在船舱内停留的时间。船舶在不同的港口装载（卸载）货物需要间断地排放（装载）压舱水，因船体结构及海况等因素不同，船舶压舱水的交换率并不是100%，总有5%左右的压舱水和舱底沉积物不能被排净（Rigby and Hallegraeff，1993；Zhang and Dickman，1999）。有研究表明，随压舱水水龄的延长，压舱水中的光自养生物种类多样性及丰度均降低（Chu et al.，1997；Gollasch et al.，1995；Dickman and Zhang，1999；Doblin et al.，2007），这可能是因为压舱水中光照度低或光照缺乏影响了光自养性种类的生存（Yoshida et al.，1996）。John和David（2007）研究发现压舱水龄与浮游植物丰度的相关性较弱（P=0.2＞0.05），而邢小丽（2007）指出，压舱水水龄对浮游植物的丰度影响显著（P=0.045＜0.05）。本研究结果表明，压舱水水龄对浮游植物的丰度具有显著影响（P=0.033＜0.05），且浮游植物丰度随着压舱水水龄的延长而降低（李炳乾，2009）。在压舱水舱无光照、缺氧和营养盐不足的环境下，浮游植物无法得到光合作用所需的物质和能量，不能合成供自身生长和繁殖所需要的营养，只能靠体内积累的有机物维持短暂的生命，虽然有一些浮游植物可以形成休眠孢子或孢囊以度过不良环境，但绝大多数的细胞会因为无法适应压舱水的环境而衰退死亡。因此，理论上随着水龄的增加，浮游植物的丰度会降低。本调查还对浮游动物的丰度与水龄的关系进行了分析，结果显示水龄对浮游动物的影响不明显。浮游动物在载入压舱水舱时会因为环境的变化太大（黑暗、缺少食物、温度的快速变化）而影响种群的分布（Gollasch et al.，2000），但仍有许多桡足类和原生动物可以在压舱水中生存1年以上（Chu et al.，1997）。因此，水龄的长短与外来生物的存活和入侵有一定的相关性。

从图2.1可以看出，集装箱船无论在种类上还是在细胞密度上都小于散货船和运沙船。集装箱船大都是长距离航行，装舱货物多，因此其携带的压舱水较少，排放量也很少，导致舱内压舱水的水龄比较长，故浮游植物的存活率较低。相反，散货船和运

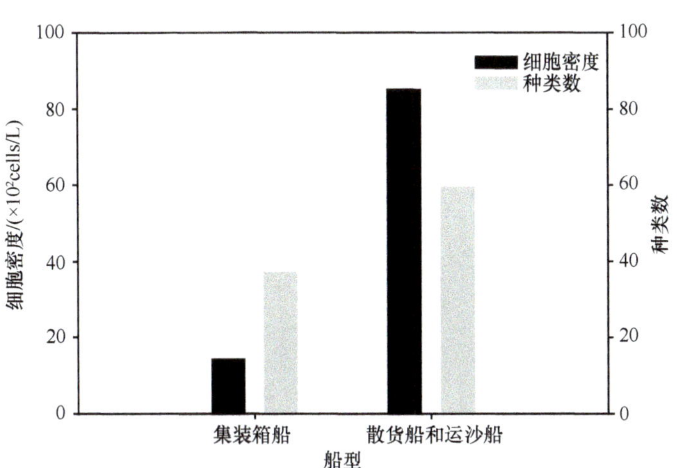

图2.1　2种不同类型的船舶压舱水中平均物种种类及细胞密度的情况

Cont-集装箱船；Bulk-散货和运沙船

沙船舱货量随机性较大，当船舶空舱时，舱内必然注入大量压舱水，且散货船大都短距离航行，故可以存活下来的浮游植物的种类和数量均较多。

浮游植物丰度与压舱水水龄呈负相关性，随着压舱水水龄的延长，浮游植物的丰度明显降低，压舱水水龄对浮游植物丰度的影响显著(P=0.033＜0.05)(图2.2)。

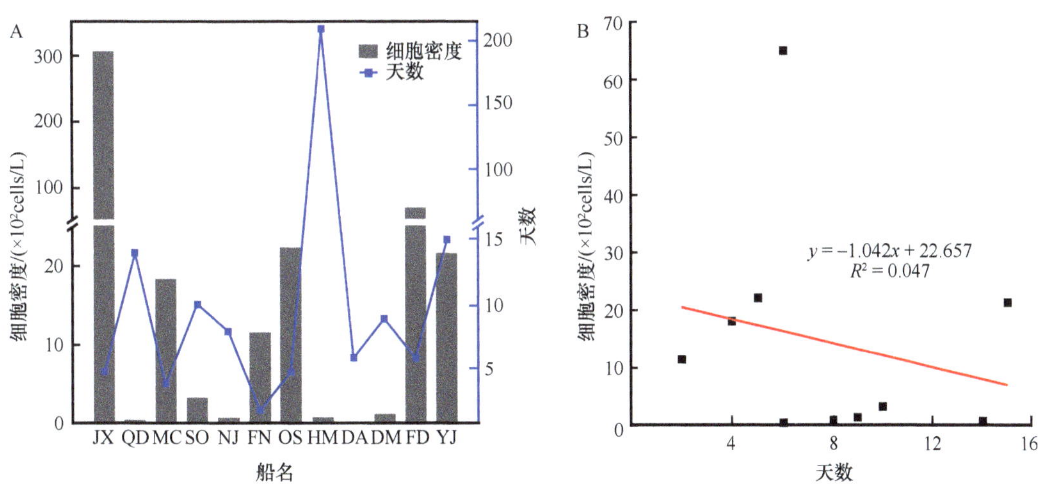

图2.2　压舱水水龄与浮游植物丰度的关系

A. 密度关系；B. 线性关系

注：晋祥(JX)，中外运青岛(QD)，地中海露德维卡(MC)，长定(ES)，金星银海(SO)，南极星(NJ)，苏妮(FN)，海神(OS)，海洋摩尔多瓦(HM)，达飞阿谷拉(DA)，达飞马尔斯(DM)，飞达多哥(FD)，远见(YJ)

从图2.3可以看出，压舱水的水龄与活细胞所占的比值呈负相关，压舱水水龄越长，活细胞所占的比值越小，反之，活细胞所占的比值越大。其中，中外运青岛号(QD)虽然压舱水水龄时间较长，但活细胞所占的比值较大，这是因为该船舶中浮游植物细胞的丰度非常低(4.5cells/L)，主要为活细胞。

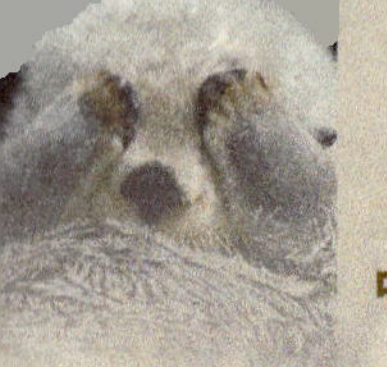

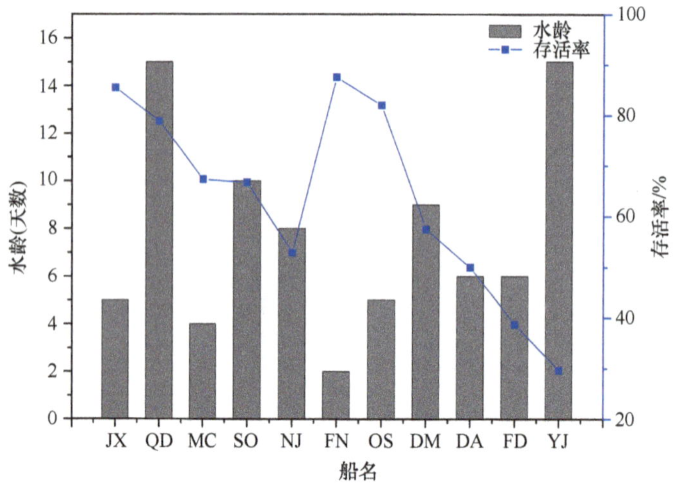

图2.3　压舱水水龄与活细胞所占比例的关系

3. 温度和盐度对浮游植物种类和丰度的影响

压舱水舱中的温度为16～24.6℃，此次调查中温度变化不明显，压舱水温度与浮游植物密度的相关性较弱。通过对外舱压舱水的温度与浮游植物密度作*T*检验分析，结果显示无显著差异(P=0.136＞0.05)。

压舱水中的盐度为3～38.6。对外轮压舱水的盐度与浮游植物密度作*T*检验分析，结果显示具有显著差异(P=0.044＜0.05)。根据盐度和对应的压舱水中浮游植物密度可将压舱水分为3类：淡水藻平均丰度较高的淡水、半咸淡河口港湾水(＜10)；海洋浮游植物平均丰度较高的近岸海水(10～31)；海洋浮游植物平均丰度较低的外海海水(＞31)(图2.4)。

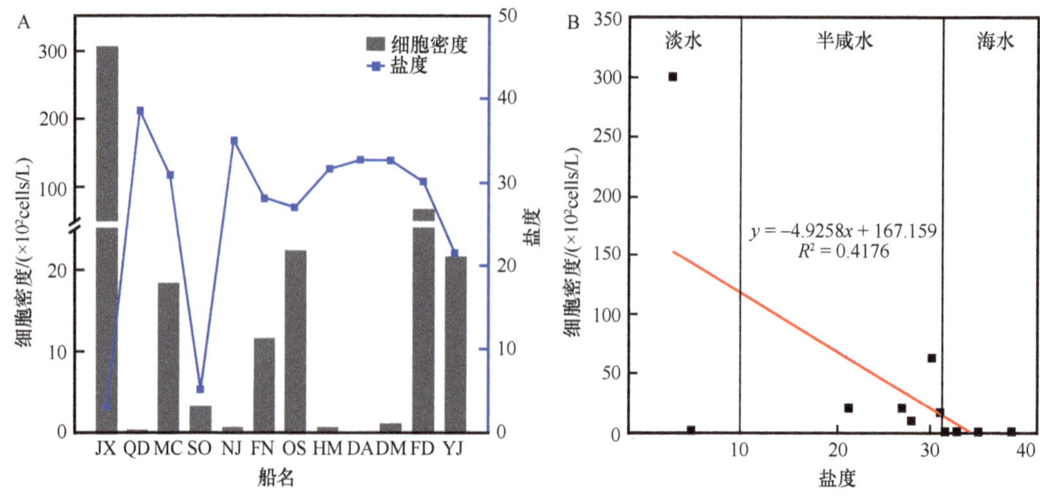

图2.4　压舱水盐度与浮游植物丰度的关系

A. 密度关系；B. 线性关系

4. 压舱水水龄对浮游动物丰度的影响

浮游动物丰度较高的船舶其最后压舱水的水龄都较短(一般<10天)，通过对12艘外轮压舱水的水龄与浮游动物丰度作*T*检验分析，结果表明无显著差异(P=0.376>0.05)(图2.5)。

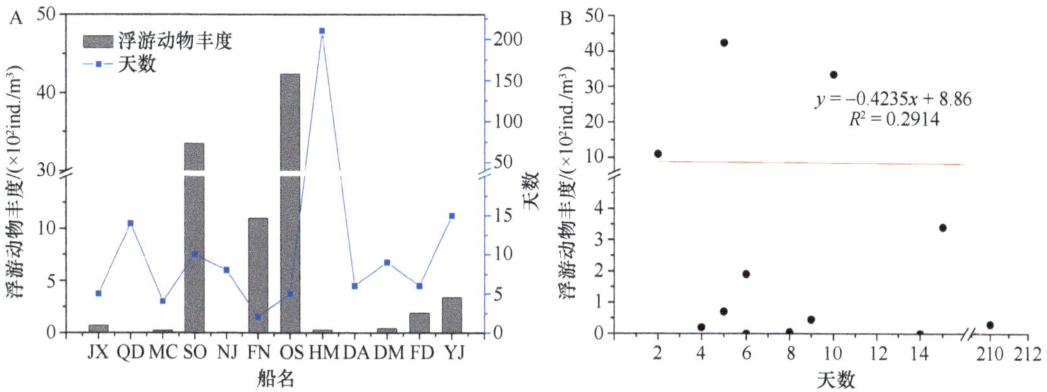

图2.5　压舱水水龄与浮游动物丰度的关系

A. 密度关系；B. 线性关系

5. 压舱水盐度对浮游动物丰度的影响

压舱水盐度与浮游动物丰度的关系见图2.6。通过对盐度与浮游动物丰度作*T*检验，结果表明具有显著相关性(P=0.0125<0.05)。盐度在0～31时，浮游动物丰度较高，种类数也多。盐度高于31(31～38.6)时浮游动物丰度较低，种类数也少。

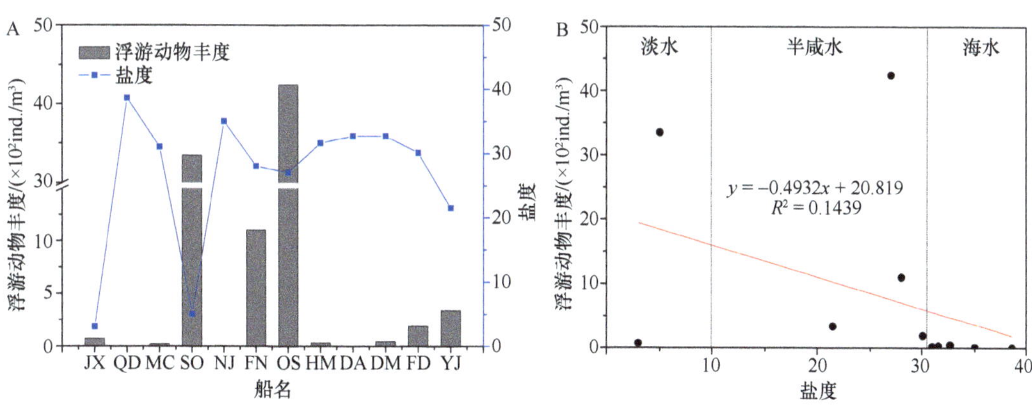

图2.6　压舱水盐度与浮游动物丰度的关系

A. 密度关系；B. 线性关系

二、竞争机制研究

船舶压舱水已经成为地理性隔离水体间的有害生物在全球传播和扩散的最主要

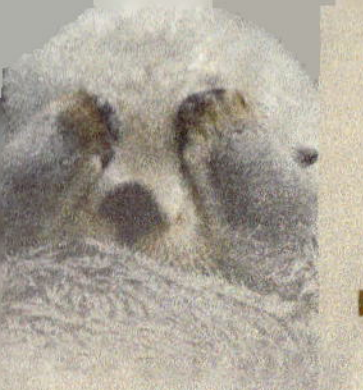

途径。通过对船舶压舱水转移外来海洋物种机制的研究，我们了解到外来物种入侵新的生境需要具备一定的条件，国内外的研究工作主要围绕着对排放的压舱水中含有的生物进行检测，即检测压舱水中存活的浮游植物细胞，以及休眠体孢子和孢囊(Hallegraeff and Balch，1992；MacDonald，1998；Forbes and Hallegraeff，1998；Burkholder et al.，2007；孙美琴，2005；邢小丽，2007)。而入侵机制中的第4个阶段(压舱水中携带的生物在新环境中的竞争生长情况)是对锚地水域直接造成影响的一个环节，也是评价入侵风险最重要的一个环节。

微藻之间的竞争作用是海洋生态系统的重要组成部分，对竞争机制的探讨可进一步揭示群落结构的演替等问题。国内外研究者普遍认为氮、磷营养盐条件是决定浮游植物生长的主要因子，而且是影响不同物种之间竞争的重要因素之一(Pratt，1966；齐雨藻等，1989)。氮、磷在海洋环境中的含量、形态构成和数量变动影响着赤潮生物的生理、生化组成，尤其是磷对甲藻细胞的生长和赤潮发生起着重要作用。在藻类细胞内，磷参与一系列重要的代谢过程，包括细胞的结构组成、分解代谢、能量转化及细胞协调等。沃氏甲藻是从压舱水舱的沉积物中分离出来的一种潜在有害入侵藻，可随着压舱水排放而传播到世界各地，沃氏甲藻属的某些种类可以发生赤潮，给锚地带来潜在的入侵威胁(Kremp et al.，2005)。邢小丽(2007)通过模拟压舱水舱黑暗的环境条件来研究厦门港外来船舶压舱水中潜在入侵种的生存能力，结果发现沃氏甲藻可以在压舱水黑暗环境下生活100天以上。因此，本研究通过研究沃氏甲藻与我国常见赤潮生物中肋骨条藻分别在不同磷酸盐浓度和起始细胞密度条件下的种群竞争关系，探讨船舶压舱水携带外来生物的入侵机制。

1. 材料与方法

实验用藻种为沃氏甲藻(*Woloszynskia* sp.) MMDL3013和中肋骨条藻(*Skeletonema costatum*)MMDL50610，藻种来源于厦门大学硅藻实验室。实验室保种采用F/2培养液，配置培养液的天然海水的盐度为30～32，培养温度为(22±1)℃，光照强度为2000lx，光暗周期为L∶D=12h∶12h。实验设置3个磷酸盐(PO_4^{3-})浓度梯度，分别为低磷酸盐1.2μmol/L、中磷酸盐3μmol/L和高磷酸盐12μmol/L。实验培养液中硝酸盐浓度均为70.33μmol/L，其他营养盐的浓度同F/2培养液。

实验同时设置了3组不同的初始细胞浓度，一组是中肋骨条藻(Sk)和沃氏甲藻(Wo)初始细胞浓度分别为800cells/mL和60cells/mL(以ρ_{Sk}∶ρ_{Wo}=800∶60表示，下同)，第二组是两者的初始细胞浓度分别为800cells/mL和600cells/mL(以ρ_{Sk}∶ρ_{Wo}=800∶600表示，下同)，第三组是两者的初始细胞浓度分别为800cells/mL和3000cells/mL(以ρ_{Sk}∶ρ_{Wo}=800∶3000表示，下同)。实验前对中肋骨条藻和沃氏甲藻在对应的营养盐浓度下驯化一周(生长对数期)，驯化后经计算确定所需加入的藻液体积以达到相应的起始浓度(表2.5)。

同时，作为对照，分别在不同磷酸盐浓度下对中肋骨条藻起始浓度为800cells/mL和沃氏甲藻起始浓度为60cells/mL、600cells/mL和3000cells/mL进行单种培养实验(表2.6)。

表2.5　实验设计

磷酸盐浓度	ρ_{Sk} ： ρ_{Wo}=800 ： 60	ρ_{Sk} ： ρ_{Wo}=800 ： 600	ρ_{Sk} ： ρ_{Wo}=800 ： 3000
1.2μmol/L	①②③	①②③	①②③
3μmol/L	①②③	①②③	①②③
12μmol/L	①②③	①②③	①③

注：①②③为三个平行样

表2.6　对照实验设计

磷酸盐浓度	ρ_{Sk}=800	ρ_{Wo}=60	ρ_{Wo}=600	ρ_{Wo}=3000
1.2μmol/L	①②③	①②③	①②③	①②③
3μmol/L	①②③	①②③	①②③	①②③
12μmol/L	①②③	①②③	①②③	①

注：①②③为三个平行样

实验用500mL的玻璃三角瓶进行藻细胞培养，培养体积为300mL，每隔2天取1～2mL计数。以上实验均设置3个平行样。

2. 不同磷酸盐浓度下沃氏甲藻与中肋骨条藻的生长情况

低磷酸盐浓度下的生长：沃氏甲藻在单独培养和混合培养下的生长情况有所不同(图2.7)。3组对照均体现出沃氏甲藻在单独培养时的增长速率比混合培养时高，且进入稳定期后，单独培养的沃氏甲藻浓度明显高于混合培养时的浓度。这说明，混合培养会在一定程度上抑制沃氏甲藻的生长。且在中肋骨条藻浓度一致的情况下，沃氏甲藻的起始浓度越高，其增长速率越高。

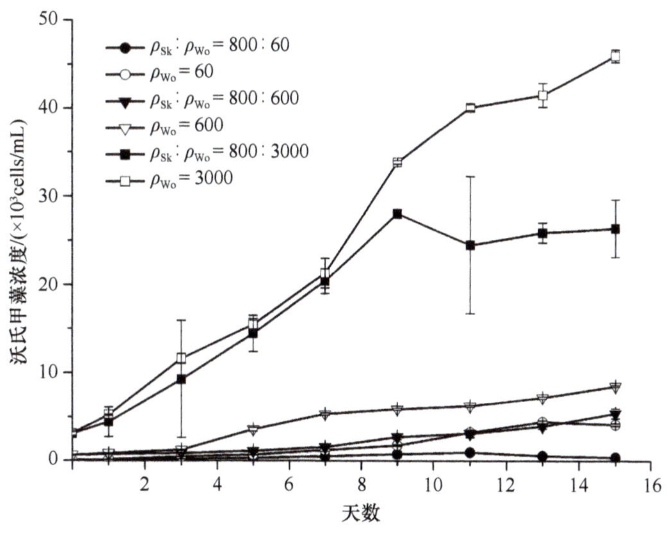

图2.7　低磷酸盐浓度(ρ=1.2μmol/L)条件下沃氏甲藻的细胞浓度变化

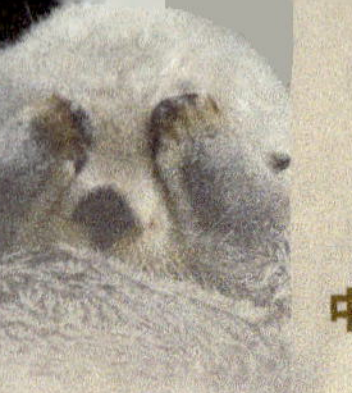

同样，中肋骨条藻在单独培养和混合培养下的生长情况也有所不同(图2.8)。培养前3天，单独培养及混合培养对中肋骨条藻的影响不大，3天后，与单独培养相比，混合培养时中肋骨条藻的生长均受到抑制。且沃氏甲藻的起始浓度越高，中肋骨条藻受到的抑制越明显，增长越慢。中肋骨条藻在单独培养时细胞增长速率最高，且在第9天开始进入稳定期，其最高密度达1.35×10^5cells/mL。

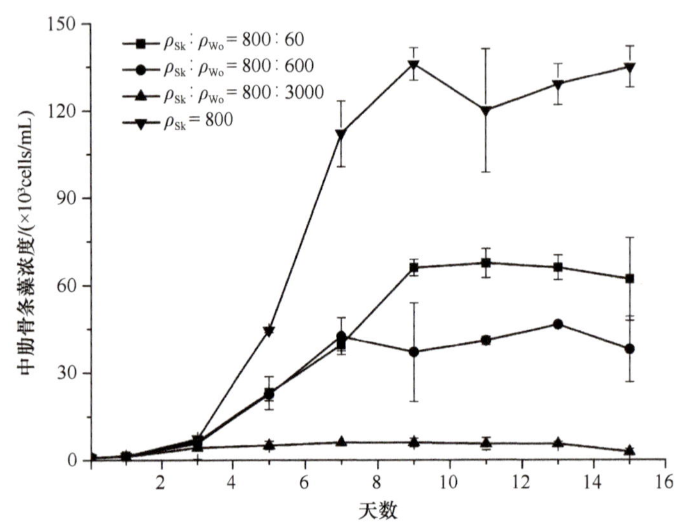

图2.8　低磷酸盐浓度(ρ=1.2μmol/L)条件下中肋骨条藻的细胞浓度变化

不同起始浓度下沃氏甲藻与中肋骨条藻的竞争生长情况：在起始浓度为ρ_{Sk}∶ρ_{Wo}=800∶60和800∶600时，中肋骨条藻的增长速率明显优于沃氏甲藻。在起始浓度为ρ_{Sk}∶ρ_{Wo}=800∶60时，中肋骨条藻在第9天进入稳定期，细胞浓度维持在6×10^4cells/mL左右。在起始浓度为ρ_{Sk}∶ρ_{Wo}=800∶600时，中肋骨条藻在第7天进入稳定期，浓度维持在4×10^4cells/mL左右，该浓度下沃氏甲藻的增长速率优于ρ_{Wo}=60时的增长速率。在起始浓度为ρ_{Sk}∶ρ_{Wo}=800∶3000时，沃氏甲藻的增长速率明显高于中肋骨条藻，沃氏甲藻在第9天进入稳定期，细胞浓度维持在2.5×10^4cells/mL左右，中肋骨条藻的浓度最高为5×10^3cells/mL(图2.9)。

中磷酸盐浓度下的生长：中磷酸盐浓度下沃氏甲藻在单独培养和混合培养下的生长情况同低磷酸盐时的情况相似(图2.10)。在起始浓度为ρ_{Sk}∶ρ_{Wo}=800∶60和800∶600时，沃氏甲藻从第7天开始表现出单独培养与混合培养的差异，且进入稳定期时，单独培养的沃氏甲藻浓度高于混合培养时的浓度。起始浓度为ρ_{Sk}∶ρ_{Wo}=800∶3000时，从第一天开始，单独培养的沃氏甲藻浓度始终高于混合培养时的浓度，直到第13天，混合培养的沃氏甲藻浓度赶上了单独培养的沃氏甲藻，之后两者的浓度基本上一致。

中磷酸盐浓度下中肋骨条藻在单独培养和混合培养下的生长情况见图2.11。培养前3天，单独培养及混合培养对中肋骨条藻的影响不大，3天后，与单独培养相比，混合培养时中肋骨条藻的生长均受到抑制，且沃氏甲藻的起始浓度越高，中肋骨条藻受到的抑制越明显，增长速率越慢。中肋骨条藻在单独培养时细胞增长最快，且在第13

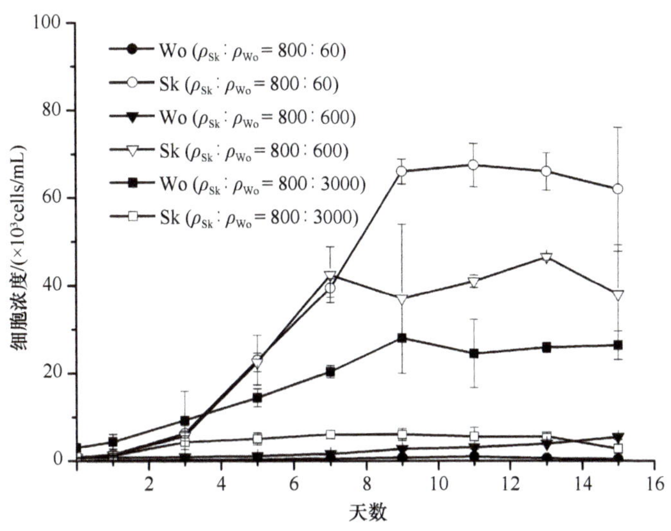

图2.9　不同起始浓度对沃氏甲藻和中肋骨条藻种群竞争的影响

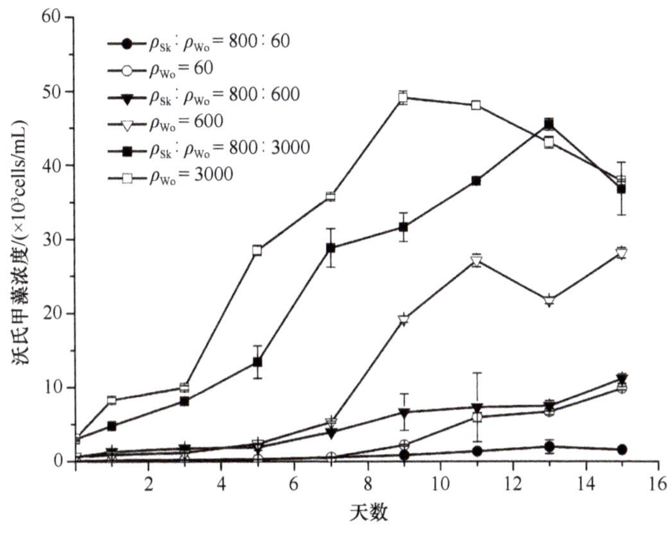

图2.10　中磷酸盐浓度(ρ=3μmol/L)条件下沃氏甲藻的细胞浓度变化

天具有最大浓度，约为1.9×10^{5}cells/mL。

在中磷酸盐浓度下，沃氏甲藻与中肋骨条藻的竞争生长情况不同(图2.12)。在起始浓度为ρ_{Sk}：ρ_{Wo}=800：60和800：600时，中肋骨条藻的增长速率明显优于沃氏甲藻，中肋骨条藻均在第7天进入稳定期，细胞浓度分别维持在1.25×10^{5}cells/mL和1.1×10^{5}cells/mL左右。在起始浓度为ρ_{Sk}：ρ_{Wo}=800：3000时，开始中肋骨条藻的增长速率高于沃氏甲藻，直到第9天沃氏甲藻的浓度超过中肋骨条藻，但相差不大，最终两者浓度均维持在3.5×10^{4}cells/mL左右。

高磷酸盐浓度下的生长情况：高磷酸盐浓度下沃氏甲藻在单独培养及混合培养情况下的生长见图2.13。在起始浓度为ρ_{Sk}：ρ_{Wo}=800：60和800：600时，沃氏甲藻均从第

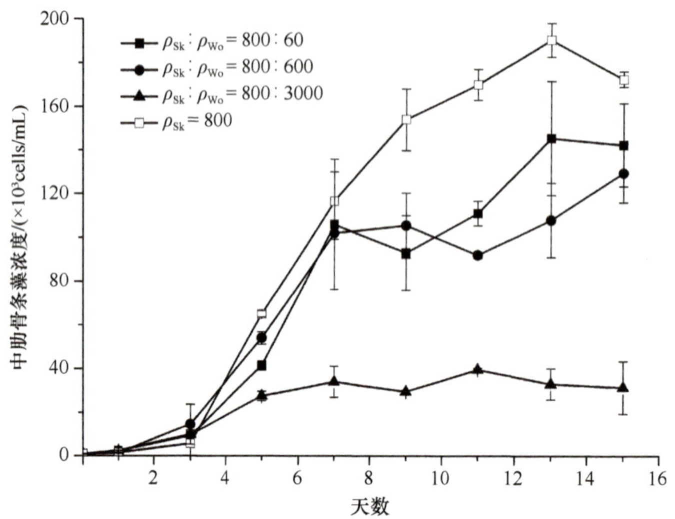

图2.11　中磷酸盐浓度(ρ=3μmol/L)条件下中肋骨条藻的细胞浓度变化

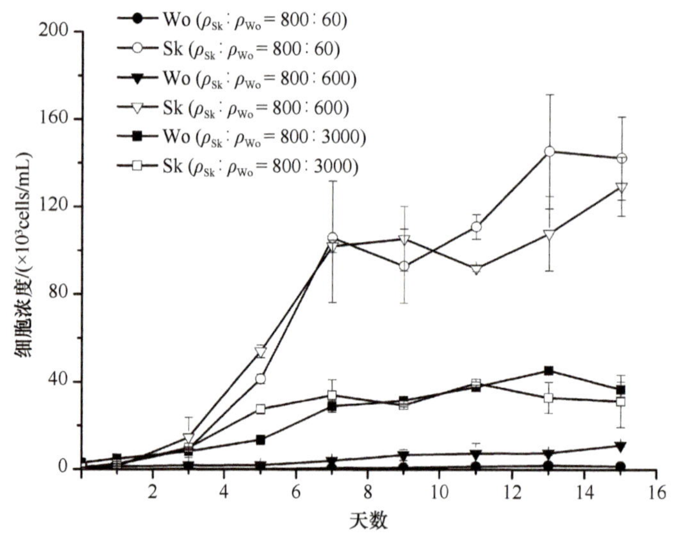

图2.12　不同起始浓度对沃氏甲藻和中肋骨条藻种群竞争的影响

7天开始表现出单独培养与混合培养的差异，最终单独培养的沃氏甲藻浓度高于混合培养时的浓度。起始浓度为ρ_{Sk}∶ρ_{Wo}=800∶3000时，从第3天开始，单独培养的沃氏甲藻浓度始终高于混合培养时的浓度。

高磷酸盐浓度下中肋骨条藻在单独培养和混合培养下的生长情况见图2.14。培养前3天，单独培养及混合培养对中肋骨条藻的影响不大，3天后，与单独培养相比，混合培养时中肋骨条藻的生长受到明显抑制的只有起始浓度为ρ_{Sk}∶ρ_{Wo}=800∶3000时。从第7天起，单独培养的中肋骨条藻的增长速率最高，其次是沃氏甲藻。在高磷酸盐浓度下，单独培养中肋骨条藻的生长优势明显低于中、低磷酸盐浓度时单独培养的优势。

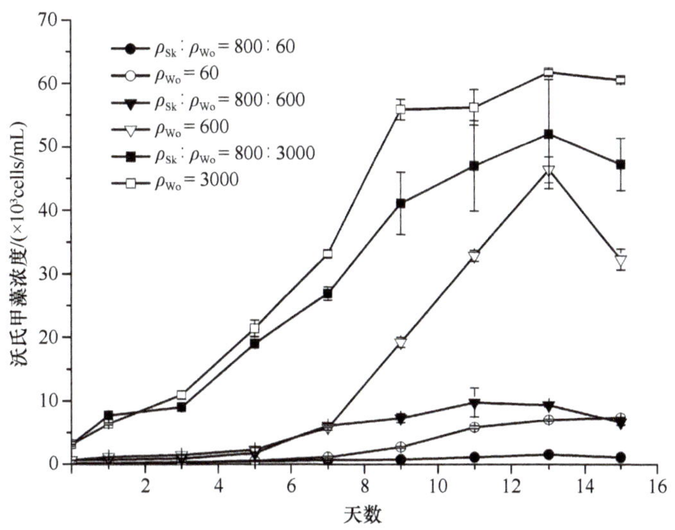

图2.13 高磷酸盐浓度(ρ=12μmol/L)条件下沃氏甲藻的细胞浓度变化

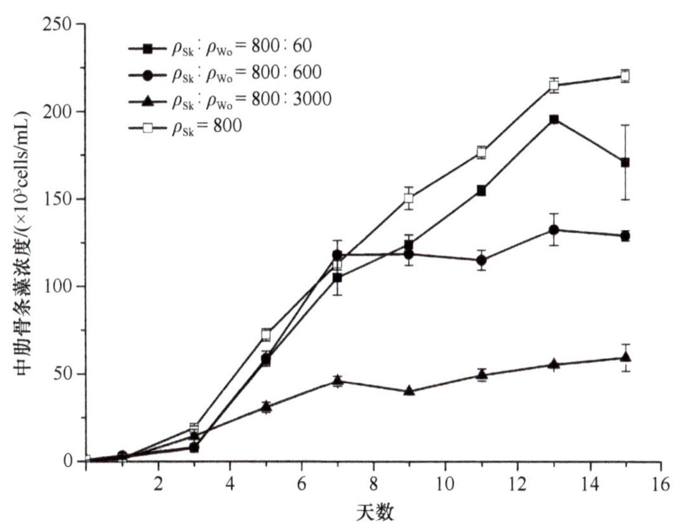

图2.14 高磷酸盐浓度(ρ=12μmol/L)条件下中肋骨条藻的细胞浓度变化

在高磷酸盐浓度下，沃氏甲藻与中肋骨条藻的竞争生长情况也不同(图2.15)。在起始浓度为ρ_{Sk}∶ρ_{Wo}=800∶60和800∶600时，中肋骨条藻的增长速度明显优于沃氏甲藻，前者在直到第13天才结束其指数生长期，最高浓度达2×10^{5}cells/mL，后者从第7天就进入稳定期，细胞浓度维持在1.2×10^{5}cells/mL。在起始浓度为ρ_{Sk}∶ρ_{Wo}=800∶3000时，中肋骨条藻的增长速率高于沃氏甲藻，从第3天开始，中肋骨条藻的浓度始终高于沃氏甲藻浓度，但相差不大。

本实验设置了3个不同的磷酸盐浓度来阐明磷酸盐对沃氏甲藻、中肋骨条藻及两种藻混合培养时竞争的影响。从图2.7、图2.10和图2.13可以看出，沃氏甲藻在3种不同磷酸盐浓度下的生长速率和稳定期细胞浓度具有明显差异。无论是单独培养还是混合培

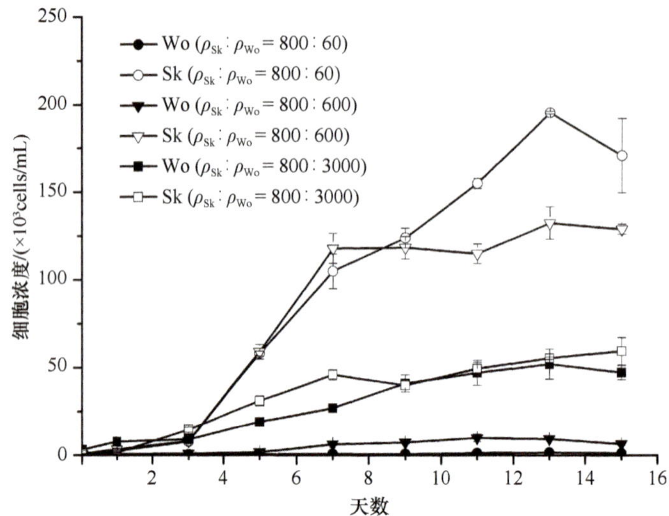

图2.15 不同起始浓度对沃氏甲藻和中肋骨条藻种群竞争的影响

养，沃氏甲藻稳定期时的生物量均随着磷酸盐浓度的增加而增加。且沃氏甲藻在单独培养条件下其细胞生长速率和稳定期细胞的生物量均高于混合培养的情况。从图2.8、图2.11和图2.14中可以看出，中肋骨条藻在单独培养时的生长速率和最终的生物量均高于相同浓度下混合培养时的情况。在3种不同的磷酸盐浓度下，随着接种沃氏甲藻浓度的增大，中肋骨条藻的增长速率会明显变慢。由上可知，不同的磷酸盐浓度会影响单独培养和混合培养时两种藻的生长，且磷酸盐浓度在1.2～12μmol/L时，磷酸盐浓度越高，沃氏甲藻和中肋骨条藻的生长越好。

3. 不同细胞起始浓度下沃氏甲藻与中肋骨条藻的生长情况

起始浓度为ρ_{Sk}：ρ_{Wo} =800：60下的生长情况：从图2.16可以看出，细胞增长速率的变化从第7天开始。在不同的磷酸盐浓度下，单独培养的沃氏甲藻的生长要优于混合培养中的沃氏甲藻。混合培养下，中磷酸盐浓度时沃氏甲藻的生长要优于高磷酸盐浓度的情况，最差的是低磷酸盐浓度下的情况。中磷酸盐浓度时最高浓度达1.95×10^3cells/mL。单独培养时，中、高磷酸盐浓度下沃氏甲藻的生长明显优于低磷酸盐浓度下的情况，细胞浓度最高可达9.85×10^3cells/mL。

从图2.17可以看出，从第3天开始细胞的增长表现差异，从第7天开始细胞增长速度出现明显差异。在不同磷酸盐浓度下，单独培养的中肋骨条藻的生长要优于混合培养中的中肋骨条藻。混合培养中，高磷酸盐浓度时中肋骨条藻的生长要优于中磷酸盐浓度情况下，最差的是低磷酸盐浓度情况下。高磷酸盐浓度时最高浓度达1.95×10^5cells/mL。单独培养时中、高磷酸盐浓度下中肋骨条藻的生长明显优于低磷酸盐情况下，细胞浓度最高可达2.20×10^5cells/mL。

起始浓度为ρ_{Sk}：ρ_{Wo} =800：600下的生长情况：从图2.18可以看出，从第7天开始细胞的增长速率出现明显差异。在不同磷酸盐浓度下，单独培养的沃氏甲藻的生长要优于混合培养中的沃氏甲藻。混合培养中，中、高磷酸盐浓度时沃氏甲藻的生长要优

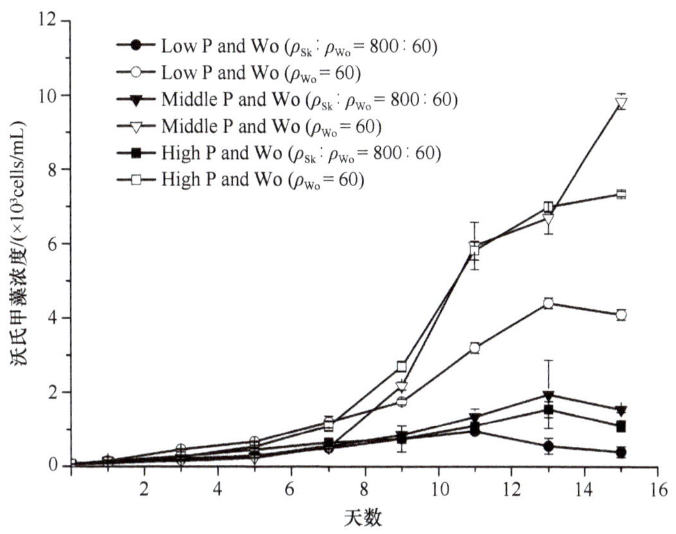

图2.16　单独培养及混合培养下沃氏甲藻在不同磷酸盐浓度下的细胞浓度变化

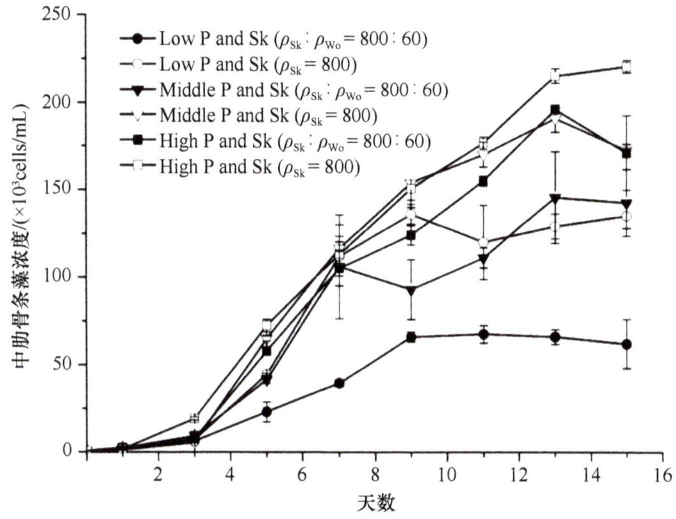

图2.17　单独培养及混合培养下中肋骨条藻在不同磷酸盐浓度下的细胞浓度变化

于低磷酸盐浓度情况下，最高浓度大约为1.12×10^4cells/mL，但其密度都处于较低的水平。单独培养时，高磷酸盐浓度时沃氏甲藻的生长优于中磷酸盐浓度，且两者均明显优于低磷酸盐浓度情况下，细胞浓度最高可达4.65×10^4cells/mL。

从图2.19可以看出，从第3天开始细胞的增长表现出差异，从第7天开始细胞增长速度出现明显差异。在不同磷酸盐浓度下，单独培养的中肋骨条藻的生长要优于混合培养中的中肋骨条藻。混合培养中，高磷酸盐浓度时中肋骨条藻的生长要优于中磷酸盐浓度情况下，最高浓度达3.25×10^4cells/mL，最差的是低磷酸盐浓度情况下。单独培养时，中、高磷酸盐浓度时中肋骨条藻的生长明显优于低磷酸盐浓度的情况，细胞浓度最高可达2.21×10^5cells/mL。

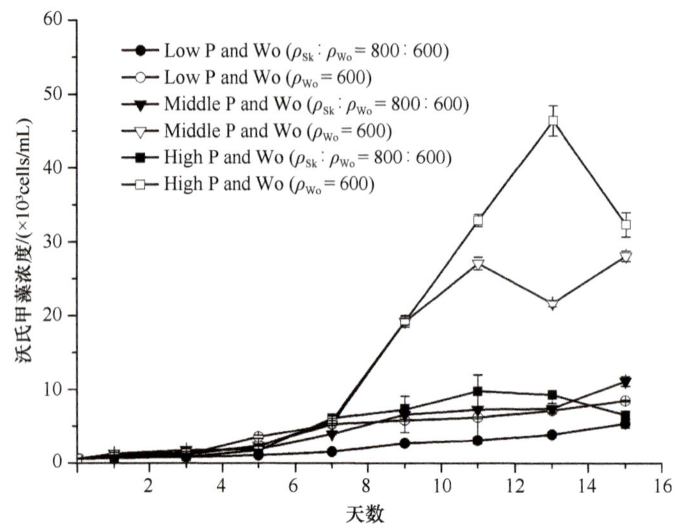

图2.18　单独培养及混合培养下沃氏甲藻在不同磷酸盐浓度下的细胞浓度变化

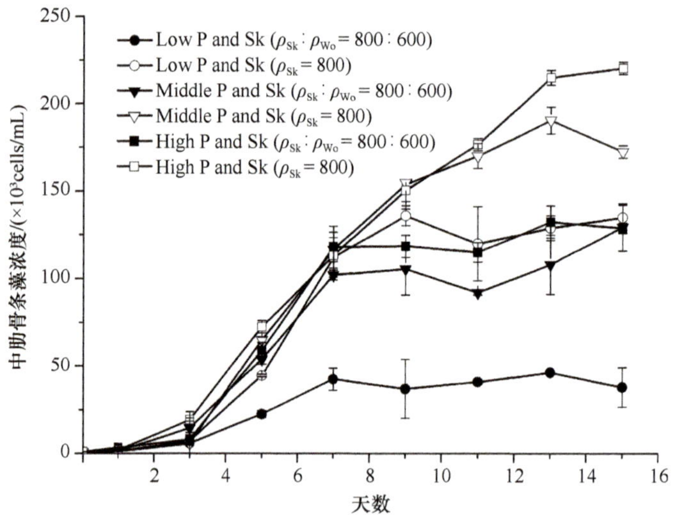

图2.19　单独培养及混合培养下中肋骨条藻在不同磷酸盐浓度下的细胞浓度变化

起始浓度为ρ_{Sk}：ρ_{Wo}=800：3000下的生长情况：从图2.20可以看出，从第3天开始细胞增长速度出现明显差异。在不同磷酸盐浓度下，单独培养的沃氏甲藻的生长要优于混合培养中的沃氏甲藻。混合培养时，中、高磷酸盐浓度时沃氏甲藻的生长要优于低磷酸盐浓度情况下，最高浓度大约为5.21×10^4cells/mL，但其浓度都处于较低的水平。单独培养时高磷酸盐浓度优于中、低磷酸盐浓度时沃氏甲藻的生长，细胞浓度最高可达6.19×10^4cells/mL。

从图2.21可以看出，从第3天开始细胞的增长表现差异，从第7天开始细胞增长出现明显差异。在不同磷酸盐浓度下，单独培养的中肋骨条藻的生长要优于混合培养中的中肋骨条藻。混合培养中，高磷酸盐浓度时中肋骨条藻的生长要优于中磷酸盐浓度情

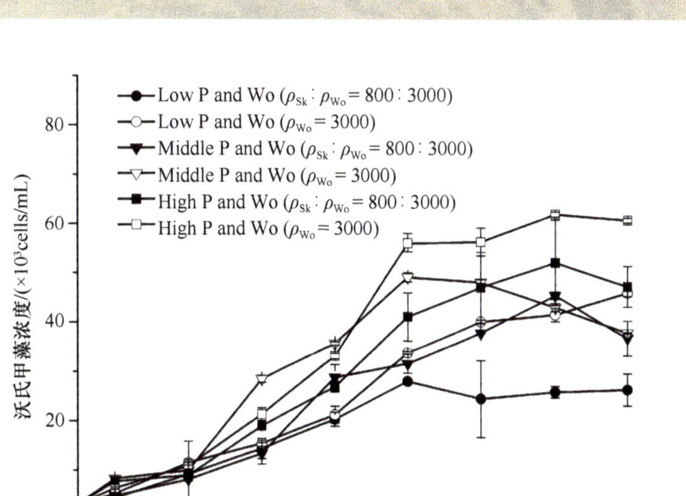

图2.20　单独培养及混合培养下沃氏甲藻在不同磷酸盐浓度下的细胞浓度变化

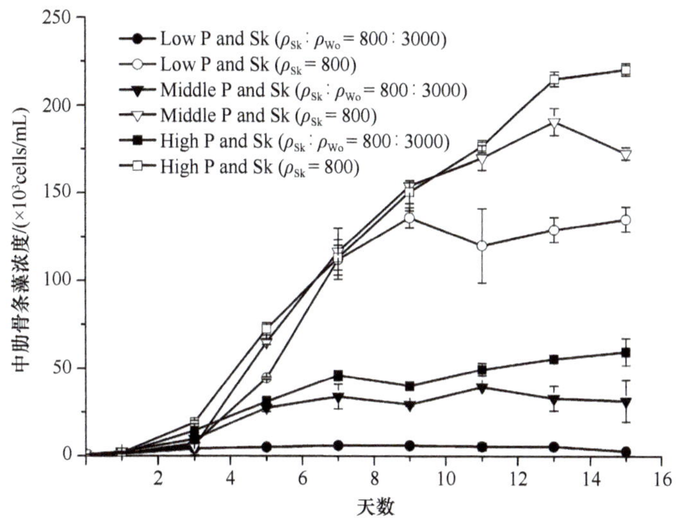

图2.21　单独培养及混合培养下中肋骨条藻在不同磷酸盐浓度下的细胞浓度变化

况下，最差的是低磷酸盐浓度情况下，高磷酸盐浓度时最高浓度达5.95×10^4cells/mL。单独培养时中、高磷酸盐浓度下中肋骨条藻的生长明显优于低磷酸盐浓度情况下，细胞浓度最高可达2.21×10^5cells/mL。

从图2.9、图2.12和图2.15我们可以发现，在ρ_{Sk}：ρ_{Wo}=800：60和800：600时，无论磷酸盐浓度是高还是低，中肋骨条藻稳定期的浓度明显高于沃氏甲藻(中肋骨条藻在生物量上均高出沃氏甲藻1～2个数量级)。这说明沃氏甲藻的起始细胞浓度较中肋骨条藻低或相当时，中肋骨条藻在3种磷酸盐浓度下均为竞争优势种。当ρ_{Sk}：ρ_{Wo}=800：3000时，低磷酸盐浓度下，沃氏甲藻的增长速率和生物量均超过了中肋骨条藻，即在低磷酸盐浓度下，沃氏甲藻和中肋骨条藻的起始细胞浓度决定了其竞争结果。在中、高磷

酸盐浓度下，沃氏甲藻和中肋骨条藻的生长差异不明显，最终生物量也相似。说明在中、高磷酸盐浓度下，在接种浓度为ρ_{Sk}：ρ_{Wo}=800：60和800：600时，中肋骨条藻仍处于竞争优势状态，但在接种浓度为ρ_{Sk}：ρ_{Wo}=800：3000时，中肋骨条藻会受到沃氏甲藻浓度的影响。综上所述，中肋骨条藻和沃氏甲藻之间会因为营养盐和起始浓度等资源的竞争而互相抑制对方的生长。

不同细胞起始浓度下，沃氏甲藻和中肋骨条藻在单独培养时的生长速率均高于混合培养。王正方等(1993)发现起始密度对海洋原甲藻的生长曲线有明显影响，他认为是由于对资源利用速率的不同造成的。杨阳等(2008)在对沃氏甲藻与塔玛亚历山大藻的竞争实验中发现两种藻之间存在密度依赖的种间竞争。本研究起始浓度对2种藻的影响也不同，在起始浓度为ρ_{Sk}：ρ_{Wo}=800：60 和800：600时，沃氏甲藻的生长受到中肋骨条藻密度及其生长速率的影响，其细胞密度始终较低。当起始密度为ρ_{Sk}：ρ_{Wo} = 800：3000时，沃氏甲藻由于其起始密度较高，能够较快地利用营养资源，因此限制了中肋骨条藻更好地生长。可见，沃氏甲藻与中肋骨条藻之间也存在着密度依赖的种间竞争。

微藻是海洋生态系统中最主要的初级生产者，也是引发赤潮的主要生物(高亚辉等，2002；彭喜春等，2006)。微藻之间的竞争作用是海洋生态系统的重要组成部分，对竞争机制的探讨，可进一步解释群落结构演替和赤潮发生的原因，为赤潮治理提供新的思路，对海洋生态系统的修复和保护具有重要意义(南春容和董双林，2004)。

从生物类群角度划分，竞争还可分为种间竞争(interspecific competition)和种内竞争(intraspecific competition)。种间竞争一般是指两种或更多种生物共同利用同一资源而产生的相互妨碍作用；种内竞争是指同种生物之间的竞争(Begon et al.，1996)。

海洋浮游植物的生长受到多种环境因子的影响，温度和光照是影响浮游植物生长的重要物理因素，而营养盐是重要化学因素(杨登峰等，2004；Hegarty and Villareal，1998)。

目前对于赤潮发生过程中种群的演替和竞争有两种不同的解释：一种观点认为随着营养盐的消耗，优势种随之发生更替(林昱等，1994；高素兰，1997)，种间竞争的结果使一种或多种藻类取得竞争优势，暴发性繁殖而引发赤潮；另一种观点认为赤潮生物的自我调节物质(自体毒素)和化感作用(alleopathy)是引起优势种演替和赤潮生物取得竞争优势的主要原因(Maestrini and Bonin，1981；Honjo，1994)。

通过对来自船舶压舱水舱中的外来赤潮藻(沃氏甲藻)和厦门港常见赤潮藻(中肋骨条藻)之间在不同磷酸盐浓度和不同起始细胞浓度下竞争的研究，我们得到以下结论。

1)不论是单种培养还是混合培养，沃氏甲藻和中肋骨条藻的增长速率都随着磷酸盐浓度的增加而增加。

2)沃氏甲藻与中肋骨条藻之间的干扰抑制作用是相互的。

3)在所设置的每一个磷酸盐浓度下，沃氏甲藻与中肋骨条藻竞争的优势在一定程度上取决于细胞起始浓度；在每一个不同的细胞起始浓度下，两种藻竞争的优势取决于磷酸盐的浓度。这说明沃氏甲藻与中肋骨条藻之间同时存在着密度依赖性竞争和资源利用性竞争。

4) 在沃氏甲藻浓度较高且磷酸盐浓度较低时，个体较小的沃氏甲藻在与中肋骨条藻的竞争中占优势。

参考文献

白敏冬, 张芝涛, 白希尧. 2005. 海洋生物入侵性传播及绿色防治[M]. 北京: 科学出版社.

陈煜, 王兴琦. 2005. 浅析国际船舶压载水和沉积物控制与管理公约[J]. 世界海运, 28 (2): 43-45.

高素兰. 1997. 营养盐和微量元素与黄骅赤潮的相关性[J]. 黄渤海海洋, 15 (2): 59-63.

高亚辉, 荆红梅, 黄德强. 2002. 海洋微藻胞外产物研究进展[J]. 海洋科学, 26 (3): 35-38.

黄建辉, 韩兴国, 杨亲二, 等. 2003. 外来种入侵的生物学与生态学基础的若干问题[J]. 生物多样性, 11 (3): 240-247.

金德祥, 陈金环, 黄凯歌. 1965. 中国海洋浮游硅藻类[M]. 上海: 上海科学技术出版社.

李炳乾. 2009. 福建外来船舶压舱水中的浮游生物及其入侵机制的初步研究[D]. 厦门: 厦门大学硕士学位论文: 1-96.

李炳乾, 陈长平, 杨清良, 等. 2009. 福建外来船舶压舱水中浮游植物种类组成与丰度及其影响因子的初步研究[J]. 台湾海峡, 28 (2): 228-237.

李伟才, 孙军, 王丹, 等. 2006. 日照港和邻近锚地及其入境船舶压舱水中浮游植物群集结构的特征[J]. 海洋科学, 30 (12): 52-57.

林昱, 庄栋法, 陈孝麟, 等. 1994. 初析赤潮成因研究的围隔实验结果 II 浮游植物群落演替与甲藻赤潮[J]. 应用生态学报, 5 (3): 314-318.

刘芳明, 缪锦来, 郑洲, 等. 2007. 中国外来海洋生物入侵的现状、危害及其防治对策[J]. 海岸工程, 26 (4): 49-57.

刘述锡, 梁玉波. 2004. 外来海洋生物的入侵及其生态危害[J]. 大自然, (2): 54-56.

南春容, 董双林. 2004. 大型海藻与海洋微藻间竞争研究进展[J]. 海洋科学, 28 (11): 64-66.

彭喜春, 刘洁生, 杨维东. 2006. 赤潮藻毒素生物合成研究进展[J]. 热带亚热带植物学报, 14 (1): 81-86.

齐雨藻, 张家平, 吴坤东, 等. 1989. 中国沿海的赤潮——深圳湾富营养化与赤潮研究[J]. 暨南大学学报: 自然科学版 (赤潮研究专刊): 10-21.

全球压舱水管理项目中国国家项目实施小组. 2001. 全球更换压舱水管理项目[J]. 交通环保, 22 (1): 1-4.

沈欣军, 白希尧, 汤红, 等. 2004. 船舶压舱水携带外来物种及其对水域生态环境的影响[J]. 生态学杂志, 23 (1): 125-128.

孙美琴. 2005. 厦门近岸海域外来甲藻的入侵研究[D]. 厦门: 厦门大学硕士学位论文.

王正方, 张庆, 龚敏. 1993. 海洋原甲藻增殖最适起始密度及其同温度的关系[J]. 海洋环境科学, 12 (2): 113-120.

邢小丽. 2007. 船舶压舱水与沉积物中的微藻类及对厦门港浮游植物群落动态的潜在影响[D]. 厦门: 厦门大学博士学位论文.

薛俊增, 刘艳, 王金辉, 等. 2011. 洋山深水港入境船舶压舱水浮游动物种类组成分析[J]. 海洋学报, 33 (1): 138-145.

杨登峰, 赵卫红, 李金涛, 等. 2004. 磷酸盐对中肋骨条藻生长的影响[J]. 海洋科学集刊, 46 (00): 165-171.

杨清良, 蔡良候, 高亚辉, 等. 2009. 福建主要港口外轮压舱水生物的分布及其潜在入侵威胁[J]. 海洋湖沼通报, (4): 28-38.

杨清良, 蔡良候, 高亚辉, 等. 2011. 中国东南沿海港口外轮压舱水生物的调查[J]. 海洋科学, 35 (1): 22-28.

杨清良, 蔡良候, 高亚辉, 等. 2012. 华南港口外轮压舱水生物的调查——不同粒级生物的丰度与物种组成[C]. 第一届海峡两岸海洋生物多样性研讨会文集[A]. 北京: 海洋出版社: 177-199.

杨阳, 李炳乾, 陈长平, 等. 2008. 基于磷酸盐浓度和起始细胞密度的沃氏藻与塔玛亚历山大藻种间竞争

研究[J]. 厦门大学学报(自然科学版), 47(增刊2): 162-172.

郑剑宁, 裘炯良, 尤明传, 等. 2005. 宁波口岸国际航行船舶压舱水携带浮游水生物的调查[J]. 中华流行病学杂志, 26(12): 942.

Barrett-O'Leary M. 1998. Assessing the Potential for Introduction of Non-Indigenous Species through U.S. Gulf of Mexico Ports, LSU[M]. Louisiana State University: Louisiana Sea Grant College Program.

Begon M, Bowers R G, Sait S M, et al. 1996. Population dynamics beyond two species: hosts, parasitoids and pathogens[J]. *In*: Floyd R B, Sheppard A W, de Barro P J. Frontiers of Population Ecology[M]. Melbourne: CSIRO Publ: 115-126.

Boalch G T, Harbor D S. 1977. Unusual diatom off south-west England and its effect on fishing[J]. Nature, 269(5630): 687-688.

Bolch C J S, de Salas M F. 2007. A review of the molecular evidence for ballast water introduction of the toxic dinoflagellates *Gymnodinium catenatum* and the *Alexandrium* "*tamarensis complex*" to Australasia[J]. Harmful Algae, 6(4): 465-485.

Burkholder J M, Hallegraeff G M, Melia G, et al. 2007. Phytoplankton and bacterial assemblages in ballast water of US military ships as a function of port of origin, voyage time, and ocean exchange practices[J]. Harmful Algae, 6(4): 486-518.

Carlton J T. 1985. Transoceanic and interoceanic dispersal of coastal marine organisms: the biology of ballast water[J]. Oceanography and Marine Biology: An Annual Review, 23(1): 313-374.

CCS海事室. 2004. 《国际船舶压载水及沉积物控制和管理公约》简介[J]. 中国船检, 68: 9.

Chan A T. 1980. Comparative physiological study of marine diatoms and dinoflagellates in relation to irradiance and cell size. II. Relationship between pHotosynthesis, growth and carbon/chlorophyll a ratio[J]. Journal of Phycology, 16: 428-432.

Chu K H, Tam P F, Fung C H, et al. 1997. A biological survey of ballast water in container ships entering Hong Kong[J]. Hydrobiologia, 352(1-3): 201-206.

Deborah A R, Henry L I, Melanie F, et al. 2013. Percapita invasion probabilities: an empirical model to predict rates of invasion via ballast water[J]. Ecological Applications, 23(2): 321-330.

Dickman M, Zhang F. 1999. Mid-ocean exchange of container vessel ballast water. 2: effects of vessel type in the transport of diatoms and dinoflagellates from Manzanillo, Mexico, to Hong Kong, China[J]. Marine Ecology Progress Series, 176: 253-262.

Doblin M A, Coyne K J, Rinta-Kanto J M, et al. 2007. Dynamics and short-term survival of toxic cyanobacteria species in ballast water from NOBOB vessels transiting the Great Lakes-implications for HAB invasions[J]. Harmful Algae, 6(4): 519-530.

Forbes E, Hallegraeff G M. 1998.Transport of potentially toxic Pseudo-nitzschia diatom species via ballast water[J]. *In*: John J. Proceedings of the 15th International Diatom Symposium[M]. Gantner: Verlag: 509-520.

Garrison D L. 1984. Planktonic diatoms[J]. *In*: Steidinger K A, Walker L M. Marine Plankton Life Cycle Strategies[M]. Florida: CRC Press: 1-17.

Geoff R. 2000. From ballast to bouillabaisse[J]. Science, 289: 241.

Gollasch S, Lenz J, Andres H G, et al. 1995. Introduction of non-indigenous organisms into the North Sea and Baltic Sea: investigations on the potential ecological impact by international shipping[C]. Summary of the German shipping study.

Gollasch S, Lenz J, Dammer M, et al. 2000. Survival of tropical ballast water organisms during a cruise from the Indian Ocean to the North Sea[J]. Journal of Plankton Research, 22(5): 923-937.

Gregory M R. 2000. Global spread of microorganisms by ships[J]. Nature, 408(6808): 49-50.

Gulsen A, Sevan G, Mine C, et al. 2012. The occurrence of pathogenic bacteria in some ships' ballast

water incoming from various marine regions to the Sea of Marmara, Turkey[J]. Marine Environmental Research, 81: 35-42.

Hallegraeff G M, Bolch C J, Bryan J, et al. 1990. Microalgal spores in ship's ballast water: a danger to aquaculture[J]. *In*: Granéli E, Sundström B, Edler L, et al. Toxic Marine Phytoplankton[M]. New York: Elsevier Science Publishing: 475-480.

Hallegraeff G M, Bolch C J. 1991. Transport of toxic dinoflagellate cysts via ships' ballast water[J]. Marine Pollution Bulletin, 22(1): 27-30.

Hallegraeff G M, Bolch C J. 1992. Transport of dinoflagellate cysts in ship's ballast water: implications for plankton biogeograpHy and aquaculture[J]. Journal of Plankton Research, 14(8): 1067-1084.

Hallegraeff G M, Steffensen D A, Wetherbee R. 1988. Three estuarine dinoflagellates that can produce paralytic shellfish toxins[J]. Journal of Plankton Research, 10(3): 533-541.

Hasle G R, Lange C B. 1992. Morphology and distribution of coscinodiscus species from the Oslofjord, Norway, and the Skagerrak, North Atlantic[J]. Diatom Research, 7(1): 37-68.

Hay C, Handley S, Dodgshun T, et al. 1997. Cawthron's Ballast Water Research Programme Final Report 1996-1997[C]. Cawthron Report No417, Cawthron Institute, Nelson.

Hegarty S G, Villareal T A. 1998. Effect of light level and N∶P supply ratio on the competition between *Phaeocystis* cf *pouchetii* (Hariot) Lagerheim (Prymnesiophyceae) and five diatom species[J]. Journal of Experimental Marine Biology and Ecology, 226(2): 241-258.

Holmes J M, Minchin D. 1995. Two exotic copepods imported into Ireland with the pacific oyster *Crassostrea gigas* (Thunberg) [J]. Ir Nat J, 25(1): 17-20.

Honjo T. 1994. The biology and prediction of representative red tides associated with fish kills in Japan[J]. Reviews in Fisheries Science, 2(3): 225-253.

Jansson K. 1994. Alien Species in the Marine Environment—Introductions to the Baltic Sea and the Swedish West Coast[R]. Sweden: Swedish Environmental Protection Agency: 68.

John M D, David M L. 2007. Rate of species introductions in the Great Lakes via ships' ballast water and sediments[J]. Canadian Journal of Fisheries and Aquatic Sciences, 64(3): 530-538.

Kelly J M. 1993. Ballast water and sediments as mechanisms for unwanted species introductions into Washington State[J]. Journal of Shellfish Research, 12(2): 405-410.

Kremp A, Elbrachter M, Schweikert M, et al. 2005. *Woloszynskia halophila* (Biecheler) comb. nov.: a bloom-forming cold-water dinoflagellate co-occurring with *Scrippsiella hangoei* (Dinophyceae) in the Baltic Sea[J]. Journal of Phycology, 41(3): 629-642.

Lewis J, Harris A S D, Jones K J, et al. 1999. Long-term survival of marine plankton diatoms and dinoflagellates in stored sediment samples[J]. Journal of Plankton Research, 21(2): 343-354.

Lidita K, Arga C. 2013. Association of bacteria with marine invertebrates: implications for ballast water management[J]. EcoHealth, 10(3): 268-276.

MacDonald E M. 1998. Dinoflagellate resting cysts and ballast water discharges in Scottish ports[J]. *In*: Carlton J T. Ballast water: ecological and fisheries implications[C]. ICES Cooperative Research Report No 224.

Mackenzie D. 1999. Alien invaders[J]. New Scientist, 162(ISS.2183): 18-19.

Maestrini S Y, Bonin D J. 1981. Allelopathic relationships between phytoplankton species[J]. Canadian Journal of Fisheries and Aquatic Sciences, 67(210): 323-338.

McMinn A, Hallegraeff G M, Thomson P, et al. 1998. Cyst and radionucleotide evidence for the recent introduction of the toxic dinoflagellate *Gymnodinium catenatum* into Tasmanian waters[J]. Marine Ecology Progress Series, 161(1): 165-172.

McQuoid M R, Hobson L A. 1996. Diatom resting stages[J]. Journal of Phycology, 32(6): 889-902.

Medcof J. 1975. Living marine animals in a ship's ballast water[J]. Proceeding of National Shellfish Association, 65(1): 11-12.

Ostenfeld C J. 1908. On the Immigration of *Biddulphia sinensis* Grev. and its occurrence in the North Sea during 1903-1907[J]. Medd Komm Havunders, Serie: Plankton, 1(6): 1-44.

Pratt C M. 1966. Competition between *Skeletonema costatum* and *Olisthediscus luteus* in Narraganesett Bay and in culture[J]. Limnol Oceanogr, 11(4): 447-455.

Reeve M R. 1993. The Impact of gelatinous zooplankton predators on coastal and shelf ecosystems[C]. BOC Theme Session Dublin, ICES Dublin.

Ricciardi A M, Hugh J. 2000. Recent mass invasion of the North American Great Lakes by Ponto-Caspian species[J]. Trends in Ecology and Evolution, 15(2): 62-65.

Rigby G, Hallegraeff G M. 1993. Ballast water exchange trials and marine plankton distribution on the MV 'Iron Whyalla'[C]. Australian Government Publishing Service, Canberra.

Ruiz G M, Carlton J T, Grosholz E D, et al. 1997. Global invasions of marine and estuarine habitats by non-indigenous species: mechanisms, extent, and consequences[J]. American Zoology, 37(6): 621-632.

Scholin C A, Anderson D M. 1991. Population analysis of toxic and non-toxic Alexandrium species using ribosomal RNA signature sequences[J]. *In*: Smayda T, Shimizu Y. Toxic Phytoplankton Blooms in the Sea [M]. Amsterdam: Elsevier: 95-102.

Sicko-Goad L, Kociolek J P, Stoermer E F. 1989. Patterns of mucilage production and secretion in pennate diatoms[C]. Proceedings of the 47th Annual Meeting of the Electron Microscopy Society of America, San Francisco.

Smayda T J, Mitchell-Innes B. 1974. Dark survival of autotrophic, planktonic marine diatoms[J]. Marine Biology, 25(3): 195-202.

U.S. Coast Guard. 1993. U.S. coast guard ballast exchange education program draft shipping agents guide[C]. Encl (6) to CGD9INST 164501.

Vinogradov M E, shushkina E A, Musaeva E I, et al. 1989. Ctenophore *Mnemiopsis leidyi*(A. Agassiz) (Ctenophora: Lobata)-new settler in the Black Sea[J]. Oceanography and Marine Biology: An Annual Review, 29: 293-298.

Williams R J, Griffiths F B, van der Wal E J, et al. 1988. Cargo vessel ballast water as a vector for the transport of non-indigenous marine species[J]. Estuarine, Coastal and Shelf Science, 26(4): 409-420.

Yoshida M, Fukuyo Y, Murase T, et al. 1996. On-board observations of phytoplankton viability in ships' ballast water tanks under critical light and temperature conditions[A]. *In*: Yasumoto T, Oshima Y, Fukuyo Y. Harmful and Toxic Algal Blooms[M]. Intergovernmental Oceanographic Commission of UNESCO: 205-208.

Zhang F, Dickman M. 1999. Mid-Ocean exchange of container vessel ballast water. 1: seasonal factors affecting the transport of harmful diatoms and dinoflagellates[J]. Marine Ecology Progress Series, 176(3): 243-251.

第三章

海洋病原微生物的快速检测

第一节　海洋病原微生物的来源、种类及危害

1. 海洋病原微生物的来源

海洋，占地球表面积的71%，是孕育生命的摇篮，是环境重要的调节器，同时也是巨大的资源宝库。海洋不仅包括海水、溶解和悬浮于水中的物质、海底沉积物，也包括生活于海洋中的生物(冯士筰等，1999)。因此海洋环境是一个非常复杂的系统。人类并不生活在海洋上，但海洋是人类消费和生产所不可缺少的物质和能量的源泉。据统计，人类所食用的动物蛋白22%来自于海洋，海洋每年可以向人类提供2亿t鱼类和贝类，但是目前人类对这些鱼类和贝类的利用率只有1/2。海洋中石油的储藏量高达1000×10^8t，约占地球石油总蕴藏量的1/3，是人类当前和未来开发利用海洋资源的目标之一。除此之外，海洋还向人类提供铀、溴、碘等30多种化工资源。

随着科技的发展，人类开发海洋资源的规模越来越大，对海洋的依赖程度越来越高，同时海洋对人类的影响也日益增大。面对日益严峻的人口增长、资源匮乏、环境恶化等问题，人们将越来越多的目光投向了海洋，海洋成了人类可持续发展的宝贵资源和最后空间。人类活动从古代的简单向海洋索取食物发展到现在的海水增养殖业、海洋渔业、沿海制盐、海上运输等经济活动。然而随着海洋产业的蓬勃发展，沿海城市经济的繁荣，由此造成的海洋环境污染问题层出不穷，如石油泄漏、赤潮、过度捕捞、有毒物质积累等问题。作为承受人类污染物的最终受体，海洋的压力越来越大，其自净和承受能力濒临极限。诸多的海洋污染物无法被完全分解或者进行其他无害化处理，以至于在海洋中长期积累，经生物浓缩和生物链的传递，最终富集于鱼、虾、贝、蟹等海洋生物体内。这不仅直接危害海洋生物的繁殖及生存，因捕食这些受污染的海产品，人类身体健康也间接地受到威胁(徐祥民和申进忠，2006)。

近年来，在沿海城市经济发展和人口剧增的同时，生活污水、工业废水及医源性废水的排放量也逐年增大，越来越多的病原微生物随着污水进入海洋中，广泛分布于海水、海底沉积物、鱼、虾、贝等生物体中，致使海洋中存在多种可感染人和海水养殖动植物的病原微生物，海洋水体环境日益恶化。

海洋病原微生物污染主要是指细菌、病毒、寄生虫等的污染。海洋病原微生物污染主要来自两个方面，分别是海洋自身产生的病原微生物和人类、动物活动产生的废物排放。海洋作为一个自净系统，本身产生的病原微生物极少，80%的病原微生物都来自于陆地。病原微生物可通过多种渠道进入海洋环境中，常见的有河流径流、废水排放、船舶运输等，其中船舶运输会无意地引入外来海洋病原微生物。陆源性细菌、病毒、寄生虫等是危害海洋环境的最重要的源头。近海海域是人类活动较频繁的区域，同时也是接纳污染物最多的海域。近海海域一旦受到病原微生物的污染，病原微生物借助海水的流动作用，很容易感染海洋中的鱼、虾、贝类等海产品。当人们食用这些被污染后未经煮熟的海产品后，很有可能会间接地被病原微生物感染而生病。

生活污水主要是指城市生活中使用的各种洗涤剂和污水、垃圾、粪便等。人类生活产生的污水是海洋水体的主要污染源之一，城市每人每天排出的生活污水量为150～400L，与生活水平有密切关系。生活污水中含有大量有机物、无机盐，也常含有病原菌、病毒和寄生虫卵。在我国，随着城市人口的增加和工农业生产的发展，污水排海量也日益增加，致使海洋水体污染相当严重。尽管污水处理率不断提高，但是目前我国污水处理行业还只是处在发展的初级阶段。生活污水给海洋环境带来的污染仍在继续，经过传统的二级生化污水处理及加氯消毒后，某些病原微生物、病毒仍能大量存活；此类污染物实际上通过多种途径进入人体，并在体内生存，导致人体产生疾病。

医源性废水是指医院向自然环境或城市管道排放的污水。其水质随不同的医院性质、规模及其所在地区而异。每张病床每天排放的污水量为200～1000L。医院污水来源及成分复杂，除了有机物、漂浮及悬浮物、放射性污染物等，还包含寄生虫卵、病原菌、病毒等病原微生物，且未经处理的原污水中含菌总量高达10^8个/mL以上。医院污水因受到粪便、传染性细菌和病毒等病原性微生物污染，具有极高的传染性。所以医源性废水对于海水污染的影响是极具破坏性的。

在全国经济发展的同时，船舶运输业也风生水起，现在海上运输占世界货运总量的80%。随着国内外航运的开通，船舶将压舱水从装运港卸载到目的港，等于将出发地的整个小生态系统中的水生生物群体跨越空间进入另一个类似的生态环境中，使得病原微生物在不同的海域间进行传播，致使排入海域遭受严重的外来海洋生物入侵。压舱水的排放可引起诸如霍乱弧菌、副溶血性弧菌、O157大肠杆菌等病原微生物的扩散和流行。美国有关部门证实，1991年发生在美国亚拉巴马州的霍乱流行病，其病原就是由装自拉丁美洲的压舱水携带而来的。在我国，吴刚等（2010）通过对大连市的45艘国际航行船舶进行压舱水取样检测发现，在48份压舱水样品中，共检出15种细菌，其中12种具有致病性。近年来，我国学者在对压舱水携带病原微生物的研究中发现了致病性弧菌、蜡样芽胞杆菌、金黄色葡萄球菌、大肠杆菌，以及阪崎肠杆菌等多种致病菌（林继灿等，2005；黄鹏等，2002；冯云霄，2011）。

2. 海洋病原微生物的种类

病原微生物是指能侵犯人体及畜禽，并引起感染甚至传染病的微生物，亦称病原体。现已发现的病原体有病毒、衣原体、立克次体、支原体、细菌、螺旋体和真菌，其中以细菌和病毒最为常见（张振东等，2011）（表3.1）。病原微生物具有分布广、数量大、繁殖速度快、适应能力强、具有抗药性等特点。水体一旦被病原微生物污染，经传统的生化污水处理后，某些病原微生物仍能大量存活。病原微生物能通过多种途径进入人和动物体内，在适应入侵体后便可大量繁殖，最终引起人和动物患病。海洋中的水体是流动的，这更加有利于病原微生物的传播，而且一旦微生物病害蔓延开来，很难在短时间内将其控制。正因为如此，海洋病原微生物给养殖业的发展和人类生活都带来无法估量的损失。

表3.1　我国海洋环境中存在的主要致病菌种类、生存环境及危害

	病原微生物	分布区域	危害	是否是外来入侵种
弧菌属	鳗弧菌（*Vibrio anguillarum*）	海洋、河流及水产品	引起多种鱼类患弧菌病	否
	霍乱弧菌（*Vibrio cholerae*）	海洋和河口地区	引起人类患霍乱病	是
	河流弧菌（*Vibrio fluvialis*）	海洋和河流	可感染人类、鱼类、贝类，也可引起人类患散发性腹泻	否
	创伤弧菌（*Vibrio vulnificus*）	海洋	可感染人类、贝类	否
	溶藻弧菌（*Vibrio alginolyticus*）	海洋	可感染蛤类和牡蛎	否
	哈维氏弧菌（*Vibrio harveyi*）	海洋	感染大菱鲆、青石斑鱼、斜带石斑鱼、鲈等	否
	副溶血性弧菌（*Vibrio parahaemolyticus*）	海洋	可感染鱼、虾、贝、蟹等多种海产品	是
气单胞菌属	杀鲑气单胞菌（*Aeromonas salmonicida*）	海洋和淡水水体中	感染鲑，使其患疖疮病	否
	嗜水气单胞菌（*Aeromonas hydrophila*）	淡水、污水、淤泥及土壤中	可感染鱼类、两栖类及爬虫类	否
	温和气单胞菌（*Aeromonas sobria*）	海水、淡水、淤泥、土壤中	感染鱼类	否
李斯特菌属	单增李斯特菌（*Listeria monocytogenes*）	广泛存在于自然界中	可使人畜患病	否
爱德华氏菌属	迟钝爱德华氏菌（*Edwardsiella tarda*）	海洋	可感染鱼类、牲畜	否
	青蟹呼肠孤病毒（*Scylla serrata reovirus*，SsRV）	海洋	可感染蟹类，使其患清水病	疑似外来种
	诺如病毒（*Norovirus*）	自然界广泛分布	可感染贝类、牡蛎、人类	否
	淋巴囊肿病毒（*Lymphocystis disease virus*，LCDV）	海洋	引起鱼类淋巴囊肿病	是
	虹彩病毒（*Iridovirus*）		感染大菱鲆	是
	白斑综合征病毒（*White spot syndrome virus*，WSSV）	海洋、河流及其他养殖水环境	感染凡纳滨对虾、中国对虾、斑节对虾等虾类	是
	桃拉综合征病毒（*Taura syndrome virus*，TSV）	海洋及其他养殖水环境	感染凡纳滨对虾	是
	斑节对虾杆状病毒（*Penaeus monodon baculovirus*，MBV）	海洋	侵染斑节对虾	是
	传染性胰腺坏死病毒（*Infectious pancreatic necrosis virus*，IPNV）	海洋	可感染虹鳟、河鳟等多种鱼类	是
	传染性皮下与造血组织坏死病毒（*Infections hypodermal and haematopoietic nerosis virus*，IHHNV）	海洋	可感染多种虾类	是
	黄头杆状病毒（*Yellow head baculovirus*，YHV）	海洋	感染斑节对虾、墨吉对虾、凡纳滨对虾	是
	鲑疱疹病毒（*Herpesvirus salmonis*，HSV）	海洋	感染虹鳟、大麻哈鱼	是

3. 海洋病原微生物的危害

由于沿海城市具有独特的地理优势和较多的发展机遇，吸引了越来越多的人迁移至此。如今，沿海地区人口已占世界总人口的相当大比例。随着人类活动日益频繁，

向海里排放的废物逐渐增多，在人类作用于环境的同时环境也在反作用于人类。全球每年发生有40亿～60亿例食源性疾病，在发展中国家每年因食源性疾病死亡人数为180万，其中因使用水产品所致的食源性疾病占20%。外环境水体中含有大量的致病微生物，其中不乏动物和人类排泄物中的病原微生物和水体本身固有的一些致病性微生物，这些均可引起人类肠道疾病。细菌性疾病流行广、危害大，尤其是弧菌属。海洋致病性弧菌主要包括：霍乱弧菌、鳗弧菌、溶藻弧菌、副溶血性弧菌、创伤弧菌等，其中副溶血性弧菌是首要的致病菌。海洋中的致病性弧菌可以间接地通过海水及海产品感染人类，从而使人类致病。

副溶血性弧菌是一种食源性人鱼共患致病菌，广泛分布在近海岸的海水、海底沉积物、海产品中。生食或食用未煮熟的海产品是引起副溶血性弧菌食物中毒的主要途径。副溶血性弧菌自1950年在日本首次被发现并被认为是引起食物中毒最主要的致病菌以来，由该菌引起的食物中毒呈逐年上升的趋势。在日本，由该菌引起的食物中毒事件占食源性食物中毒事件的90%以上。在我国，自1958年首次分离出该致病菌，每年都有该菌引起的食物中毒的报道。根据上海市防疫站报告，1961～1962年上海市由副溶血性弧菌引起的食物中毒占细菌性食物中毒总件数的83.8%(宋清林，1963)。2007年8～9月，厦门连续发生两起副溶血性弧菌食物中毒事件，中毒人数多达2000人。目前，我国仅有六省未有副溶血性弧菌食物中毒的报道，其他省份均有报道。据我国食源网监测数据显示，副溶血性弧菌引起的食物中毒所占比例为68.0%，已跃居我国沿海城市食源性食物中毒之首(刘秀梅等，2008)。

随着人们生活水平的提高，我国淡水、海水养殖业迅猛发展。我国是水产养殖和水产品生产大国，水产品产量占世界总产量的1/3，位居各国之首。为了丰富国内市场上海产品的种类，近年来，远洋捕捞进境和人工养殖水产品的种类均有所增加。但长期以来，无论是养殖业主还是渔业管理人员，只专注于水产品的产量及其所带来的经济效应，却忽视了水产品的安全问题及病害的预防工作。在养殖规模日益扩大、养殖密度逐渐增加的同时，养殖环境也在逐步恶化，病原微生物引起的病害暴发率也在逐年攀升，造成我国每年因此而产生的经济损失高达100亿～150亿元，严重制约了我国养殖业及渔业的健康发展。

淋巴囊肿病毒是人们最早发现的一种鱼类病毒，自1874年被发现至今100多年以来，淋巴囊肿病毒已感染世界范围内将近125种以上的野生、养殖、观赏鱼类。1997年，该病毒在我国北方大规模暴发，随后迅速蔓延至浙江省，感染率高达60%，死亡率也达到20%以上。目前，我国受此病毒感染的鱼类达10多种。对虾白斑综合征是由白斑综合征杆状病毒复合体引发的一种综合性病症，该病首次暴发于我国台湾北部的一个对虾养殖场，由于海水的流动作用，仅仅在10年时间内便迅速蔓延至世界各地的对虾养殖区，给世界对虾养殖业造成每年近10亿美元的经济损失(曲径等，2001；孙修勤和张进兴，1998)。在我国，据2006年中国水产养殖病害检测报告显示，对虾因白斑综合征造成的经济损失在该年达到4.28亿元(陈爱平等，2006)。大菱鲆在北方约有20亿元的养殖规模，在21世纪初期，由于细菌性病害的频繁暴发，给大菱鲆养殖业带来每

年约4亿元的经济损失（王印庚等，2004）。

第二节　海洋病原微生物的快速检测技术

一、国内外研究现状

自20世纪四五十年代以来，海洋污染问题已经引起世界各国的关注。随着人们对海洋污染更深入的认识之后，各个国家积极制定各种法律与政策，对污染物排放进行管制，采用先进的科学技术，合理开发利用自然资源，努力改善环境质量。与此同时，科研人员也从污染的源头、危害到机制进行了深入研究，涉及化学、医学、生态、生物等多个领域，积累了大量资料。各国政府在此基础上制定了符合当地国情的海洋水质标准和生物标准，开展海洋环境监测工作，对海洋环境进行有效的监管，改善海洋环境，保护海洋生物多样性和海洋生物资源，以期对海洋生态环境进行保护，将海洋污染给人类带来的危害降到最低。

海洋环境监测是指定期地对海洋环境中污染物的一些指标进行测定，观察、分析其变化及其对海洋环境的影响。目前，各个沿海国家均在积极地开展海洋环境监测工作，美国、日本、俄罗斯、加拿大等较为发达的海洋强国，不断强化和更新海洋环境监测技术。美国于20世纪六七十年代开始对海洋环境进行监测，到80年代末，其监测范围已囊括了生理、生化、病理、遗传等多个学科范畴（祀人，2004）。我国的海洋监测技术最初始于1978年，经过30多年的发展，我国的海洋监测体系日渐完善。近年来，为了加大对水资源的管理与治理力度，我国已启动“水体污染控制与治理”重大科技专项，作为《国家中长期科学和技术发展规划纲要（2006～2020年）》所设立的16大科技专项之一，水体病原微生物监测是其中一项重要任务（赵仲麟等，2012）。

当然，水体病原微生物监测不单单指对海洋固有有害微生物的监测，还包括对通过各种途径引入的外来海洋病原微生物进行监测。纵观国内外海洋病原微生物的研究，多数集中在病原微生物的危害、致病机制、海洋生物免疫机制的探讨、疫苗的研发、海洋生物抗性基因的筛选等方面。对海洋外来入侵有害生物的研究较少，海洋生物入侵学的研究起步较晚，加上海洋系统本身是个极其复杂且开放式的系统，这就使得在对海洋外来入侵生物进行研究时比较困难，尤其是对海洋病原微生物的研究。但随着科研能力的提高，海洋外来入侵有害生物的危害性日益增大，海洋外来入侵病原微生物也必然成为一个不可忽略的研究重点。现有的关于海洋外来入侵病原微生物的研究包括入侵生态学研究、入侵机制研究、风险评估、预警和监测体系的建立、检测技术的开发、防控防治措施的制定及相关法律法规的拟定出台等。在这些方面，美国、澳大利亚、加拿大、日本等发达国家一直走在国际前列，无论是政府还是科研工作人员都极其重视海洋外来入侵有害生物的研究工作，加大管理力度和经费投入，在防控外来海洋有害微生物入侵方面给其他国家作了良好的示范（National Agricultural Library，2010）。然而，海洋病原微生物引起疾病暴发的规律性不强，且一旦暴发短时

间内难以控制，危害较为严重。因此，快速简便的检测方法能较为直接地对海洋环境中的病原微生物进行评估和预防，减少疾病的发生和传播概率，降低由海洋病原微生物疾病给人类带来的危害和经济损失(陈师勇等，2002)。

二、病原微生物检测方法简介

随着经济的繁荣，科研水平的提高，现代生物科技也在飞速的发展。从人类基因组计划的完成，到生物化学、细胞生物学、分子生物学、免疫学、现代仪器分析及计算机等学科研究的不断深入，新的检测技术不断涌现且被广泛用于海洋病原微生物的检测，使得海洋病原微生物检测技术也日趋成熟，现有的检测技术已经不单单局限于耗时、工作量大的传统方法。目前已建立了多种高效灵敏的检测技术，且实用性越来越高。

1. 免疫学方法

免疫学方法是利用抗原和抗体能发生特异性结合反应的原理来对病原进行检测的一类方法。具体包括：酶联免疫吸附法、Western印迹法、单(多)克隆抗体法、免疫磁珠分离法、胶体金免疫层析法、电化学免疫传感器等方法。

1) 酶联免疫吸附法：酶联免疫吸附法(ELISA)是以生物酶作为标记物，将抗原抗体反应的高特异性与酶的高效催化放大作用相结合，利用酶催化底物发生化学反应，使溶液发生颜色变化，从而对抗原或抗体进行检测的一种免疫分析方法。它具有快速、灵敏、特异、简便、结果易于判定等特点，一般不需要分离即可直接对样品进行检测，现已被广泛用于多种病原微生物的检测。涂小林和钟江(1995)用建立的ELISA检测感染中国对虾的一种杆状病毒，检测过程只需6h，检测灵敏度为60ng。Smith等(2003)分别用ELISA和PCR两种方法对感染鲑鱼的杀鲑气单胞菌(*Aeromonas salmonicida*)进行检测，两种方法检测的阳性率分别为23.3%和20.6%，两种方法在对病原单胞菌的检测上具有较高的一致性(张晓辉等，2008)。

2) 免疫磁珠分离：免疫磁珠分离技术是一种利用被修饰的磁性粒子作为载体对目标物进行富集和捕获的技术。它兼备了免疫反应的高特异性和磁珠分离的快速、高效等优点。目前，免疫磁珠分离技术与各种免疫学方法、分子生物学方法得到较好的整合，极大地提高了检测灵敏度且缩短了检测时间。因此，该技术被广泛用于微生物检测，尤其是水环境中病原微生物的检测。Kumar 等(2005)通过免疫磁珠分离技术结合PCR技术对人为投加到水样中的沙门氏伤寒杆菌进行检测(IMS-PCR)，发现两种技术相结合的检测方法比直接采用PCR方法具有更高的灵敏性。Decory等(2005)采用将免疫磁珠与免疫脂质体荧光分析相结合[combined immunomagnetic bead-immunoliposome (IMB/IL) fluorescence assay]的方法检测水样中的大肠杆菌O157：H7，整个检测过称仅需8h，检测限达到1CFU/mL。杨万等(2009)采用免疫磁珠分离技术与实时荧光定量PCR相结合的方法，成功地检测出水样中的轮状病毒，检测时间缩短到5h，检测限为1×10^4cells/mL。

3）胶体金免疫层析法：免疫胶体金技术是以胶体金作为示踪标志物应用于抗原抗体的一种新型的免疫标记技术，该方法自1971年被Faul等建立以来，由于其具有简便、快速、高效、特异性强、不需要特殊仪器设备、通过肉眼即可对检测结果进行判定等优点，已被广泛用于医学和微生物的快速检测，尤其适合在基层单位或者检测现场对样品进行检测。血清型为O_1和O_{139}的霍乱弧菌是引起霍乱传染病的重要病原菌，可通过污染食物、海产品及海水进而使人类患病。何艳玲等（2007）建立了用于检测O_1血清型霍乱弧菌的胶体金免疫层析法，用此方法对海产品中的霍乱弧菌进行检测，检测限为10^5CFU/mL，阳性率为6.25%，且与其他致病菌无交叉反应。白斑综合征病毒是引起对虾流行病暴发的主要病毒病原，也是近年来对虾病毒研究较活跃的焦点之一。王晓结（2015）利用制备的白斑综合征病毒的单抗建立免疫胶体金层析法，分别采用斑点渗滤法和双抗夹心法对白斑综合征病毒进行检测，两种方法的检测时间均不超过5min，且不需要任何仪器设备，操作方便，实用性强。

4）单克隆抗体法：单克隆抗体（monoclonal antibody，McAb）是由经过特定的抗原处理过的效应B淋巴细胞和骨髓瘤细胞杂交得到的杂交瘤细胞产生的具有特异性识别某抗原上的某一个特定抗原决定簇的抗体。由于是由单一杂交瘤细胞产生的纯抗体，故称单克隆抗体。与多克隆抗体相比，单克隆抗体有着突出的优势，具体表现在高灵敏度、高特异性、稳定性好、重现性强等。目前单克隆抗体已成为进行疾病检测、预防和病原定位的一个强有力的生物武器，并被成功地用于鳗弧菌、哈维氏弧菌、副溶血性弧菌、嗜水气单胞菌、呼肠孤病毒、虹彩病毒等病原微生物的检测。自虹鳟病毒单抗研制成功开始，该技术在海洋病原微生物检测方面取得迅猛的发展。嗜水气单胞菌广泛分布于自然界的各个海域中，是海洋环境中重要的致病菌。Delamare等（2002）用高特异性的抗嗜水气单胞菌单克隆抗体建立间接ELISA方法对病原进行检测，检测灵敏度达3.0×10^4cells/mL。针对哈维氏弧菌，已建立的基于单克隆抗体的检测方法有快速试纸条法和三抗夹心酶联免疫吸附法。金标哈维氏弧菌单克隆抗体作为检测抗体的快速试纸条法大大缩短了检测时间，只需15min即可对结果进行判读，且有较高的灵敏度，其最低检测限为10^6cells/mL；对菌体含量为10^4cells/mL，三抗夹心酶联免疫吸附法仍能有效检出（郝贵杰等，2007，2009；Sithigorngul et al.，2007）。

5）电化学免疫传感器技术：电化学免疫传感器技术是将抗原抗体发生特异性结合的反应转化为电信号对病原菌进行检测的一种技术，是电化学技术和生物技术相结合的产物。赵广英等于2007年采用电流型免疫传感器对副溶血性弧菌进行快速检测，检测限可达7.4×10^4CFU/mL，且具有较高的稳定性和重现性（赵广英和邢丰峰，2007）。

2. 分子学方法

近10年来，分子生物学技术得到了快速发展，同时也极大地促进了病原微生物检测水平的提升。分子生物学技术是以病原微生物的核酸为研究对象，基于病原体所持有的特异性DNA或RNA序列，通过对这些序列进行鉴定达到对病原菌进行检测的目的。分子生物学技术较其他的检测方法有较高的灵敏度，故在病原微生物检测方面得

到更广泛的应用。伴随着PCR技术的日益完善、DNA分离技术的提高和各种探针标记的发展，分子生物学检测技术也更加丰富，现已用于多种环境病原微生物的检测。

1）核酸杂交技术：核酸杂交是用标记的特异性DNA或RNA片段作为探针，与待测样品基因组中的互补序列发生杂交反应，以对样品中的特定基因序列进行准确检测，达到对样品中病原微生物进行检测的目的。核酸杂交按杂交方式可分为Northern杂交、Southern杂交、原位杂交和斑点杂交；根据探针性质和来源可以分为RNA探针、cDNA探针、DNA探针和人工合成寡聚核苷酸探针。通过对核酸探针进行合理的设计，可避免探针与待测样品中非探针互补序列发生杂交反应，从而确保核酸杂交检测的准确性和特异性。Gregory（2002）用标记的S8探针对能感染大西洋鲑鱼的鲑鱼贫血病毒进行原位杂交检测，结果只检出该病毒，有力地证明了S8探针特异性较强，与其他病原体无杂交反应。在对鳗弧菌进行检测时，采用标记的16S rRNA序列进行斑点杂交，成功地对鳗弧菌进行了检测，这种方法可检测具8种血清型的鳗弧菌，且最低检出量低至150pg（曾伟伟等，2010）。

2）基因芯片技术：基因芯片（又称DNA芯片、DNA微阵列）是以核酸分子杂交为基础，将各种基因的寡核苷酸点样于芯片表面，待测样品DNA经PCR扩增后制备荧光标记探针，通过与芯片上的寡核苷酸进行杂交，最后经扫描仪的定量分析和对荧光的分布情况分析来确定待测样品是否有病原微生物存在的一项技术。基因芯片技术可以检测环境中各种介质中的病原微生物，与其他方法相比，基因芯片技术可以实现高通量和并行检测，即一次可以检出上百种病原微生物及多项生物指标，且整个过程仅需4h。Panicker等（2004）分别用多重PCR和DNA芯片方法对牡蛎中的霍乱弧菌、创伤弧菌、副溶血性弧菌进行检测，结果DNA芯片法取得较好的检测效果，对牡蛎组织匀浆中弧菌的最低检测限为1CFU/g。王大勇等（2010）采用基因芯片技术对水样中的肠炎沙门氏菌、单核细胞增生李斯特菌、志贺氏菌、军团菌等13种病原菌进行检测，检测结果显示，该芯片可以同时特异性地检测13种病原菌，并且对基因组的最低检测量为0.2pg，用该芯片对自然水样和模拟样品进行检测，准确率为100%，说明其具有较高的灵敏度、特异性和准确性。

3）*16S rRNA*基因检测：16S rRNA序列是所有原核生物核糖体中一段较保守的基因序列，也是维持生物体生存所必需的基因序列。基于这种特性，*16S rRNA*基因检测已成为对微生物菌株、种、属进行鉴定的一个标准方法。*16S rRNA*基因检测技术作为较早的一种微生物检测技术，在海洋环境致病菌的检测方面发挥了重要作用（仲禾等，2009）。覃映雪等（2004）对患溃疡病的青石斑鱼进行病原分析，通过对分离自鱼体内的优势菌进行16S rRNA检测，初步确定病原菌为哈维氏弧菌。2007年，刘淇等从发病的三疣梭子蟹中分离得到一株病原菌，通过对其进行16S rRNA鉴定和系统发育分析，结果证实该菌为溶藻弧菌。

4）PCR及其衍生技术：PCR即聚合酶链反应，简单地说就是体外模拟自然DNA复制的一项技术。PCR技术自1985年建立以来，凭借其较高的特异性和灵敏度已被广泛应用到病原微生物的检测方面。在PCR技术建立之初，Chang等于1993年就利用该技术

首次成功地进行了对虾病毒基因组的扩增。随后Roxana等（2008）选取*fstA*基因为靶序列进行扩增，成功地检出鲑嗜水气单胞菌。像这种常规的PCR检测方法有其快速高效的特点，但也存在不可避免的弊端。首先，进行PCR扩增后通过对扩增目的条带的大小进行判断来达到对病原微生物检测的目的，若引物设计不合理有可能出现非特异性扩增，这就导致检测结果的假阳性；其次，检测样品中如若存在钙离子、镁离子等螯合剂或者DNA酶等可抑制PCR反应，导致结果出现假阴性。基于这些问题的出现，许多研究者对传统PCR技术进行改进，建立起多种PCR衍生技术且均已被用于病原微生物的检测。

多重PCR（multiplex PCR）又称复合PCR，是在一个PCR反应里加入两对以上引物，同时对多个核苷酸片段进行扩增的反应。随着多重PCR技术的成熟，运用多重PCR对海洋病原微生物进行检测的研究多有报道。2010年，李晨等分别针对鳗弧菌的*toxR*基因、嗜水气单胞菌的*aerA*基因、迟钝爱德华氏菌的*evpA*基因各设计一对引物，建立多重PCR反应体系对3种致病菌进行检测，取得较可靠的检测效果。近年来，对虾病害给养殖业带来巨大的经济损失，且病害多由病毒性病原引起，鉴于此，刘飞等（2014）对能感染对虾的白斑综合征病毒、桃拉综合征病毒、对虾杆状病毒、传染性肌肉坏死病毒、肝胰腺细小病毒、传染性皮下及造血组织坏死病毒分别设计引物和探针，建立多重PCR反应体系，通过对反应体系的优化，同时对6种病毒达到特异性检测的目的，且具有较高的灵敏度，该方法省时、省力，且不失准确性。

巢式PCR是PCR的另一衍生技术，采用两对引物对目的片段进行扩增。一对引物作为外引物进行普通PCR扩增，另一对引物即巢式引物所扩增的序列位于第一对引物扩增产物的内部。巢式PCR的好处在于，如果第一次扩增产生了错误片段，则第二次能在错误片段上进行引物配对并使扩增的概率极低。所以巢式PCR具有较强的特异性，这种特异性在后来的实际应用中得到很好的证明。锯缘青蟹呼肠孤病毒和锯缘青蟹双顺反子病毒-1是引起锯缘青蟹大批死亡的两种重要的病原。张迪等（2013）针对这两种病毒各设计两对引物，建立了可同时对两种病原进行检测的双重巢式PCR检测方法，其检测灵敏度可达10个拷贝，且与其他大菱鲆红体病虹彩病毒、对虾白斑综合征病毒等无交叉反应。

实时荧光定量PCR技术是在PCR反应体系中加入荧光基团，利用荧光信号的积累对整个反应过程进行实时监测，最后通过标准曲线对检测样品进行定量分析。实时荧光定量PCR技术实现了PCR技术从定性检测到定量检测的升级。除此之外，该方法简化了操作过程，大大提高了检测速度及检测灵敏度，有效地降低了假阳性率。张世英等（2003）采用实时荧光定量PCR技术对海水、海产品，以及临床病例中的霍乱弧菌进行检测，该方法的检测灵敏度可达1×10^2CFU/mL，比普通PCR的检测灵敏度提高了3个数量级，且具有较高的检出率。周勇等（2012）建立TaqMan实时荧光定量PCR方法定量检测大鲵虹彩病毒，检测特异性较好，与其他病原菌无交叉反应，且检测灵敏度较高，约是传统PCR检测灵敏度的1000倍，当病毒核酸浓度为1.1×10^3pg/μL时仍能检出。

5）等温扩增技术：环介导等温扩增（loop-mediated isothermal amplification，LAMP）

技术是由日本学者Notomi等于2000年建立的一种新型的体外等温核酸扩增技术。该技术以自动循环的链置换反应为基础，利用能识别靶序列上6段特异性区域的两对引物，以及具有链置换活性的Bst大片段DNA聚合酶，在等温条件下实现引物与模板的顺利结合并进行链置换反应的一种方法。该方法对设备要求不高，仅需一台恒温金属浴即可完成反应，且高效快速，在1h内即可扩增完成至少10^9靶序列拷贝，其扩增产物可通过多种方式进行检测。LAMP技术因其特异性强、灵敏度高、操作简单、快速高效等优点，在问世的短短几年时间里已在多个领域得到应用，尤其是在病原微生物的检测方面(Notomi et al.，2000)。2004年，Savan等首次利用LAMP方法检测感染牙鲆的迟钝爱德华氏菌，根据其溶血毒素基因设计两对引物成功地对目的序列进行扩增，且得到最低检测限为10CFU/mL，其灵敏度是普通PCR的100倍。吴家林等(2013)针对副溶血性弧菌耐热溶血毒素基因*tdh*和不耐热溶血毒素基因*tlh*设计2对引物，建立LAMP方法对模拟虾肉样品和实际样品进行检测，结果显示该方法对细菌纯培养物和模拟样品的检测灵敏度分别为10CFU/mL和1×10^3CFU/mL，其灵敏度明显高于普通PCR。

交叉引物恒温扩增(cross-priming amplification，CPA)技术是在LAMP技术的基础上新建立的一种PCR技术，在恒温条件下，通过5～8条引物的作用，能够扩增目的DNA或RNA。整个反应过程操作简单、扩增效率高，同时具有较高的灵敏度和特异性。该技术作为一种病原体快速检测工具，特别适合用于现场检测。该方法最关键的环节在于特异性检测靶点的选择及其引物的设计，靶点选择和引物设计结果的优劣将影响到副溶血性弧菌检测的效率和特异性。秦强和朱金玲(2013)根据霍乱弧菌的*MDH*基因设计两对特异性引物和一对检测探针，将CPA技术与核酸试纸条相结合对霍乱弧菌进行检测，得到6×10^2CFU/mL的最低检测限，该方法具有较高的稳定性。

6)其他方法。

基质辅助激光解吸电离飞行时间质谱技术(matrix-assisted laser desorption ionization time of flight mass spectrometry，MALDI-TOF-MS)是最近几年发展起来的一种以细菌表面蛋白为检测对象的全新微生物检测技术。该方法已成功地对单增李斯特菌和大肠杆菌等海洋病原菌进行检测。龚艳清等(2013)尝试用该方法对不同来源、不同培养时间、不同培养基培养下，以及对长时间冻存的副溶血性弧菌进行检测和鉴定，结果显示该方法对不同来源的菌株都能得到同样准确的检测结果。不同培养基、不同培养时间对该菌的蛋白质图谱影响较小，冷冻保存两年的菌株的MALDI-TOF-MS鉴定分值保持稳定。该方法能快速、准确地检测副溶血性弧菌，且该方法具有较高的稳定性和重现性(龚艳清等，2013)。

光纤生物传感器是近年来新兴的生物传感器之一，它将激光技术和光纤技术很好地进行了结合。其中光纤隐失波生物传感器是发展最为迅猛的一种光纤生物传感器，已被国内外研究者用于多种病原微生物的检测。光纤隐失波生物传感器是基于光波在光纤内以全反射方式传输时产生隐失波，该隐失波可激发光纤探头表面连接的抗体或抗原分子上标记的荧光物质，同时结合免疫反应原理，实现待测目标物质的定量检测。刘金华等(2014)将单增李斯特菌单抗包被光纤，制备光纤探针，同时对李斯特

菌多抗进行纳米量子点耦联标记，建立基于隐失波生物传感器检测单增李斯特菌的方法，取得良好的检测效果，检测灵敏度达到30CFU/mL，且与其他杂菌无交叉反应。

三、副溶血性弧菌CPA-核酸试纸条快速检测方法的建立

1. 副溶血性弧菌(*Vibrio parahaemolyticus*，VP)溶血素*tlh*基因的交叉引物及探针的设计

根据NCBI数据库中已知的副溶血性弧菌*tlh*基因序列（GenBank：JX262976.1），通过基因序列同源性比对分析，确定该基因特异且保守区域，针对该区域设计CPA扩增引物及探针，引物及探针的设计采用Primer5.0软件，其中包括一对外围引物VPOF/VPOR、一对交叉引物VPIF/VPIR和一对检测探针VPDF/VPDR。VPOF/VPOR同时也作为普通引物和克隆引物。VPIF由IR的反向互补序列和IF组成，VPIR由IF的反向互补序列和IR序列组成。检测探针VPDF 5′端标记FITC，探针VPDR 5′端标记Bition。目的基因片段长度为407bp。引物探针名称及序列见表3.2。

表3.2　CPA引物及探针序列

引物名称	引物序列（5′→3′）
VPOF	TGCGAAAGTGCTTGAGAT
VPOR	GATGAGCGGTTGATGTCC
VPIF	TTCTGGCGCAGAAGTTAGGTTCATCAAGGCACAAGC
VPIR	GTTCATCAAGGCACAAGCTTCTGGCGCAGAAGTTAG
VPDF	FITC-CAAAGCGCAAGGTTACAACATCA
VPDR	BIOTIN-GAACAAGGCGTGAGTATCAAACAAC

2. 交叉引物恒温扩增反应体系的建立及优化

目的基因的获取：CTAB法提取细菌基因组，利用外围引物VPOF/VPOR扩增目的基因，采用TIANGEN胶回收纯化试剂盒对PCR产物中的目的片段进行纯化、连接，转化感受态细胞，阳性克隆筛选、测序（图3.1）。

CPA扩增引物和探针的可行性验证：将扩增引物及探针按照CPA通用条件建立20μL的反应体系，在恒温金属浴中63℃反应60min，将扩增产物进行电泳和试纸条检测，通过结果对引物及探针进行可行性分析（表3.3）。

CPA扩增产物的检测及CPA法扩增体系的初步建立：以VPOF/VPOR为扩增引物，无菌水为阴性对照，在63℃条件下CPA扩增1h。分别用琼脂糖电泳法、核酸试纸条法及荧光染料法对扩增产物进行检测。电泳法检测结果如图3.2A所示，以副溶血性弧菌基因组为模板扩增的产物在紫外线下有梯形条带出现，而阴性对照组则未出现条带。核酸试纸条法检测结果如图3.2B所示，含模板DNA的CPA扩增产物经试纸条检测，质控线和检测线均出现红色条带，而阴性对照只有质控线出现红色条带。荧光染料法检测

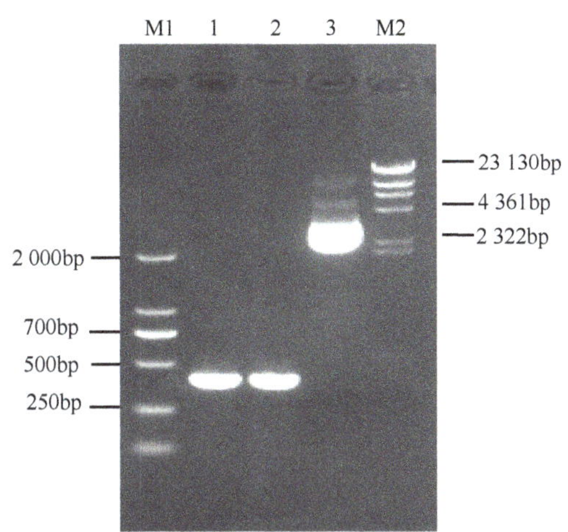

图3.1　重组质粒PMD19-T-*tlh*琼脂糖凝胶电泳图

M1. DL2000 DNA Ladder Marker；M2. λ-*Hin*dIII digest DNA Marker；1. 菌落PCR扩增产物；
2. 质粒PCR扩增产物；3. pMD19-T-*tlh*重组质粒

表3.3　CPA通用反应体系

组分	浓度	体积 /μL
VPOF	20μmol/L	0.1
VPOR	20μmol/L	0.1
VPIF	20μmol/L	0.6
VPIR	20μmol/L	0.6
VPDF	20μmol/L	0.3
VPDR	20μmol/L	0.3
甜菜碱	5mol/L	2
$MgSO_4$	25mmol/L	0.8
dNTPs	2.5mmol/L	3.2
Bst DNA Polymerase	8U/μL	1
ThermoPol Buffer	10×	2
Template		1
ddH_2O		8
总和		20

结果表明阴性对照颜色呈橙色，说明没有发生有效扩增，发生有效扩增的则呈现黄绿色，检测结果如图3.2C所示。以上3种方法的检测结果相吻合，说明最初建立的CPA体系能对副溶血性弧菌*tlh*目的片段产生有效扩增。

CPA反应体系的优化：分别对反应体系的温度Mg^{2+}、dNTPs浓度、甜菜碱浓度、Bst DNA聚合酶浓度及反应时间进行了优化，主要结果如图3.3所示。

3. CPA-核酸试纸条灵敏度及特异性的检测

研究者比较了CPA法和PCR法检测副溶血性弧菌纯培养物的灵敏度，将已知浓度

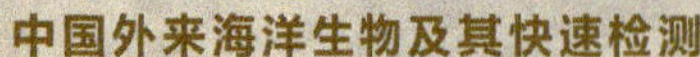

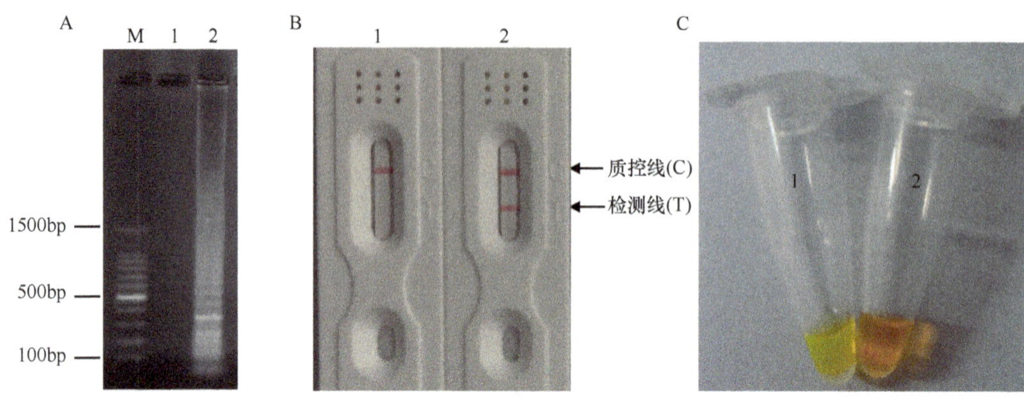

图3.2　CPA扩增产物的检测

A. CPA扩增产物琼脂糖凝胶电泳检测结果：M. DL1500 DNA Ladder Marker；1. 阴性对照；2. 副溶血性弧菌CPA扩增产物。B. CPA扩增产物核酸试纸条分析结果：1. 阴性对照；2. 副溶血性弧菌CPA扩增产物。C. CPA扩增产物核酸荧光染料检测结果：1. 副溶血性弧菌CPA扩增产物；2. 阴性对照

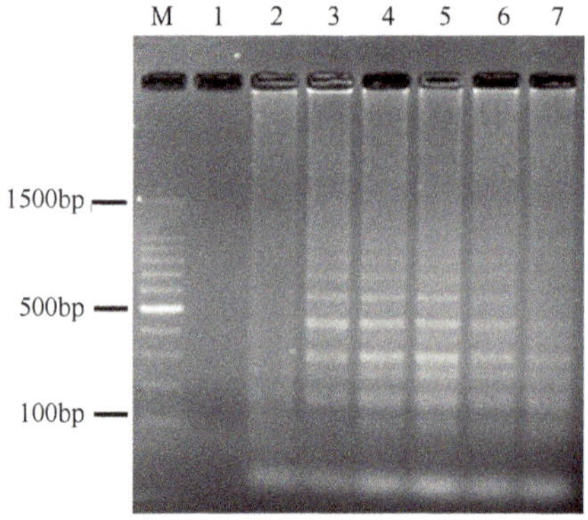

A. 反应温度的优化结果图
M. DL1500 DNA Ladder Marker;
1. 55℃; 2. 57℃; 3. 59℃; 4. 61℃; 5. 63℃;
6. 65℃; 7. 67℃

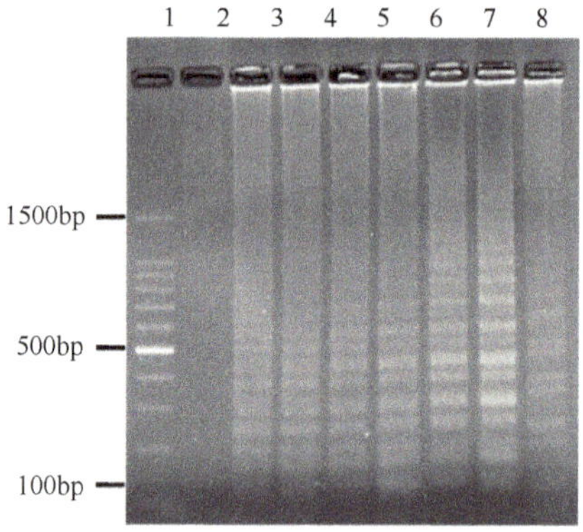

B. Mg^{2+}浓度的优化结果图
M. DL1500 DNA Ladder Marker;
1. 1.0mmol/L; 2. 1.5mmol/L; 3. 2.0mmol/L;
4. 2.5mmol/L; 5. 3.0mmol/L; 6. 3.5mmol/L;
7. 4.0mmol/L; 8. 4.5mmol/L

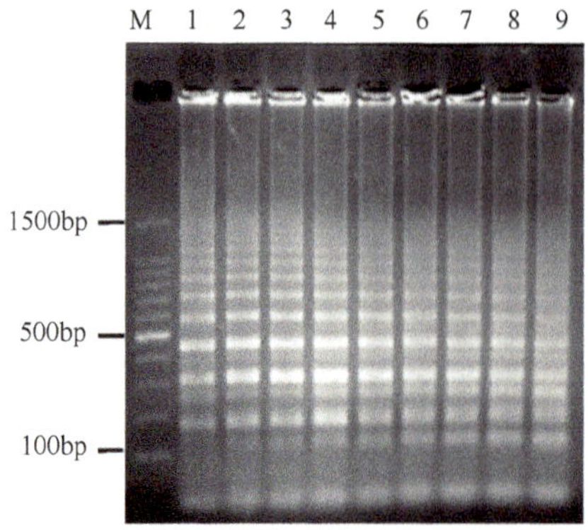

C. dNTPs浓度的优化结果图
M. DL1500 DNA Ladder Marker;
1. 0.1mmol/L; 2. 0.2mmol/L; 3. 0.3mmol/L;
4. 0.4mmol/L; 5. 0.5mmol/L; 6. 0.6mmol/L;
7. 0.7mmol/L; 8. 0.8mmol/L; 9. 0.9mmol/L

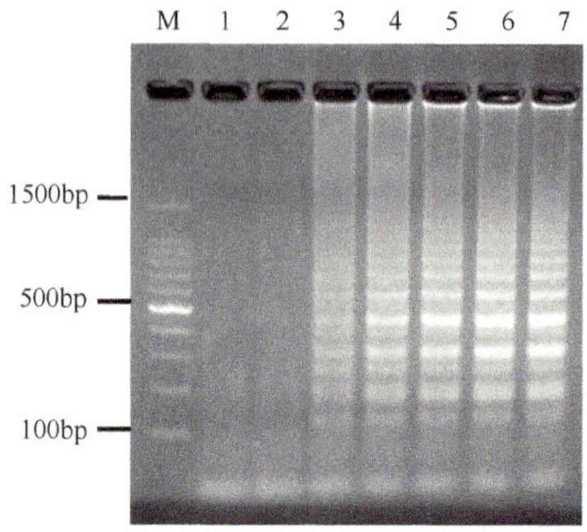

D. Bst DNA聚合酶浓度的优化结果图
M. DL100 DNA Ladder Marker;
1. 0.0U; 2. 0.2U; 3. 0.4U; 4. 0.6U;
5. 0.8U; 6. 1.0U; 7. 1.2U

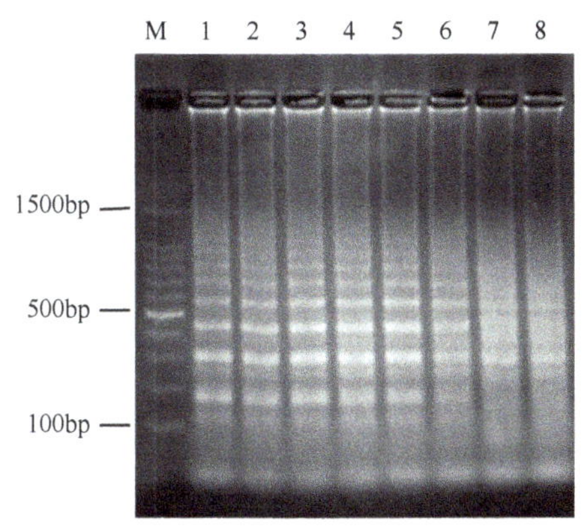

E. 甜菜碱浓度的优化结果图
M. DL1500 DNA Ladder Marker;
1. 0.2mol/L; 2. 0.4mol/L; 3. 0.6mol/L; 4. 0.8mol/L;
5. 1.0mol/L; 6. 1.2mol/L; 7. 1.4mol/L; 8. 1.6mol/L

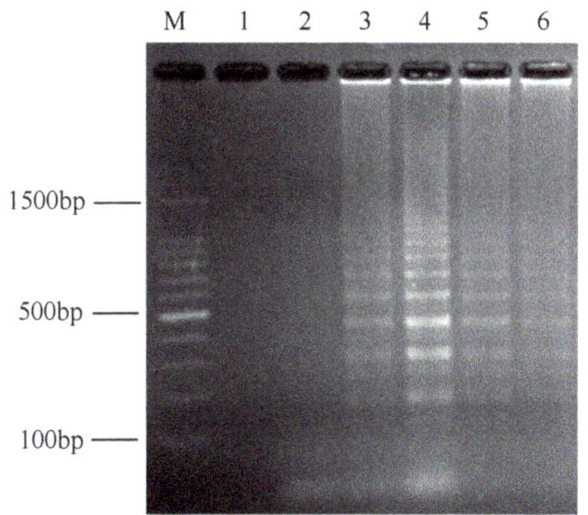

F. 反应时间的优化结果图
M. DL1500 DNA Ladder Marker;
1. 15min; 2. 30min; 3. 45min; 4. 60min;
5. 75min; 6. 90min

图3.3　CPA反应体系的优化

图3.3A：分别在55℃、57℃、59℃、61℃、63℃、65℃和67℃温度下进行CPA扩增，比较不同温度下CPA扩增效果，结果如图3.3A所示：当温度为55℃时，CPA反应不能发生；当温度为57℃时，出现梯形扩增条带但条带不明显；当温度为63℃时条带亮度最清晰，而当温度为67℃时，扩增条带变暗，表明最佳CPA扩增反应温度为63℃。

图3.3B：Mg^{2+}是 Bst DNA 聚合酶重要的活性因子，其浓度对扩增产物的产量和扩增特异性有很大影响。Mg^{2+}浓度过低会直接影响Bst DNA 聚合酶的活性，从而使CPA扩增产物的产量减少，并出现假阴性。本实验通过比较不同Mg^{2+}添加浓度对扩增效果的影响，确定最佳Mg^{2+}使用浓度，结果如图3.3B所示。当Mg^{2+}浓度为1mmol/L时，未出现梯形电泳条带；当Mg^{2+}浓度为1.5mmol/L时，开始出现梯形电泳条带；当Mg^{2+}浓度为4mmol/L时，条带最亮；当Mg^{2+}浓度为4.5mmol/L时，条带开始变暗，表明最佳Mg^{2+}使用浓度为4mmol/L。

图3.3C：比较不同dNTPs使用浓度下产物的扩增效果，结果如图3.3C所示。dNTPs使用浓度在0.1～0.8mmol/L均能发生有效扩增，当dNTPs的浓度为0.4mmol/L时，梯形电泳条带最亮，扩增产物最多。当使用浓度大于0.4mmol/L时，条带逐渐变暗，这说明dNTPs的最佳使用浓度为0.4mmol/L。

图3.3D：比较不同Bst DNA聚合酶使用量对扩增效果的影响，结果如图3.3D所示。在Bst DNA聚合酶的使用量为0.4U时开始出现梯形电泳条带，且随着Bst DNA聚合酶用量的增加，条带亮度增大。当Bst DNA聚合酶的使用量为1.0U和1.2U时最亮，且两者亮度相当，鉴于成本的考虑，选取Bst DNA聚合酶的最佳使用量为1.0U。

图3.3E：比较不同甜菜碱使用浓度对扩增效果的影响，结果如图3.3E所示。在甜菜碱的使用浓度为0.2～1.6mol/L时均出现较为清晰的梯形电泳条带，且随着甜菜碱浓度的增大，条带亮度增大。当甜菜碱的使用浓度为0.8mol/L时条带最亮，超过该浓度时条带逐渐变暗，因此甜菜碱的最佳使用浓度为0.8mol/L。

图3.3F：分别在15min、30min、45min、60min、75min、90min不同时间段下进行CPA扩增，比较不同时间段下CPA扩增效果，扩增结果如图2.11所示。实验结果表明：当反应时间为15min、30min时 CPA反应均不能发生。当反应时间为45min，出现扩增条带但扩增条带比较暗。当扩增时间为60min时梯形电泳条带最亮，当反应时间超过60min后条带逐渐变暗，说明适合CPA扩增的最佳反应时间为60min

(经平板菌落计数)的副溶血性弧菌菌悬液稀释至不同浓度，最终加入每个反应管的浓度分别为 5.8×10^7CFU/mL、5.8×10^6CFU/mL、5.8×10^5CFU/mL、5.8×10^4CFU/mL、5.8×10^3CFU/mL、5.8×10^2CFU/mL、5.8×10CFU/mL，设置3组平行、重复3次实验，进行CPA法与PCR法检测灵敏度实验。CPA法扩增产物同时采用电泳检测法和核酸试纸条检测法两种方法进行检测，实验结果如图3.4和图3.5所示。图3.4为CPA产物琼脂糖凝胶电泳法检测结果，当每个反应管中的模板浓度大于等于5.8×10^2CFU/mL时均出现梯形电泳条带。

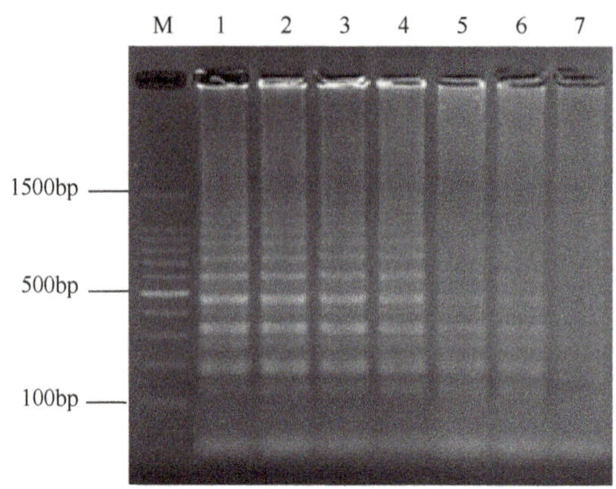

图3.4　CPA-琼脂糖电泳检测副溶血性弧菌纯培养物的灵敏度分析

M. DL1500 DNA Ladder Marker；1. 5.8×10^7CFU/mL；2. 5.8×10^6CFU/mL；3. 5.8×10^5CFU/mL；4. 5.8×10^4CFU/mL；5. 5.8×10^3CFU/mL；6. 5.8×10^2CFU/mL；7. 5.8×10CFU/mL

图3.5为CPA-核酸试纸条法检测结果，结果显示当每个反应体系中模板浓度大于等于5.8×10^2CFU/mL时，试纸条质控线和检测线均呈红色，说明在此浓度范围内CPA-核酸试纸条法能有效检测出待检物，当模板浓度低于5.8×10^2CFU/mL时，试纸条只有质控线出现红色条带，即检测结果呈阴性，与琼脂糖凝胶电泳法检测CPA产物结果一致。对63个阳性样品的检测结果中，58个样品检测结果为阳性，灵敏度为92%。综合图3.4和图3.5得出：CPA法检测副溶血性弧菌纯培养物的最低检测限为5.8×10^2CFU/mL。

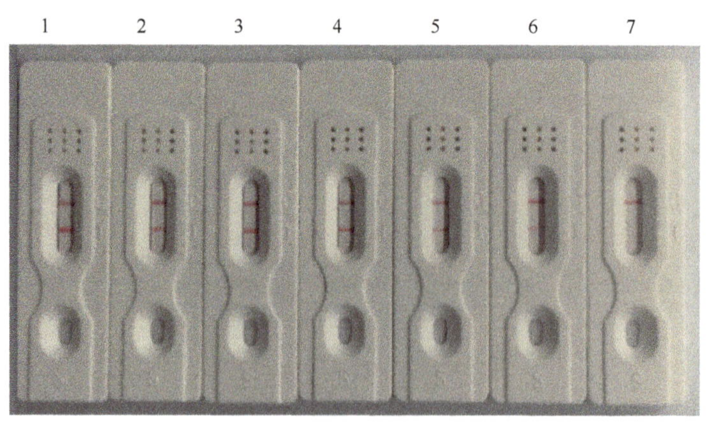

图3.5　CPA-核酸试纸条法检测副溶血性弧菌纯培养物灵敏度分析

1. 5.8×10^7CFU/mL；2. 5.8×10^6CFU/mL；3. 5.8×10^5CFU/mL；4. 5.8×10^4CFU/mL；5. 5.8×10^3CFU/mL；6. 5.8×10^2CFU/mL；7. 5.8×10CFU/mL

图3.6为普通PCR琼脂糖凝胶电泳检测结果图，当每个反应体系中模板浓度大于等于5.8×10^3CFU/mL时，均可见特异性目的电泳条带。而当检测浓度小于5.8×10^3CFU/mL时，未能出现特异性电泳条带。说明PCR法检测副溶血性弧菌最低检测限为5.8×10^3CFU/mL，CPA法的检测灵敏度为普通PCR法的10倍。

为了验证CPA法检测副溶血性弧菌的特异性，选取霍乱弧菌、溶藻弧菌、创伤弧

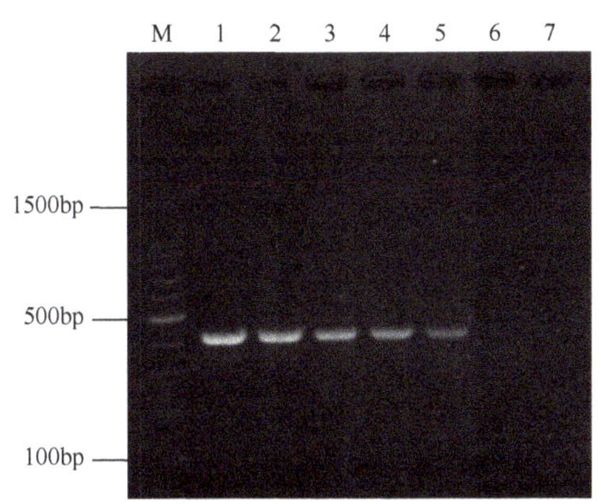

图3.6 PCR法检测副溶血性弧菌纯培养物灵敏度分析

M. DL1500 DNA Ladder Marker；1. 5.8×10^7CFU/mL；2. 5.8×10^6CFU/mL；3. 5.8×10^5CFU/mL；4. 5.8×10^4CFU/mL；5. 5.8×10^3CFU/mL；6. 5.8×10^2CFU/mL；7. 5.8×10CFU/mL

菌、河流弧菌、大肠杆菌、金黄色葡萄球菌等作为参照菌株，采用CTAB法提取基因组DNA。根据对基因组检测灵敏度数值设置不同浓度梯度(15ng/ μL～150fg/μL)，每个样品设置3组平行，进行CPA特异度实验。以无菌水代替基因组模板作为阴性对照，用相同的反应体系(除模板不同)进行CPA扩增。扩增结果用琼脂糖电泳法和试纸条法同时进行检测，结果如图3.7所示，只有以副溶血性弧菌基因组DNA为模板的CPA反应发生了有效的扩增，其他对照组和阴性组均未出现有效扩增，在108个阴性样品中有101个样品检测为阴性，特异度为93.5%。说明CPA扩增体系对于副溶血性弧菌进行扩增的特异性较强。

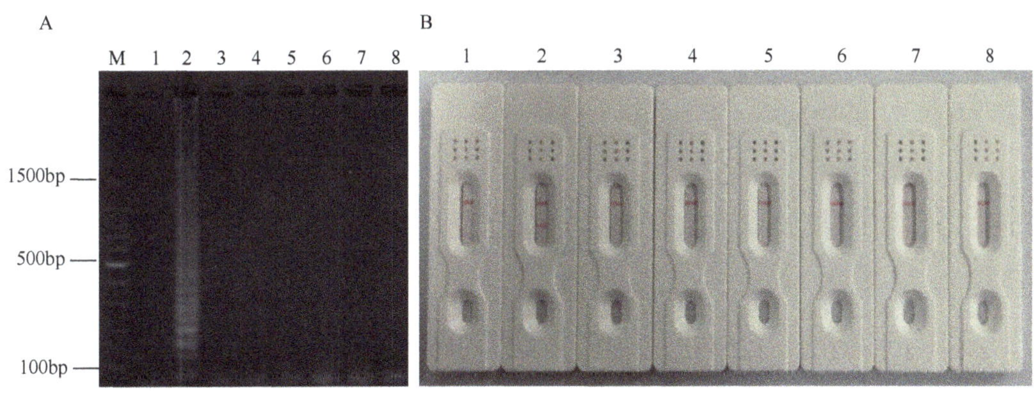

图3.7 副溶血性弧菌CPA扩增法特异性结果分析

A. 琼脂糖凝胶电泳检测结果：M. DL1500 DNA Ladder Marker；1. 阴性对照；2. 副溶血性弧菌；3. 霍乱弧菌；4. 创伤弧菌；5. 河流弧菌；6. 溶藻弧菌；7. 大肠杆菌；8. 金黄色葡萄球菌。B. CPA核酸试纸条检测结果：1. 阴性对照；2. 副溶血性弧菌；3. 霍乱弧菌；4. 创伤弧菌；5. 河流弧菌；6. 溶藻弧菌；7. 大肠杆菌；8. 金黄色葡萄球菌

4. CPA-核酸试纸条半定量误差分析

将副溶血性弧菌纯培养物基因组稀释成一系列已知的浓度梯度(20ng/μL～

150fg/μL），每个梯度设置3组平行样品进行CPA扩增，扩增产物滴入试纸条，显色后于免疫金标读卡器读数，通过仪器读数与相对应的基因组浓度绘制曲线获得曲线方程（图3.8）。然后将副溶血性弧菌基因组样品进行稀释［（1∶1）～（1∶1000）］，设置3组平行样品，滴入试纸条显色后进行读卡，读数带入上述方程计算获得基因组浓度，计算值和实测值误差均小于18%（表3.4）。

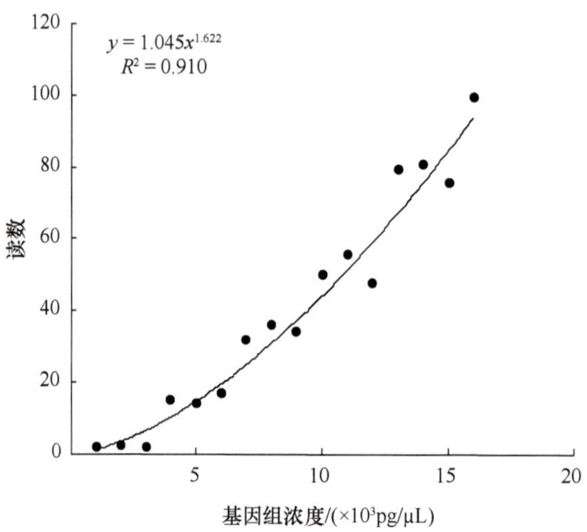

图3.8　基因组浓度与读数关系图

表3.4　CPA-核酸试纸条半定量误差分析

基因组实测浓度	读卡器读数	基因组推算浓度	实测与计算浓度误差 /%
128fg/μL	2.1±0.2	151fg/μL	18.0
1.28pg/μL	15.3±1.3	1.49pg/μL	16.4
13.3pg/μL	34.1±1.6	15.3pg/μL	15.0
130pg/μL	51.3±3.1	152pg/μL	16.9
1.29ng/μL	79.2±5.1	1.51ng/μL	17.1
13.1ng/μL	97.5±7.2	15.3ng/μL	16.8

5. 结论

本研究建立的CPA-核酸试纸条法快速检测副溶血性弧菌实现了快速定量地对待检物进行检测，检测灵敏度和特异度均大于90%，半定量分析误差≤18%，整个检测过程只需75min。不仅如此，该方法操作简单，整个扩增过程在恒温下进行，仅需一台恒温水浴锅就能进行CPA扩增反应，大大节约了实验成本且显著提高了实验效率。实验过程中对操作人员的技术要求不高，稍加培训即可进行实验操作，且人为因素造成的误差较小，所以比较容易得到普及。本研究的实验结果表明，该方法较普通PCR法的灵敏度提高了一个数量级，同时具有很强的特异性，是一种特异、灵敏、简便、快速地检测副溶血性弧菌的方法。

四、青蟹呼肠孤病毒免疫金标试纸条快速检测方法的建立

1. 青蟹呼肠孤病毒(*Scylla serrata reovirus*)外壳蛋白基因的克隆

引物设计：根据GeneBank中已报道的锯缘青蟹呼肠孤病毒VP12蛋白基因全序列，寻找其可读框，根据该序列采用Primer Premier5.0软件设计引物。上游引物：5′-CGGAATTCATGAACCTGGAAATTAAC-3′(划线部分为酶切位点*Eco*RⅠ)；下游引物：5′-CAAGCTTTCAGTAATCGAGAACCCA-3′(划线部分为酶切位点*Hin*dIII)。

重组克隆质粒的构建及测序：将万里学院赠送的携带有重组克隆质粒PMD18-T-VP12的*Escherichia coli*(*E. coli*) DH5α甘油菌按1∶50比例接种于含终浓度为100μg/mL Amp的10mL LB液体培养基中，37℃，200r/min，振荡培养过夜(12～16h)后进行质粒的提取。参考《分子克隆实验指南(第三版)》进行实验。以提取的质粒为模板进行质粒PCR。对PCR产物进行切胶纯化回收(采用TIANGEN胶回收试剂盒，根据试剂盒操作说明进行回收)，按纯化产物与载体物质的量比为4∶1的比例与克隆载体pMD19-T于16℃条件下进行过夜连接。连接结束后将连接产物转入大肠杆菌TOP10感受态细胞中，然后涂布于LB(Amp^+)固体平板[提前1h将4μL 200mg/mL IPTG、40μL 20mg/mL X-gal涂布于LB(Amp^+)平板上]上，37℃恒温培养14～16h。次日挑取白斑进行菌落PCR和质粒PCR验证，将验证后为阳性的白色菌落进行过夜培养，提取重组克隆质粒进行双酶切鉴定，最后将阳性质粒送去测序。

通过蓝白斑筛选后对阳性菌落进行培养提取质粒，对提取后的质粒分别进行质粒PCR和双酶切验证，验证结果如图3.9所示。由图3.9可以看出，质粒PCR产物的大小与预期目的片段的大小刚好吻合，目的片段长为825bp。双酶切后出现两条带，这两条电

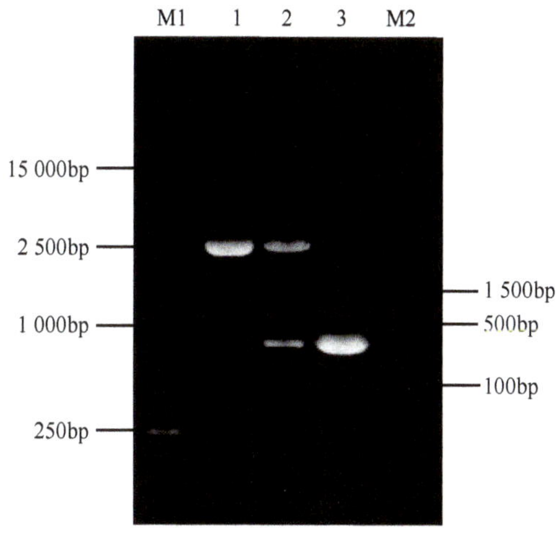

图3.9　重组克隆质粒及其双酶切和PCR

M1. DL15 000 DNA Ladder Marker；1. 重组克隆载体pMD19-T-VP12；2. *Eco*RⅠ和*Hin*dIII双酶切重组克隆质粒；3. pMD19-T-VP12质粒PCR产物；M2. DL1500 DNA Ladder Marker

泳带分别与目的片段和pMD19-T载体大小吻合，该结果初步说明重组克隆载体构建成功。但是为了进一步提高其可信度，本研究对重组克隆载体进行测序结果分析。测序结果显示，克隆的目的片段与GeneBank 数据库中该基因的相似度为100%。与电泳结果吻合，说明重组克隆载体构建成功，可在此基础上进行下一步实验。

2. 重组表达载体的构建及验证

用限制性内切酶*Eco*RⅠ、*Hin*dIII对上述重组克隆质粒和表达载体pET28a(+)进行双酶切，采用胶回收试剂盒切胶回收目的片段，将目的片段和载体片段按5∶1的物质的量比于16℃条件下连接过夜，将连接产物转入大肠杆菌表达宿主BL21(DE3)感受态细胞中，然后涂布于含终浓度为50ug/mL Kan LB固体平板上，37℃过夜培养。

从转化后的平板上挑取6个单菌落进行菌落PCR，结果显示，6个单菌落均为阳性，即均含目的片段。为了进一步确定重组表达载体是否构建成功，对其中一个阳性单菌落进行扩大培养提取质粒，对提取后的质粒分别进行质粒PCR和双酶切验证。结果如图3.10所示，质粒PCR扩增的目的片段的大小约为825bp，与预期大小一致。重组表达质粒双酶切后出现两条特异性电泳条带，且大小分别与pET28a(+)空载体和目的片段的大小相吻合，进一步证实重组表达质粒构建成功。

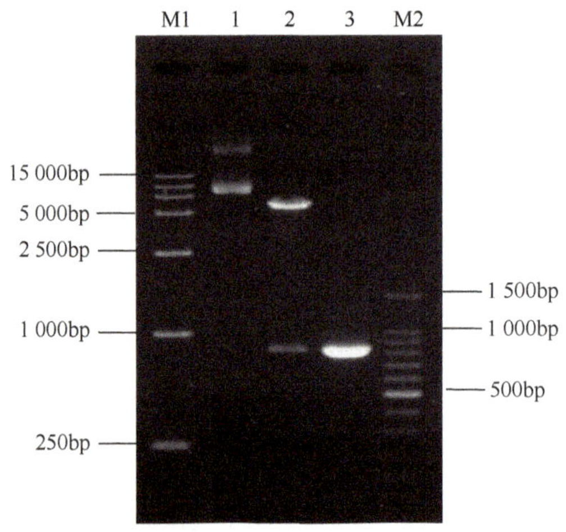

图3.10　重组表达质粒及其双酶切和PCR结果图

M1. DL15 000 DNA Ladder Marker；1. 重组表达质粒pET28a-VP12；2. 重组表达质粒的双酶切；3. 质粒PCR产物；M2. DL1500 DNA Ladder Marker

3. 重组蛋白的诱导表达

分别对pET28a空载体菌株和pET28a-VP12重组菌作诱导、未诱导对照，并对pET28a-VP12诱导表达后的上清和沉淀分别制样进行电泳，分析重组表达蛋白的可溶性，结果如图3.11所示。由图3.11可知：不含有目的基因的空载体菌株在进行诱导表达后未出现特异性蛋白条带，携带有目的片段的重组pET28a-VP12表达菌株在进行诱导表达后出现与预期大小相吻合的特异性蛋白条带。

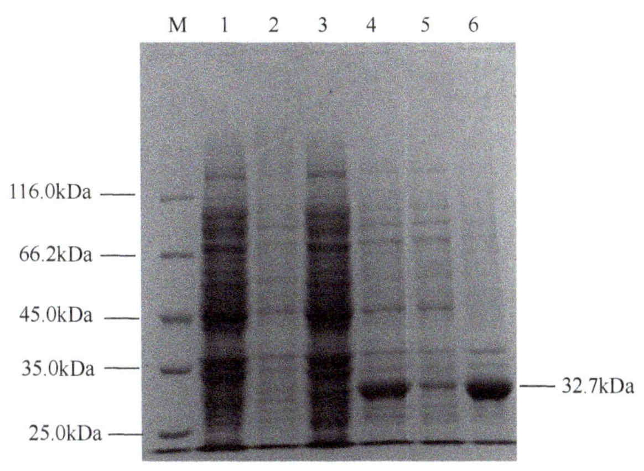

图3.11　SsRV VP12重组蛋白的SDS-PAGE检测

M.蛋白质Marker；1. pET28a/BL21空载体未诱导；2. pET28a/BL21空载体诱导；3. pET28a-VP12/BL21重组未诱导；4. pET28a-VP12/BL21重组诱导全菌；5. pET28a-VP12/BL21重组诱导上清；6. pET28a-VP12/BL21重组诱导沉淀

4. 重组外壳蛋白的纯化及多克隆抗体的制备与检测

采用镍柱亲和层析法纯化重组蛋白，在进行纯化的过程中，分步留样以便后续进行结果分析。实验结果如图3.12所示，表明经亲和层析纯化后，得到较纯的重组蛋白。

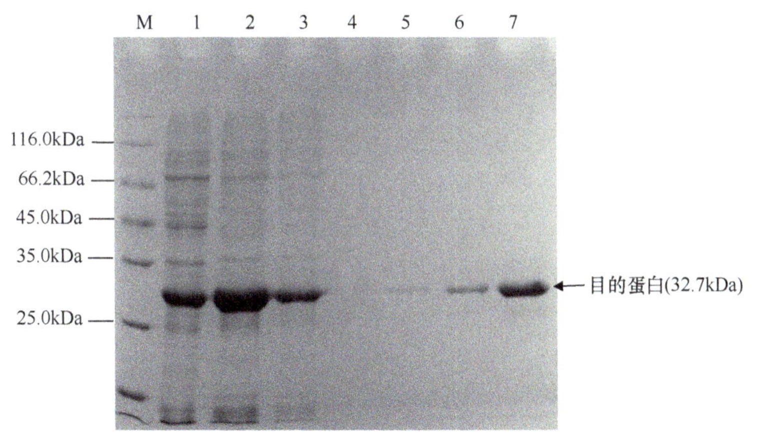

图3.12　VP12重组蛋白的纯化结果图

M. 蛋白质分子质量标准；1. pET28a-VP12/BL21诱导表达全菌；2. pET28a-VP12/BL21诱导表达沉淀；3. 流出液；4. 洗涤液；5. 洗脱第1管；6. 洗脱第2管；7. 洗脱第3管

采用HRP标记小鼠His-tag单克隆抗体作为一抗，对纯化后的重组蛋白进行Western-blotting分析，结果显示在预期大小处出现一条特异性条带，进一步证实重组表达蛋白的确为His-tag融合蛋白（图3.13）。

5. 重组外壳蛋白单克隆抗体的制备与鉴定

骨髓瘤细胞的准备：取对数期生长的骨髓瘤细胞于电镜下进行形态观察，发现骨髓瘤细胞壁圆滑、形态完整、大小均一，细胞呈圆形且颜色透亮，长势较好，适合融合。

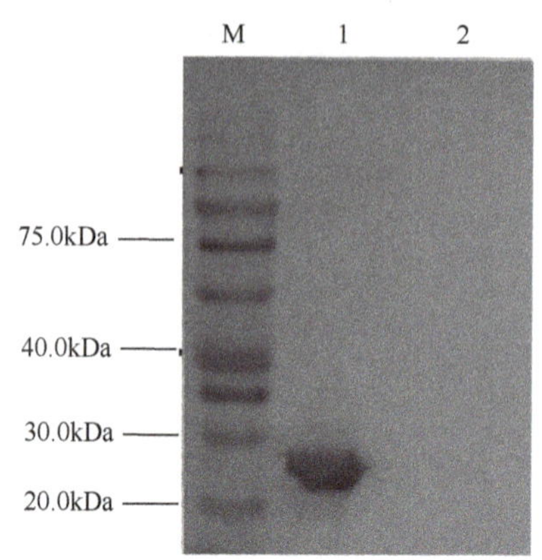

图3.13　VP12重组蛋白的Western blotting分析结果图

M. 预染蛋白Marker；1. pET28a-VP12/BL21；2. pET28a/BL21

融合细胞的鉴定：融合后选择有杂交瘤细胞生长的孔，待杂交瘤细胞长至孔的1/3～1/2时，利用间接ELISA方法检测杂交瘤细胞的抗体水平，筛选出阳性孔。并采用有限稀释法对孔中的杂交瘤细胞进行3次亚克隆，从中筛选出能够稳定分泌VP12单克隆抗体的杂交瘤细胞，本研究共筛选得到5株能够稳定分泌抗体的杂交瘤细胞。

Dot blotting分析：采用Dot blotting法对5株单克隆抗体进行灵敏度的检测，结果表明有两株抗体的检测灵敏度分别达到了0.25ng和1ng，这两株抗体分别为1M9和2N5。一般认为对抗原的检测浓度在5ng以下即为高亲和力抗体，所以1M9和2N5属于高亲和力抗体。因此选取这两株抗体进行后续的实验研究。

单克隆抗体1M9和2N5纯化效果的聚丙烯酰胺凝胶电泳（SDS-PAGE）分析：采用SDS-PAGE对纯化后的单克隆抗体1M9和2N5进行纯化效果分析。电泳结果显示，硫酸铵沉淀法与protein G相结合的方法较单独使用一种纯化方法的纯化效果好，纯化后的单克隆抗体除重链和轻链外基本上无明显的杂带出现。通过对纯化后抗体的蛋白质含量进行测定，结果表明纯化后的抗体蛋白浓度分别为4.004mg/mL、4.078mg/mL（图3.14）。

单克隆抗体亚类的鉴定：采用Sigma抗体亚类鉴定试剂盒对1M9和2N5单克隆抗体进行亚类鉴定，结果表明两株抗体均属于IgG1类抗体，结果如图3.15所示。

抗体效价的测定：通过棋盘滴定法对两株单克隆抗体进行效价的测定，检测结果表明1N9和2M5两种抗体的效价分别为1：102 400和1：51 200。

抗体的Western blotting分析：用纯化的VP12进行SDS-PAGE分析，半干式电转移系统使目的蛋白转移到硝酸纤维素膜（NC膜）上进行Western-blotting分析，2株纯化后的单抗均能与VP12蛋白发生特异性反应（图3.16）。

6. 胶体金及金标抗体的制备

胶体金的制备及其质量鉴定：采用柠檬酸三钠还原法制备胶体金颗粒，柠檬酸钠的加入量与制备的胶体金直径呈线性关系，胶体金溶液的颜色则随着粒径的增大，

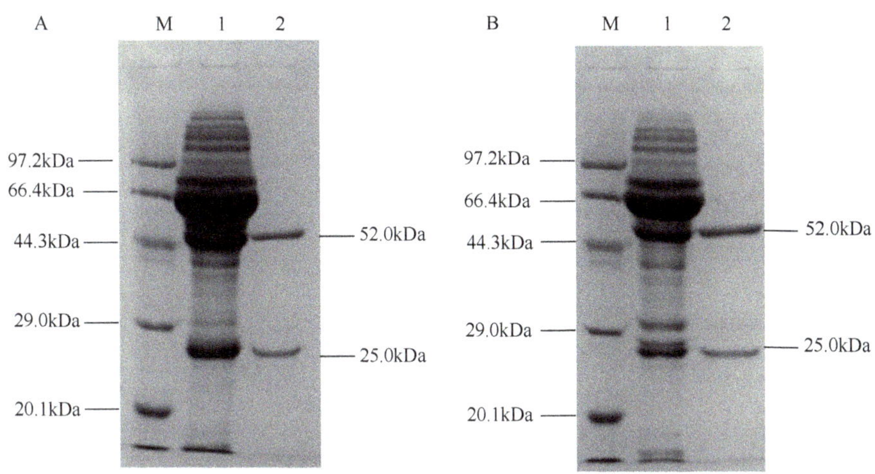

图3.14　单克隆抗体1M9和2N5纯化后的SDS-PAGE检测

A：M. 蛋白质分子质量标准；1. 纯化前单抗1M9；2. 纯化后单抗1M9。B：M. 蛋白质分子质量标准；1. 纯化前单抗2N5；2. 纯化后单抗2N5

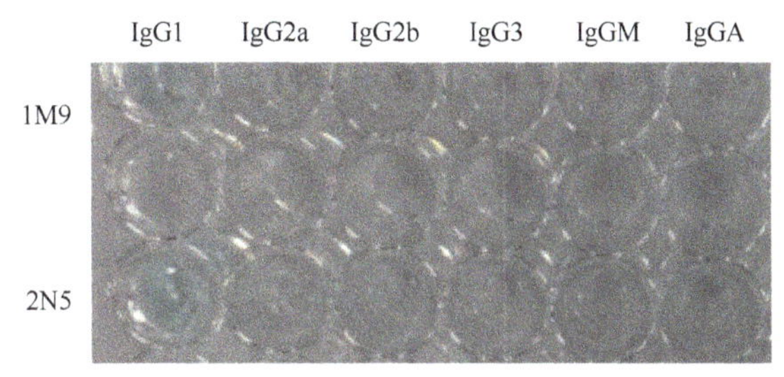

图3.15　单克隆抗体亚类的鉴定

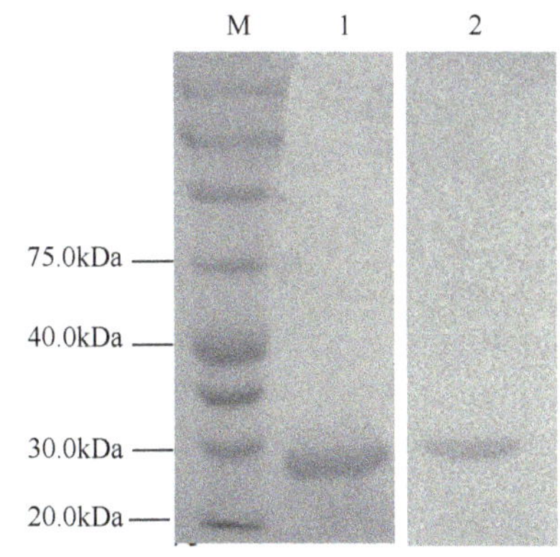

图3.16　Western blotting 分析结果

M. 蛋白质Marker；1. 1M9抗体；2. 2N5抗体

由橘红色渐变到紫红色。因此，可通过胶体金溶液所呈现的颜色粗略地估计其粒径大小。本实验制备的胶体金溶液肉眼观察呈酒红色（图3.17A），液体晶莹透亮，折光性好，且液体表面无团状或油状漂浮物，粗略估计该胶体金颗粒的粒径大小约为20nm。

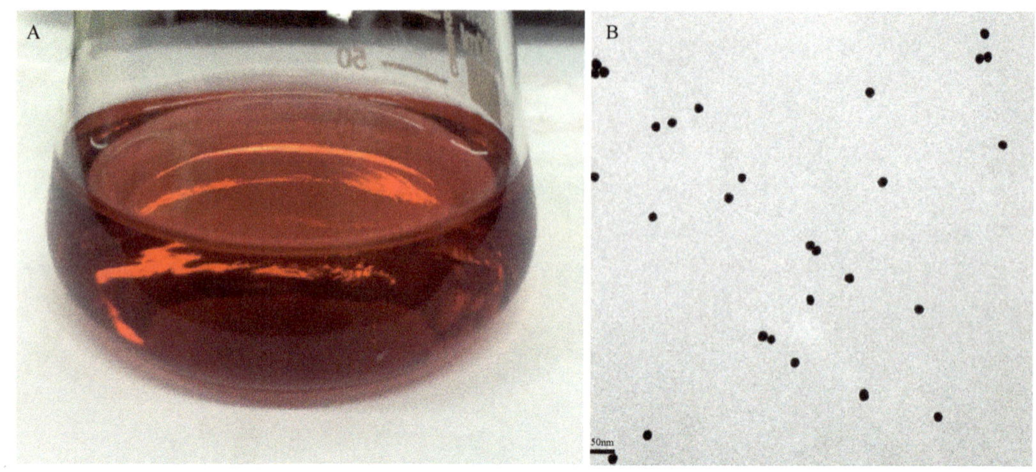

图3.17 制备的胶体金溶液及投射电镜观察结果图

A. 胶体金溶液；B. 投射电镜观察到的胶体金颗粒

利用透射电镜对胶体金颗粒进行观察，结果如图3.17B所示。电镜下的胶体金颗粒形状大小基本一致，呈圆形，无三角形及多棱角形颗粒出现。胶体金分布均匀，无杂质碎片和团聚现象。通过对粒径进行测量，测得粒径大小约为20nm，与上面初步推断的粒径大小一致。

金标抗体的制备：单克隆抗体与胶体金标记的最佳pH：通过加入不同量的K_2CO_3来调节溶液的pH，选出适合抗体标记的最佳pH。结果如图3.17所示，当胶体金溶液呈酸性时，溶液颜色为紫灰色，即胶体金发生大量的聚沉。在200μL胶体金溶液中，当K_2CO_3的加入量为0～5μL时，溶液的颜色未有明显的改变。当加入量增加到10μL时，颜色呈紫色，胶体金发生聚沉(图3.18A)。因此，达到最佳标记pH时K_2CO_3的加入量应在5～10μL，具体值还需进一步优化。将K_2CO_3的加入量分别调整为5μL、6μL、7μL、8μL、9μL、10μL时，发现K_2CO_3加入量为5μL时溶液仍保持红色，当增加到6μL时即发生聚沉(图3.18B)。因此，在200μL胶体金溶液中加入5μL K_2CO_3较为适宜。对于1mL胶体金溶液则加入量应为25μL。

单克隆抗体与胶体金标记的最低标记量：对浓度为2mg/mL的单抗1M9进行梯度稀释，稀释后的浓度分别为1mg/mL、0.5mg/mL、0.25mg/mL、125μg/mL、62.5μg/mL、31.25μg/mL、15.625μg/mL、7.8125μg/mL。分别取20μL加入调至最佳标记pH的200μL胶体金溶液中，混匀静置加入20μL 10% NaCl混合均匀，静置半小时后通过肉眼观察各个管中溶液颜色的变化，选择维持胶体金溶液呈红色未发生颜色改变所需的抗体浓度即为单克隆抗体与胶体金标记的最低标记量。由图3.19可看出，1～5管中溶液颜色未发生变化，与对照组(未加NaCl)颜色一样，从6号开始颜色逐渐变为灰色，因此，选择5号为抗体的最低标记浓度。而此时所需的抗体浓度为62.5μg/mL，通常在实际应用中将抗体的最低使用浓度是在优化后的最低使用浓度的基础上提高10%～30%，根据这个要求，对于标记1mL胶体金而言其最低的抗体使用量为75μg。

金标垫处理液的选择：在切条机下对金标垫进行切割，规格为长9mm×宽4mm。

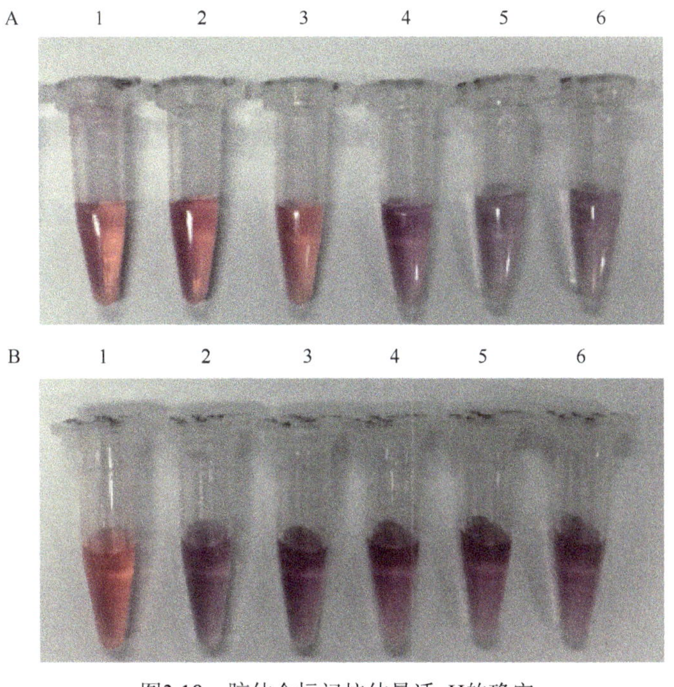

图3.18　胶体金标记抗体最适pH的确定

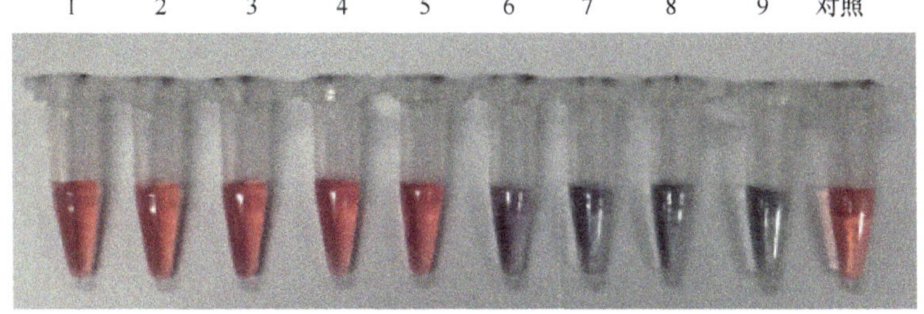

图3.19　胶体金标记抗体最低抗体浓度的确定

通过比较不同处理液对金标垫的作用效果发现，4号处理液处理过的金标垫结合金标单抗的效果比较理想(图3.20)。

金标抗体的稀释浓度：金标抗体在进行使用时为了避免浓度过高造成背景色过重，金标抗体释放不完全，需要对金标抗体进行梯度稀释，比较1∶1、1∶2、1∶3、1∶4、1∶5倍稀释后显色情况和背景色，结果如表3.5所示。当金标抗体稀释度大于1∶3时背景色过重，当小于1∶3时显色较浅，因此选取1∶3为金标抗体的最佳稀释比例(表3.5)。

NC膜封闭液的优化：当样品在不同封闭液处理过的NC膜上进行层析时，由于处理液的不同，层析时间及层析后NC膜背景稍有差异。其中，当封闭液的组成为3%牛血清白蛋白(BSA)、5%蔗糖时层析时间较短，背景色较浅，适合用于NC膜的封闭。

NC膜上最低抗体包被浓度的确定：固定质控线上羊抗鼠IgG的浓度为1mg/mL时，分别设置检测线的浓度为0.5mg/mL、1.0mg/mL、1.5mg/mL、2.0mg/mL，当检测线上

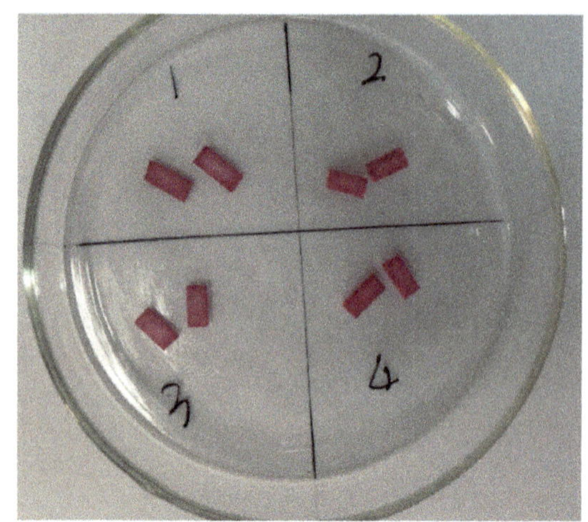

图3.20　金标垫不同处理液处理效果的比较

表3.5　金标抗体最适稀释度的选择

稀释倍数	1：1	1：2	1：3	1：4	1：5
显色情况	+ + +	+ +	+ +	+	+
背景色	+ + +	+ + +	+ +	+ +	+

注：+表示显色浅，+ +表示显色深，+ + +表示显色很深

抗体的浓度为1mg/mL时，检测线出现清晰的红色条带，低于该浓度时，颜色较浅。采用同样的方法固定检测线的浓度为1mg/mL，比较不同质控线浓度下的显色效果，结果表明，当质控线上羊抗鼠的浓度为0.75mg/mL时，质控线开始出现清晰的红色条带。因此，在保证不影响检出效果的情况下，鉴于实验成本的考虑，选取质控线和检测线抗体的最低包被量分别为0.75mg/mL和1mg/mL。

试纸条的组装：将检测线和质控线均喷涂有相应抗体的硝酸纤维素膜平帖于PVC支持板上，样品垫平贴于硝酸纤维素膜靠近检测线的一端，吸水垫平贴于硝酸纤维素膜靠近质控线一端，彼此之间叠加2mm左右，金标垫平贴于样品垫与硝酸纤维素膜之间，使其一端压于样品垫之下，另一端覆于硝酸纤维素膜之上(具体见图3.21所示)。将粘贴好的试纸板平放于两平板之间并压紧，压膜5min；用裁纸刀将试纸板切成4mm宽的试纸条，密封、干燥、4℃保存，如图3.21所示。

7. 试纸条的使用方法及结果判读

将待检测样品稀释后，吸取50μL加入样品垫上，在微孔滤膜的毛细血管作用下，样品沿着试纸条样品垫一端向吸水垫一端层析。若待检样品含有VP12蛋白时，VP12首先与金标单抗结合形成“VP12-单抗-1M9-金颗粒”复合物，该复合物在毛细血管作用下会继续向前层析，当层析到检测线时，会被检测线上的单抗2N5捕获，形成“1M9-VP12-2N5-金颗粒”复合物，由于金颗粒的富集，检测线呈现红色，而此时未能结合的金标单抗继续向前层析，当到达质控线处会与质控线上喷涂的羊抗鼠IgG二抗结合形成

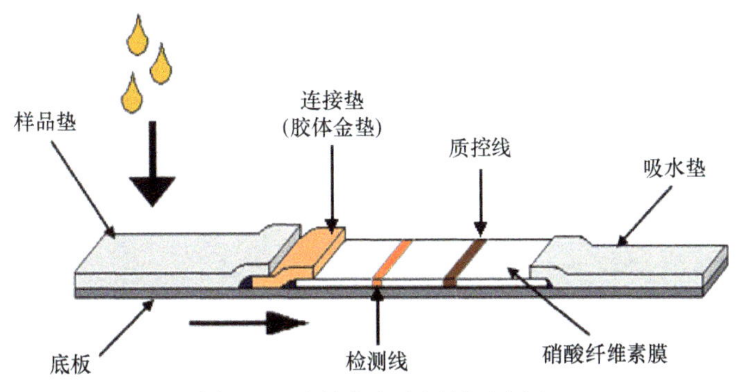

图3.21　胶体金免疫层析示意图

“羊抗鼠IgG二抗-1M9-金颗粒”复合物，质控线也会因金颗粒的富集而呈现红色；如果待检样品中没有VP12，则检测线处不发生特异性结合，没有金颗粒的富集，不能呈现红色，而质控线处仍会形成复合物而呈现红色；若质控线和检测线均不能出现红色条带，则说明试纸条失效。

8. 试纸条检测灵敏度的确定

将已知浓度的VP12蛋白及纯化后的病毒颗粒进行梯度稀释后滴加到样品垫上，10min后对结果进行判读。检测线和质控线均出现红色条带的为阳性，只有质控线出现红色条带的则判断为阴性(图3.22，图3.23)。

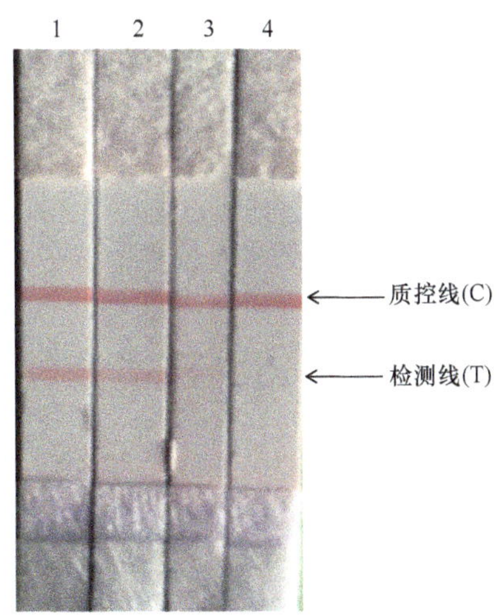

图3.22　胶体金试纸条检测VP12蛋白的灵敏度分析

1. 0.38mg/mL；2. 38μg/mL；3. 3.8μg/mL；4. 0.38μg/mL

9. 试纸条检测特异性验证

用制备好的试纸条分别对锯缘青蟹呼肠孤病毒、对虾白斑综合征病毒进行检测，同时以无菌水作为阴性对照，比较检测效果，观察是否存在交叉反应。结果如图3.24所

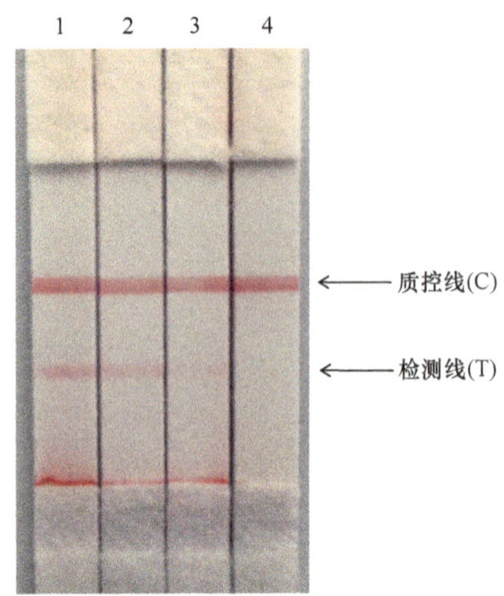

图3.23　胶体金试纸条检测纯病毒颗粒的灵敏度

1. 0.127mg/mL；2. 50.8μg/mL；3. 25.4μg/mL；4. 12.7μg/mL

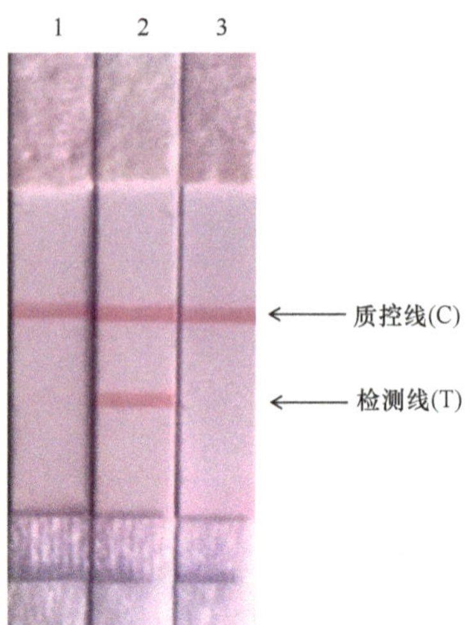

图3.24　试纸条检测特异性的确定

1. 阴性对照；2. 锯缘青蟹呼肠孤病毒(SsRV)；3. 对虾白斑综合征病毒

示，该试纸条只对锯缘青蟹呼肠孤病毒的检测结果呈阳性，对虾及对照组均呈阴性。表明该方法具有较高的特异性。

10. 结论

本研究将单克隆抗体技术与免疫胶体金技术相结合，制备了用于呼肠孤病毒快速检测的免疫胶体金层析试纸条。采用制备好的试纸条分别检测蛋白质抗原和纯病毒颗粒并确定其检测灵敏度，检测结果显示该方法对VP12蛋白抗原的检测灵敏度为3.8μg/mL；对纯病毒颗粒的检测灵敏度为25.4μg/mL。在对其进行特异性分析时，以对虾白斑综合征病毒及水作为对照，该方法只对锯缘青蟹呼肠孤病毒有检出，其他均呈阴性，特异性较高。该方法的建立为青蟹呼肠孤病毒的快速检测提供了一种新的技术支持。

第三节　海洋病原微生物的防治技术及建议

一、防治技术

海洋病原微生物由于其个体微小，通常寄生在海产品中，极具隐蔽性，而且病原微生物适应性和繁殖力极强，这些特征给海洋病原微生物的防控带来很大的困难。海洋病原微生物对人类的感染多数是通过食用海产品间接地引起人类疾病的暴发。因此，在海洋病原微生物的防控上，关键是消除海产品携带的致病微生物。近年来，随着科技的发展、科研能力的提高，在海洋病原微生物防控方面取得了较为突出的进展，其中日本、美国和欧洲部分国家对海洋病原微生物防控技术的研究处在世界前列。物理、化学、生物等各个学科的交叉运用极大地促进了病原微生物防控技术的发

展，形成了基于物理灭菌、药物杀菌、生物制剂抑菌的高效杀菌抑菌技术。物理杀菌如高压杀菌、辐照杀菌、电解水杀菌等技术已被较成熟地应用在海产品的病害防控上。利用高压灭菌可以影响细胞膜的流动性，造成病原微生物生理功能紊乱，引起细胞膜通透性改变、DNA损伤、酶钝化从而起到致死的作用。Medina等(2009)采用450MPa压力对感染单增李斯特菌的鲑鱼进行处理后检测发现，其带菌量明显减少。辐照杀菌致使病原微生物细胞分子诱变，使脱氧核苷酸无法正常合成，通过破坏细胞内膜，致使机体酶系统紊乱，最终导致病原微生物的细胞生理功能丧失而死亡。研究发现带菌量超标的食用虾经2.0～5.0kGy X射线辐照后其携带的副溶血性弧菌、沙门氏菌和O157：H7大肠杆菌数量骤减，低于最低检出限，杀菌效果较为显著(Mahmoud et al.，2009)。茶多酚作为一种天然生物抑菌剂，无论是对革兰氏阴性菌还是革兰氏阳性菌都有较好的抑菌效果。壳聚糖对于革兰氏阴性菌具有较强的抑菌性，它利用本身带有正电荷与病原微生物细胞表面的负电荷发生中和反应，从而改变细胞壁膜的屏障作用，进而引起病原微生物死亡。受副溶血性弧菌污染后的食用虾经0.025%壳聚糖(161kDa，85%脱乙酰度)溶液浸泡10min后，样品中的带菌量可明显降低50%以上(Chaiyakosa et al.，2007)。中草药的天然无毒高效、成本低、抑菌效果显著等优点，使其成为海产品病原微生物防控的理想选择，也是一种最具中国特色的防控技术。中草药作为“绿色渔药”，在水产养殖中，既不会污染水质，又不会给养殖水产品带来诸如化学药物残留等毒副反应。在研究中，童国忠(2007)发现乌梅、五味子、黄连、石榴皮对大黄鱼哈维氏弧菌有较好的抑菌效果，而黄连、石榴皮、黄柏三味中药对沙门氏菌的抑菌效果较好。因此，有针对性地使用中草药、开发中草药复配技术，为合理地控制病原微生物提供了更多可能(张霞等，2010)。噬菌体作为一种可侵染细菌并可在宿主体内大量增殖的病毒，其在海洋病原微生物防控方面的应用由来已久，早在噬菌体发现之初就已被应用。但由于抗生素的使用，阻碍了噬菌体在防控病原微生物方面的研究。随着抗生素弊端的日益凸显，噬菌体又再次被关注，许多动物和人体实验研究表明噬菌体对动物和人是安全的。目前噬菌体在对沙门氏菌、大肠杆菌、单增李斯特菌、致病性弧菌等海洋病原微生物的防控方面取得良好效果(江艳华等，2011)。在外来入侵微生物的防控方面也已形成了有针对性的防治措施，如采用加热、过滤、超声波、紫外照射等物理方法可以杀死船舶压舱水中无意携带的外来有害微生物。对受污染的海水(小范围)可以通过在海水中添加臭氧、液氯、二氧化氯、次氯酸钠等具有毒性或防污效果的化学物质达到抑制或杀死病原微生物的作用(Wright et al.，2010；Wu et al.，2011)。

二、防控建议及对策

加强病原微生物的基础研究：我国在大多数病原微生物的病理学、病原学、流行病学、免疫学、药理学及实验动物模型等基础研究领域较为薄弱，高新研究方法和技术的研究起步较晚。这就导致了无法从根本上对病原微生物进行控制和消除。因此，

必须加强对病原微生物的基础研究，深入了解病原微生物的致病机制，针对不同的病原制定相应的防控防治措施，开展病原危险性评价，建立病原微生物信息数据库，降低病原微生物的危害。

加强对污染源的控制：现有的技术很难对大规模的海洋病原微生物进行根除，基于病原微生物体积小、分布广等不利于控制的特点，从源头上控制病原微生物的引入是有效减少海洋病原微生物病害最直接的手段。海洋病原微生物的引入大致有两个来源：随着陆源性污水的排放引入和通过船舶压舱水引入的外来病原微生物。陆源性污水在排放入海之前尽管都经过前期净化处理，但是由于技术和设备的相对落后，以及这些设备的普及力度不够，仍有大量有害微生物流进海洋。目前，我们仍需做的工作依然是加强对污水的管制。加强对污水处理设施及管网的建设，推进城乡污水处理设备的全覆盖，加大对重点排污口的监测。压舱水携带的病原微生物多数处于不可见状态，且随着船舶的航行可以在世界范围内传播，其危害已不单单局限于某一个国家，已成为世界各国政府无法回避的一个问题。各国必须以海洋环境总利益为出发点，建立国与国之间的协调合作。针对由船舶压舱水引入的海洋外来入侵病原微生物，我国应深化压舱水立法与监管工作，加大对外来船舶压舱水的检测力度，提升对压舱水中病原微生物的检测水平，对已发现的病原微生物采取积极有效的措施将其彻底清除。

建立完善的海洋外来入侵微生物管理的法律法规体系：经过多年的努力，我国涉及海洋物种入侵方面的法律法规主要有：《中华人民共和国进出境动植物检疫法》《中华人民共和国海洋环境保护法》《渔业法》《国境卫生检疫法》《对外贸易法》《中华人民共和国防止船舶污染海域管理条例》《关于加强外来入侵物种防治工作的通知》等。纵观这些法律法规不难发现，现有法律在海洋外来入侵方面过于笼统，缺乏可操作性和针对性，更不用说与海洋外来入侵有害微生物相关的法律。尽管不同的法规有不同的侧重点，但是我国尚未制定专门针对海洋外来入侵的法律，这就使得我们在处理海洋外来有害生物入侵问题上“无法可依”。因此，我国迫切需要出台一系列与海洋有害生物入侵相关的法律法规，确定指导原则和行动指南，规范检验检疫部门，以及促使相关研究人员做好对潜在的外来入侵生物(包括微生物)进行风险评估、早期监测预警，以及对压舱水携带的有害生物进行防控的工作，当无意引入有害病原时应及时对有害生物进行防治。关于外来海洋生物入侵的法律制度，可以以压舱水管理、海洋外来入侵物种名录、许可证、检验检疫、物种引进前风险评估和引进后的跟踪监测及快速反应制度等为侧重点进行制定。

提升对海洋外来入侵病原微生物的研究能力：针对海洋外来入侵病原微生物系统开展入侵学专项研究，尤其是对霍乱弧菌、淋巴囊肿病毒这样强致病性的外来病原微生物，形成一整套基于分子水平的海洋外来入侵病原微生物分子鉴定、检测等快速高效的检疫体系，为检验检疫部门对外来病原微生物的严格把关提供技术支持。对已入侵我国海域的病原微生物及时地进行监测，并对可能造成的影响进行评估，积极制定有效的防控措施。目前我国涉及海洋外来入侵病原微生物的数据库只有两个，分别是外来海洋物种数据库和中国外来入侵物种数据库，其中入侵种目录的更新较为缓慢，

对于具体的入侵种记载的信息不够详细。因此，需要科研工作者及相关工作人员及时地关注海洋外来入侵微生物的最新研究动态，全面掌握海洋外来入侵微生物的综合信息，及时对海洋外来入侵生物目录进行补充，打开与国际上相关研究机构交流合作的渠道，共享信息系统和海洋外来入侵数据库。

参考文献

陈爱平, 朱泽闻, 王立新, 等. 2006年中国水产养殖病害监测报告(三)[J]. 病情测报: 48-49.

陈师勇, 莫照兰, 徐永立, 等. 2002. 水产养殖病原微生物检测技术研究进展[J]. 海洋科学, 26(9): 31-35.

冯士筰, 李凤岐, 李少菁. 1999. 海洋科学导论[M]. 北京: 高等教育出版社.

冯云霄, 张乐, 方振东, 等. 2011. 秦皇岛口岸入境船舶压载水中微生物携带情况调查[J]. 环境科学导刊, 30(2): 58-61.

龚艳清, 陈信忠, 郭书林, 等. 2013. MALDI-TOF-MS方法检测、鉴定副溶血性弧菌[J]. 食品安全质量检测学报, 4(2): 521-527.

郝贵杰, 沈锦玉, 曹铮, 等. 2007. 抗哈维氏弧菌单克隆抗体杂交瘤细胞系的建立及其特性鉴定[J]. 细胞与分子免疫学杂志, 23 (9): 838-840.

郝贵杰, 沈锦玉, 徐洋. 2009. 大黄鱼病原哈维氏弧菌单克隆抗体的制备及其应用[J]. 水生生物学报, 33(3): 413-417.

何艳玲, 林松, 王陆迪, 等. 2007. 胶体金免疫层析法检测水产品中O1群霍乱弧菌方法的建立与优化[J]. 中国国境卫生检疫杂志, 30(2): 52-55.

黄鹏, 郑裕强, 刘莉, 等. 2002. 远洋船舶压舱水卫生学调查与评价[J]. 中国国境卫生检疫杂志, 25(Z): 70-72.

江艳华, 姚琳, 王鹏, 等. 2011. 噬菌体及其裂解酶在食源性致病菌检测和控制中的应用[J]. 微生物学通报, 38(10): 1561-1571.

李晨, 王秀华, 黄倢. 2010. 3种主要水产病原菌多重 PCR检测方法的建立[J]. 渔业科学进展, 31(3): 100-106.

林继灿, 杨泽, 吴博慈, 等. 2005. 进出境船舶压舱水致病性弧菌的调查[J].现代预防医学, 32(7): 761-762, 767.

刘飞, 张宝存, 张晓华, 等. 2014. 对虾6种病毒多重 PCR检测方法的建立[J]. 渔业科学进展, 35(1): 60-67.

刘金华, 刘韬, 孟日增, 等. 2014. 一种基于光纤倏逝波生物传感器检测单核细胞增生李斯特氏菌方法的建立[J]. 中国实验诊断学, 18(7): 1045-1047.

刘淇, 李海燕, 王群, 等. 2007. 梭子蟹牙膏病病原菌——溶藻弧菌的鉴定及其系统发育分析[J]. 海洋水产研究, 28(4): 9-13.

刘秀梅, 陈艳, 马群飞, 等. 2008. GB/T 4789.7—2008食品卫生微生物学检验副溶血性弧菌检验[S]. 北京: 中国标准出版社.

秦强, 朱金玲. 2013. CPA-核酸试纸条快速检测霍乱弧菌方法的建立与优化[J]. 生物技术通报, 7: 167-171.

曲径, 沈海平, 李笑刚, 等. 2001. 威海地区养殖牙鲆鱼淋巴囊肿病流行病学调查[J]. 检验检疫科学, 11(6): 34-35.

祀人. 2004. 欧美国家海洋保护扫描[J]. 生态经济, (9): 4-9.

宋清林. 1963. 嗜盐菌食物中毒[J]. 人民军医, (10): 25-26.

孙修勤, 张进兴. 1998. 中国对虾肝胰腺的细小病毒病的直接荧光抗体诊断研究[J]. 黄渤海海洋, 16(4): 48-53.

覃映雪, 池信才, 苏永全, 等. 2004. 网箱养殖青石斑鱼的溃疡病病原[J]. 水产学报, 28(3): 297-302.
涂小林, 钟江. 1995. 中国对虾一种杆状病毒的 ELISA 检测[J]. 水产学报, 19(4): 315-321.
王大勇, 方振东, 谢朝新, 等. 2010. 水体中致病菌快速检测的基因芯片技术研究[J]. 解放军医学杂志, 35(9): 1117-1120.
王晓洁. 2005. 对虾白斑综合征病毒快速检测试剂盒的研制及其应用[D]. 青岛: 中国海洋大学博士学位论文: 1-96.
王印庚, 张正, 秦蕾, 等. 2004. 养殖大菱鲆主要疾病及防治技术[J]. 海洋水产研究, 25(4): 61-68.
吴刚, 薛芳, 李云峰, 等. 2010. 国际船舶压载舱沉积物中病原微生物检测分析[J]. 中国公共卫生, 26(3): 348-349.
吴家林, 沙丹, 孙燕萍, 等. 2013. 应用环介导等温扩增技术快速检测副溶血性弧菌[J]. 中国卫生检验杂志, 23(6): 1481-1484.
徐祥民, 申进忠. 2006. 海洋环境的法律保护研究[M]. 青岛: 青岛海洋大学出版社.
杨万, 何苗, 李丹, 等. 2009. 免疫磁珠分离与实时定量PCR技术联合检测水中轮状病毒的研究[J]. 环境科学, 30 (5): 1368-1375.
曾伟伟, 王庆, 石存斌, 等. 2010. 免疫学和分子生物学技术在水产动物疾病诊断中的应用[J]. 动物医学进展, 31(6): 111-117.
张迪, 杨铿, 苏友禄, 等. 2013. 青蟹呼肠孤病毒和青蟹双顺反子病毒-1双重巢式PCR检测方法的建立[J]. 中国水产科学: 20(4): 808-815.
张世英, 洪帮兴, 司徒潮满, 等. 2003. 荧光定量PCR技术在霍乱弧菌检测中的应用[J]. 中国公共卫生, 19(3): 345-346.
张霞, 艾启俊, 孙宝忠, 等. 2010. 中草药提取物对沙门氏菌的抑菌效果研究[J]. 食品工业科技: (1): 88-89.
张晓辉, 邓志平, 何丰, 等. 2008. ELISA技术在水产养殖病害诊断和海洋生物毒素检测中的应用进展[J]. 海洋学研究, 26(4): 79-84.
张振东, 王秀娟, 朱琳. 2011. 海洋环境中病原微生物不同检测方法的比较研究[J]. 海洋环境科学, 30(4): 292-295.
赵广英, 邢丰峰. 2007. 基于琼脂糖和纳米金的电流型免疫传感器快速检测副溶血性弧菌[J]. 传感技术学报, 20(8): 1697-1700.
赵仲麟, 李淑英, 李燕, 等. 2012. 水中病原微生物检测技术研究进展[J]. 生物技术通报, 1: 41-45.
仲禾, 刘星, 高祥刚, 等. 2009. 16S rRNA检测技术及其在水产增养殖中的应用[J]. 水产科学, 28(4): 229-233.
周勇, 曾令兵, 孟彦, 等. 2012. 大鲵虹彩病毒TaqMan实时荧光定量 PCR检测方法的建立[J]. 水产学报, 35(6): 772-778.
Chaiyakosa S, Charernjiratragul W, Umsakul K, et al. 2007. Comparing the efficiency of chitosan with chlorine for reducing *Vibrio parahaemolyticus* in shrimp[J]. Food Control, 189(19): 1031-1035.
Decory T R, Durst R A, Zimmerman S J, et al. 2005. Development of an immunomagnetic bead immunoliposome fluorescence assay for rapid detection of *Escherichia coli* O157: H7 in aqueous samples and comparison of the assay with a standard microbiological method[J]. Applied and Environmental Microbiology, 71(4): 1856-1864.
Delamare A P L, Echeverrigaray S, Duarte K R, et al. 2002. Production of a monoclonal antibody against *Aeromonas hydrophila* and its application to bacterial identification[J]. Journal of Medical Microbiology, 92(5): 936-940.
Gregory A. 2002. Detection of infectious salmon anaemia virus (ISAV) by *in situ* hybridization[J]. Diseases of Aquatic Organisms, 50(2): 105-110.
Kumar S, Balakrishna K, Singh G P, et al. 2005. Rapid detection of *Salmonella typhi* in foods by combination

of immunomagnetic separation and polymerase chain reaction[J]. World Journal of Microbiology & Biotechnology, 21(5): 625-628.

Mahmoud B S M. 2009. Effect of X-ray treatments on inoculated *Escherichia coli* O157: H7, *Salmonella enterica*, *Shigella flexneri* and *Vibrio parahaemolyticus* in ready-to-eat shrimp[J]. Food Microbiol, 27(1): 860-864.

Medina M, Cabeza M C, Bravo D, et al. 2009. A comparison between E-beam irradiation and high pressure treatment for cold-smoked salmon sanitation: microbiological aspects[J]. Food Microbiol, 26(2): 224-227.

National Agricultural Library. 2010. Federal Laws and Regulations: Public Laws and Acts[R/OL]. Agricultural Research Service, US Department of Agriculture, Washington D. C. http: //www. Invasivespeciesinfo. gov /laws /publiclaws. shtml [2010-8-16].

Notomi T, Okayama H, Masubuchi H, et al. 2000. Loop-mediated isothermal amplification of DNA[J]. Nucleic Acids Research, 28(12): 63.

Panicker G, Vickery M C, Bej A K. 2004. Multiplex PCR detection of clinical and environmental strains of *Vibrio vulnificus* in shellfish [J]. Canadian Journal of Microbiology, 50(11): 911-922.

Roxana B H, Magi G E, Balboa S, et al. 2008. Development of a PCR protocol for the detection of *Aeromonas salmonicida* in fish by amplification of the *fstA* (ferric sideropHore receptor) gene[J]. Veterinary Microbiology, (128): 386-394.

Sithigorngul P, Rukpratanporn S, Pecharaburanin N, et al. 2007. A simple and rapid immunochromatographic test strip for detection of pathogenic isolates of *Vibrio harveyi*[J]. Journal of Microbiological Methods, 71(3): 256-264.

Wright D A, Gensemer R W, Mitchelmore C L, et al. 2010. Shipboard trials of an ozone-based ballast water treatment system[J]. Marine Pollution Bulletin, 60(9): 1571-1583.

Wu D, You H, Du J, et al. 2011. Effects of UV/Ag-TiO_2/O_3 advanced oxidation on unicellular green alga *Dunaliella salina*: Implications for removal of invasive species from ballast water[J]. Journal of Environmental Sciences, 23(3): 513-519.

第四章

外轮船舶压舱水浮游生物的快速检测

第一节　浮游植物检测方法的比较

浮游植物的种类鉴定和数量统计是海洋浮游生物多样性研究和生态环境监测最为关键的科学问题，解决此问题的技术研究一直以来都是很多科学家研究的热点和难点，科研人员在光学技术、化学分析技术和分子生物技术应用于海洋浮游植物自动识别和快速鉴定上作了很多尝试。

一、显微成像方法

显微成像方法包括光学显微观察、扫描电子显微镜(scanning electron microscope，SEM)和透射电子显微镜(transmission electron microscope，TEM)观察、荧光显微方法和荧光光谱方法(遥感)。光学显微观察是基于藻类形态特征的最传统的检测分析方法，辅助细胞计数板可进行藻类的种类鉴定和定量分析，但对大量样品的观察过程耗时费力，要求经验丰富的分类学专家(高亚辉等，2006)；扫描电子显微镜和透射电子显微镜能够显示藻类细胞表面形态和内部结构的精细特征，分辨率远大于光学显微镜，然而样品需要复杂的预处理过程，处理过程中样品大量损失，很难定量，而且比较耗时。电镜光差利于辨别疑似种，但样品制备过程过于复杂，其操作和识别速度较长(Trubye，1997)；荧光显微方法大多用于自发荧光的生物，荧光光谱方法可以利用荧光获得大尺度遥感图，但这种大尺度的识别容易受各种天气、海区条件的影响，图像分辨率不高(Koehne et al.，1999；Ishizaka et al.，2006)。

二、流式细胞检测技术

流式细胞仪(FCM)的工作原理是将待测样品的细胞制备成单细胞悬液，利用细胞的自发荧光，或对细胞采用特异性荧光探针标记后，在一定的流速和鞘液的约束下，使细胞液柱以单个排列的方式通过激光检测器，细胞液柱与检测器中入射的激发光垂直相交，通过测量其散射光(含前向散射光和侧向散射光)、细胞自发荧光、染料染色的荧光及探针标记的荧光(包括免疫荧光探针、核酸和肽核酸探针等)，从而将特征目标生物和背景颗粒及噪声区分开。流式细胞仪可测量待测目标的粒径、光学性质、内部结构、DNA、RNA、蛋白质和抗原等，也能对其进行准确的分类和收集，以达到分选的目的。

流式细胞术本身没有图像采集的功能，不需要图像处理，主要用于区分自养和异养、原核和真核浮游生物类群，特别适用于对微型和微微型浮游生物类群的分析。但藻细胞形态、大小及生理生化特征会随环境条件的改变而发生变化，这会影响流式细胞仪的检测结果；不能有效地识别荧光标记信号过弱的目标细胞，进而影响其对靶生物细胞的正确区分和识别。其主要缺点是对浮游生物种类的直接识别存在困难，最佳

检测粒径范围一般<50μm，>100μm则难以操作。此外，昂贵的仪器成本和工作条件也限制了该方法的广泛应用(高亚辉等，2006；刘昕等，2007)。

三、光合色素分析方法

不同浮游植物含有的光合色素种类有巨大差别，不同光合色素含量也不尽相同。因此，浮游植物的光合色素组成和某些光合色素比值可以作为化学分类指标，用来表征藻类群落组成和生物量。光合色素分析方法(HPLC技术)不依赖图像分析，针对浮游植物光合色素的差异，能够有效地进行大量样品的分析(Mackey et al.，2002)，但分辨率较低，只能在藻类纲一级的分类水平进行较好的分类，目前一般只能区分浮游植物大门类，如硅藻类、甲藻类、蓝藻类，不能区分到种类水平(高亚辉等，2006)。此外，环境变化及不同细胞生长周期也会导致浮游植物的光合色素发生变化，从而导致分类结果受到影响，难以进行现场检测。

四、分子探针方法

分子探针方法是基于不同物种甚至不同个体在基因组大小、DNA的碱基组成、蛋白质种类方面都存在差别，而且这些差别能较容易地被识别，较形态学特征提供的信息更多，能解决很多传统的形态分类学难题。分子检测技术是不依靠图像的辨别，基于核酸和蛋白质的一种检测技术，弥补传统的形态分类中遇到外表差异细微的情况，缓解依赖主观判别而存在的困扰，主要针对疑似种类的界定(陈纪新等，2006；Kawai et al.，2005)。但必须预先获知翔实的已知种类的基因组数据，否则疑似种类就缺乏与之进行比较的种类。该方法操作过程烦琐，目前仅停留于实验室阶段，要广泛应用于现场监测还存在较大困难(Fawley et al.，2006)。

五、流式影像术

流式影像术(Flow CAM)综合了流式细胞术和图像显微识别的技术优点，不但能够对快速流动状态中的海洋浮游植物进行相应的参数检测，而且可以获取流动过程中的清晰图像，直观显示其形态特征，通过计算机软件的图像处理和特征筛选，可以有效地对高速运动的浮游植物图像进行清晰实时采集，并实现自动识别和分类(王雨等，2010)。

六、DNA条形码

DNA的碱基组成，也就是基因组的一级结构是最基本的分类基础。基因组的一级结构上的相似性成为分类最常用的指标，然而，很难获得全面的DNA组成信息。DNA

条形码(DNA barcode)技术是由加拿大动物学家Hebert首次提出的，指的是利用一小段DNA标准片段作为标记，对物种进行快速、准确的识别和鉴定(Hebert et al.，2003)。与传统形态分类学方法相比，DNA条形码技术的优势主要体现在以下几个方面：①准确地鉴定形态相似度较高的物种，有些物种外部形态极其相似，单利用形态特征很难辨别，利用DNA条形码技术有助于准确区分此类物种；②准确地鉴定不同生长时期的个体；③发现隐存种，利用DNA条形码技术对一些物种进行分析后，可能发现存在于该物种的极大的分子进化距离，即可能发现隐存种；④准确鉴定表型可塑性较高的物种，有些物种的外部形态极易受环境的影响而变化，物种鉴定较为困难，DNA条形码技术可以对此类物种进行准确鉴定；⑤鉴定未知物种和濒危物种，促进生物多样性保护；⑥DNA条形码数据库可以汇聚全球的物种资料，从而促使新物种和隐存种的发现。

DNA条形码方法在动物分类研究中应用广泛，其中线粒体的细胞色素c氧化酶亚基1(cytochrome c oxidase subunit 1，*CO I* 或*cox 1*)基因中约700bp长度的一段序列被用来作为标准DNA片段。但在藻类的研究中，至今为止，还没有学者或组织明确提出通用的藻类DNA条形码。

第二节　流式影像术的快速检测方法

物种的准确快速鉴定是采取进一步检疫措施、防止外来物种入侵国门的第一步，在卫生检疫和动植物检疫中有着特殊的意义和需要。然而，目前对于外来船舶压舱水中浮游植物的分类鉴定一般采用镜检技术，如光学显微镜和电子显微镜等，这种传统的分类鉴定方法以形态学特征为基础，明显的不足在于检测时间较冗长、耗时，依赖专业人员较高的技术水平。流式影像术(flow cytometer and microscope，Flow CAM)是基于浮游植物的图像快速采集和数量统计、形态特征数字化、图像识别数据库构建而建立的浮游植物现场快速检测方法。

一、组成系统

流式影像术主要由流体系统、光学检测系统、信号处理系统组成(图4.1)(Sieracki et al.，1998)。流体系统包括流量池、水泵、溢液收集器。流量池由一个非常薄的扁平玻璃管构成，可根据测量对象的粒径大小更换不同的流量池。流速可在1～12mL/min调节(Edward and Cammie，2006)，在海水样品高速运动的同时使每个细胞以相同时间依次通过检测室。光学检测系统包括圆柱透镜、显微物镜、各种分光镜及荧光探测器。光源是功率为15mW固态激光器，它发射一束波长为532nm的绿色激光经圆柱透镜变为扇形激光，扇形激光被分光镜1反射到显微物镜(有20倍、10倍、4倍或2倍可选择)，经显微物镜照射流量池(石英玻璃材料)。信号处理系统由CCD相机、光信号处理器及流

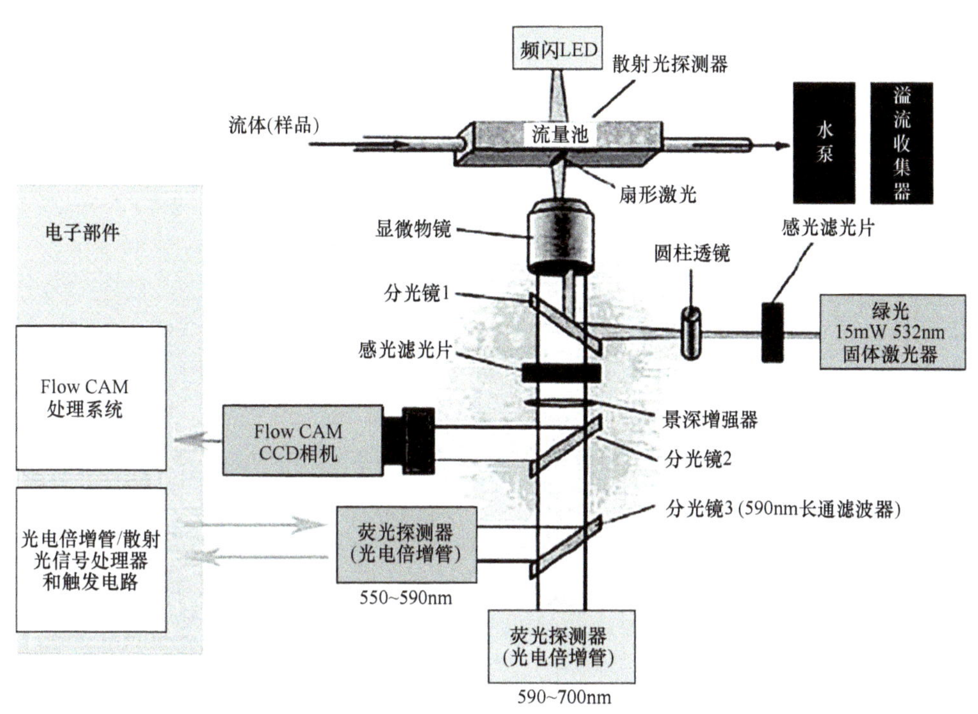

图4.1 流式影像术的组成与测定原理

式影像处理系统构成。将光信号转化为电信号，触发CCD相机并且点亮频闪LED(相当于相机快门)对发荧光的生物体进行拍照，储存在流式影像处理系统中(Sieracki et al.，1998；Jason et al.，2005)。

二、工作原理

流式影像术工作于荧光触发模式时，水泵抽取流动样品(含浮游植物）到流量池内，绿色激光照射浮游植物发出荧光(图4.1)。由浮游植物产生的荧光返回到分光镜1，直接沿直线传播到达分光镜2，此时荧光被分为两部分：一部分在CCD 相机位置处产生一个发荧光生物体的清晰图像；另一部分则沿直线继续传播。荧光中大于590nm波段的光经过分光镜3直达590～700nm红光荧光光电倍增管(Channel 1)，若光强足够强超过Channel 1的阈值时，则Channel 1将探测到此荧光，Channel 1将其转化为电信号，触发CCD相机并且点亮频闪LED(相当于相机快门）对发荧光的生物体进行拍照。信号处理系统根据生物体的数字图像计算其信息(图像、大小、最长/最短、物理直径或粒径直径等)，此过程在瞬间即可完成。对波长小于590nm的荧光，550～590nm橙色荧光光电倍增管(Channel 2)将对其进行探测，其工作流程与探测波长大于590nm的荧光类同(Robert et al.，2004)。流式影像术在散射光触发模式下，Channel 2读取散射光探测器信号，触发CCD相机对生物体进行拍照，Channel 1通道则关闭。

三、技术特点

流式影像术将流式细胞技术、显微成像技术和图像采集技术结合起来，具有连续成像和流式细胞计数功能，能够从流体中快速检测出非生命体和生物体(包括浮游动物、浮游植物)，连续获取高分辨率的现场浮游生物图像，直观观察到浮游生物形态的同时将图像作为图库存储，再对样品进行比对、筛选、分类，实现自动识别(图4.2)(Matthew et al.，2006；贾永红，2003)。流式影像术具有以下技术特点：①快速统计。流式影像术每秒测定细胞数量可达1000～5000个，能获得生物群体特征，进而得到统计学意义的数据(Sieracki et al.，1998；Edward and Cammie，2006；Lew，2009)。②高速显示数字化的生物体图像。流式影像术连续获取高分辨率的实时浮游植物图像，短时间内产生海量字节的数字图像资料，直观观察浮游植物的形态(Lew，2009；Lucia et al.，2009)。③多参数分析。流式影像术在测定水样的同时，可以获取浮游植物及其色素在4个光信号上的测定数据，包括图像在内的26种信息。④建库与识别。图像处理软件对获取的图像进行形态学鉴定、筛选分类，经软件程序构建同类浮游植物的图像数据文库，基于构建的浮游植物的图像识别数据文库，对样品进行在线或脱机后的分析比对，实现浮游植物的自动识别(Sieracki et al.，1998；Edward and Cammie，2006；Robert et al.，2004；Lew，2009)。⑤流式影像术能够测定粒径在2～50 000μm的浮游生物，含浮游植物、原绿藻、浮游动物(桡足类等)，拓宽了研究对象。⑥流式影像术在处理非生命体的干扰上有明显提高，不同荧光波段结合图像分析，能较好地区分生物体与非生命体(Jason et al.，2005；Lew，2009)。

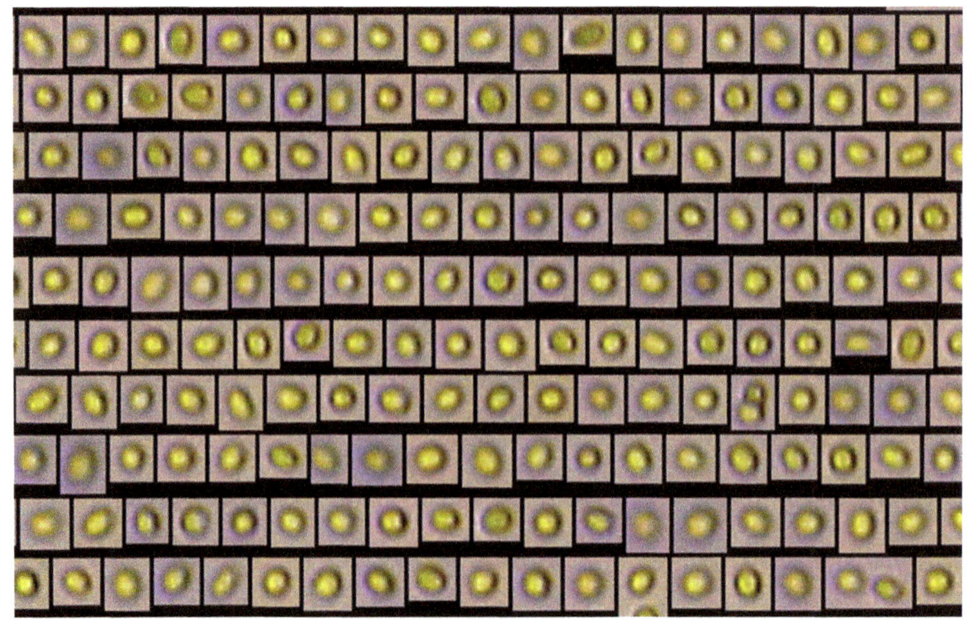

图4.2　单细胞球形棕囊藻(*Phaeocystis globosa*)的Flow CAM图像(200×)

四、操作步骤

1) 浮游植物物种图像数据库的构建：运用流式影像术采集海区水体及室内培养浮游植物的彩色数字图像，人工观察和辨别浮游植物图像，结合光学显微镜的鉴定结果，验证流式影像术采集的浮游植物种类。

2) 根据流式影像术VisualSpreadsheet软件，获取直径、数目、纵横比、长度、宽度等参数，数字化浮游植物物种的形态特征，构建物种图像数据库。

3) 浮游植物图像的识别：运用构建的浮游植物的图像数据库，对样品进行在线或脱机后的分析比对，VisualSpreadsheet软件筛选相同或相似的图像特征，实现浮游植物的图像识别。

4) 浮游植物数量的统计：运用流式影像术检测浮游植物的光散射、荧光性质，高效快速地计数浮游生物数量，根据不同荧光波段，选择性检测不同目标生物。

五、检验结果

1. 图像数据库的构建与识别

运用流式影像术室内单种培养和采集海区水体浮游植物的彩色数字图像，人工观察和辨别浮游植物图像，结合光学显微镜的鉴定结果，验证流式影像术采集的浮游植物种类(图4.2，图4.3)。根据流式影像术VisualSpreadsheet软件，获取直径、数目、

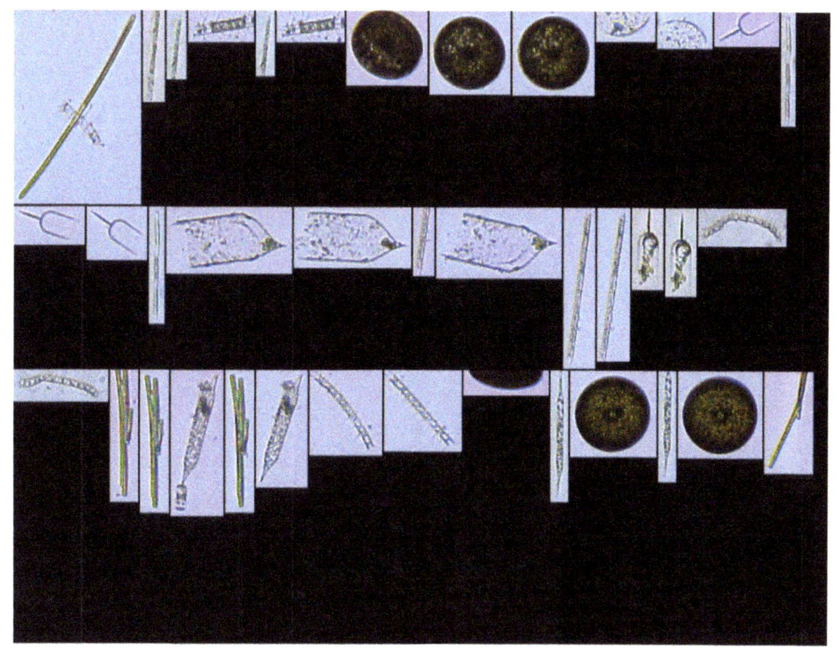

图4.3　自然水样的小型浮游植物Flow CAM图像采集结果(100×)

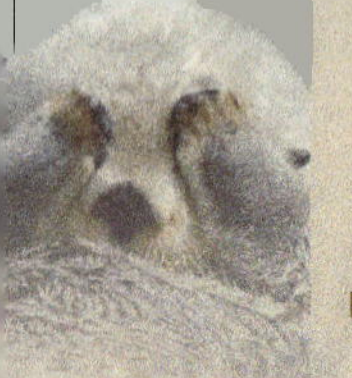

纵横比、长度、宽度等参数，数字化浮游植物物种的形态特征，构建了13种常见浮游植物物种的图像数据库，含硅藻6株、甲藻5株、蓝藻1株、着色鞭毛藻1株。其中，室内培养的4株浮游植物，含甲藻3株、着色鞭毛藻1株。流式影像术的VisualSpreadsheet软件的TIFF文件（“.tif”）、FLB文件（“.flb”）、Excell文件(.exl)作为结果说明。基于采集的微型和小型浮游植物图像，构建13个主要种类的图像数据库.flb格式(图4.4～图4.16)，可用流式影像术的分析软件VisualSpreadsheet读取，上述图像数据库可用于识别上述13种浮游植物，为海洋浮游植物分类学及自动识别技术的研究打下基础。

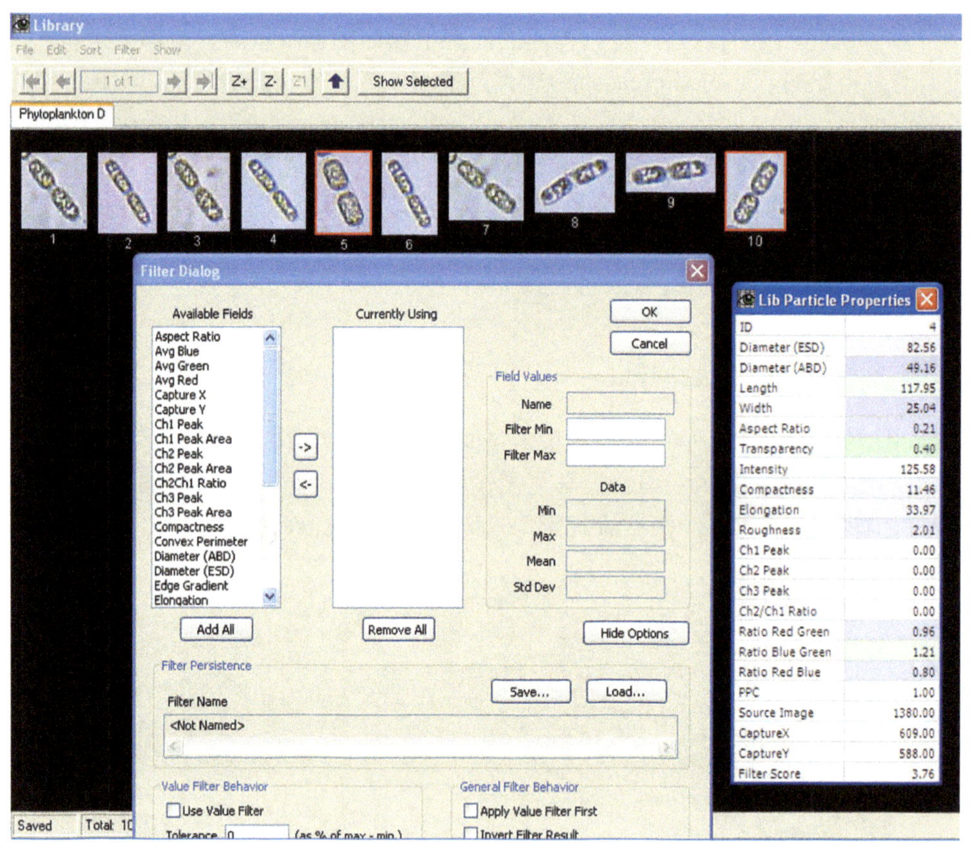

图4.4　脆指管藻(*Dactyliosolen fragilissimus*)图像数据库(.flb)

2. 浮游植物数量的快速检测

基于纯培养的藻株5株，即塔玛亚历山大藻(*Alexandrium tamarense*)、三角褐指藻(*Phaeodactylum tricornutum*)、亚心形扁藻(*Platymonas subcordiformis*)、小球藻(*Chlorella vulgaris*)、叉鞭金藻(*Dicrateria inornata*)。取上述纯培养藻液3mL，用流式影像术的自动采集模式(auto image mode)检测，20倍物镜，流量池最大流通粒径为50μm，流速为0.004～0.01mL/min，检测时间为3min，CCD采集速度为7～10帧/s，重复2次，获取藻细胞图像(放大倍率200倍)，数量统计结果与光学镜检结果比对。藻细

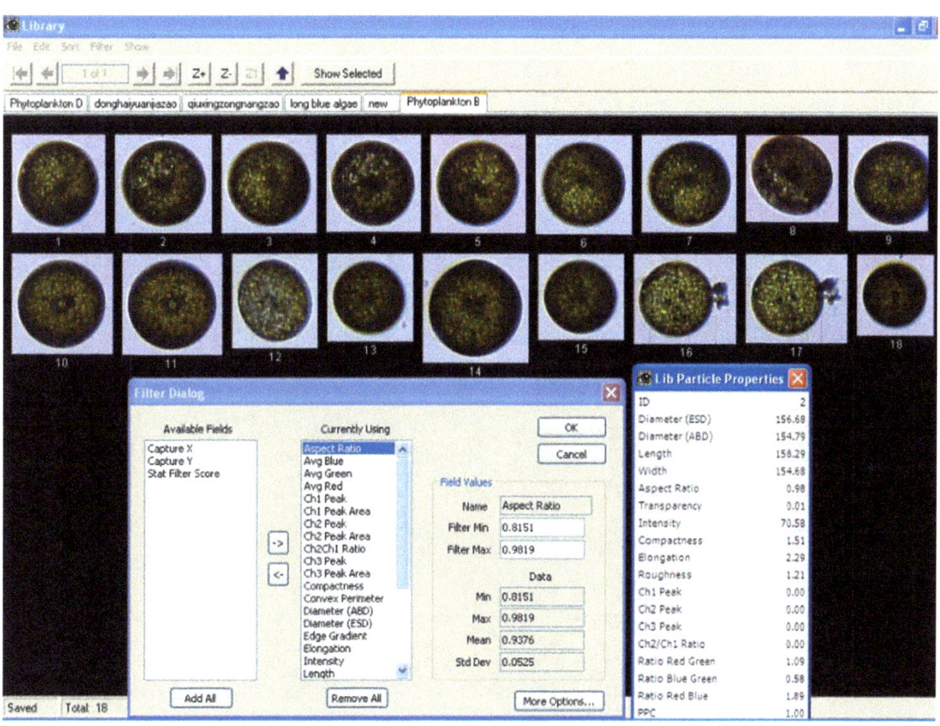

图4.5　圆筛藻(*Coscinodiscus* sp.)图像数据库(.flb)

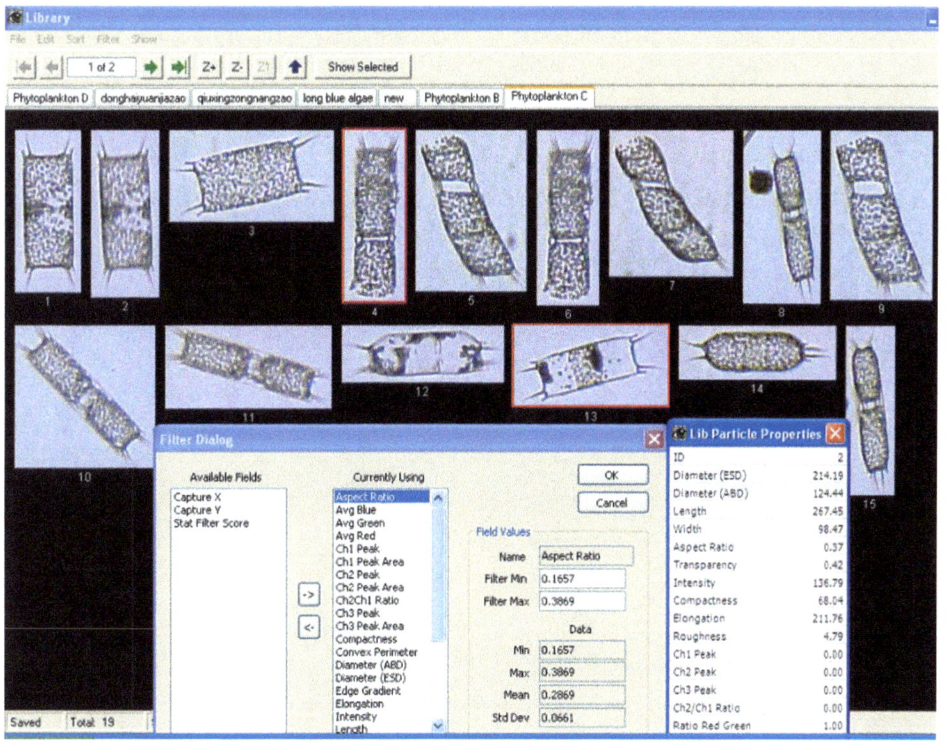

图4.6　盒形藻(*Biddulphia* sp.)图像数据库(.flb)

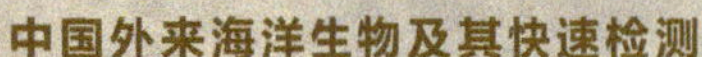

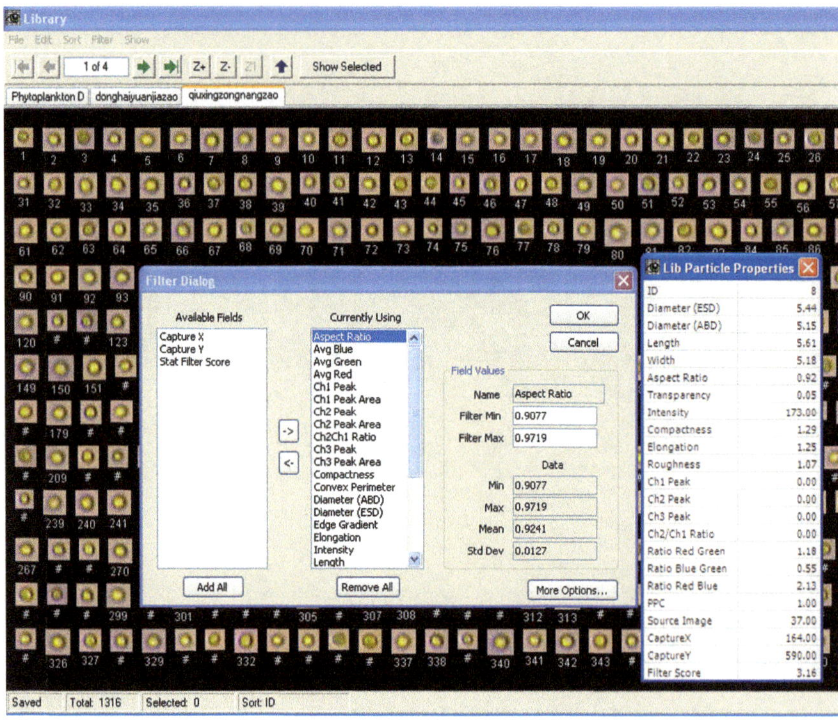

图4.7　纯培养球形棕囊藻(*Phaeocystis globosa*)单细胞图像数据库(.flb)

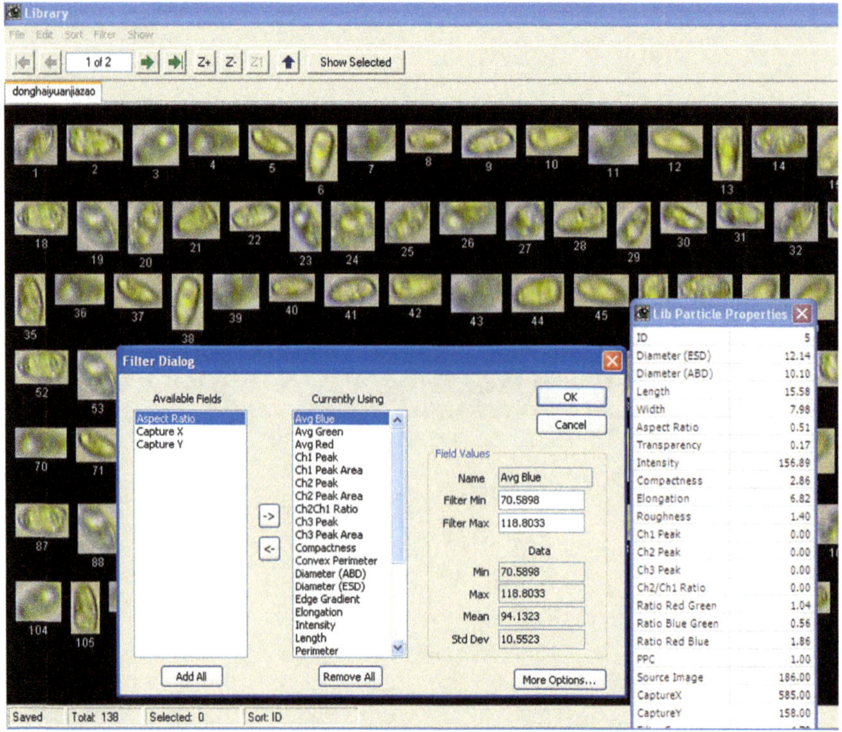

图4.8　纯培养具齿原甲藻(*Prorocentrum dentatum*)图像数据库(.flb)

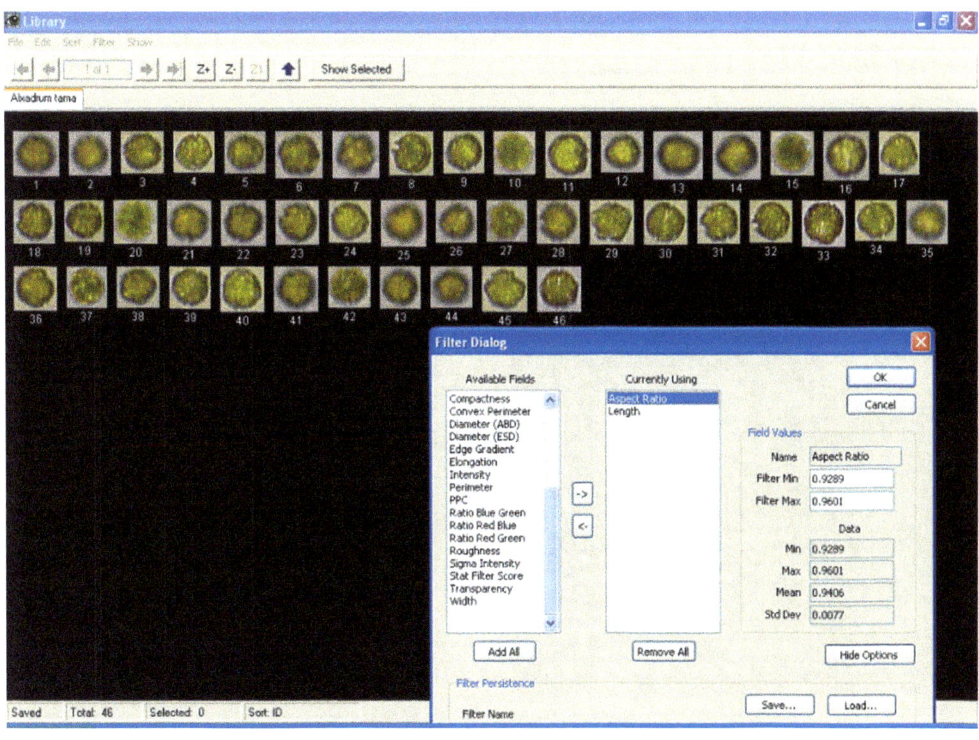

图4.9　纯培养塔玛亚历山大藻(*Alexandrium tamarense*)图像数据库(.flb)

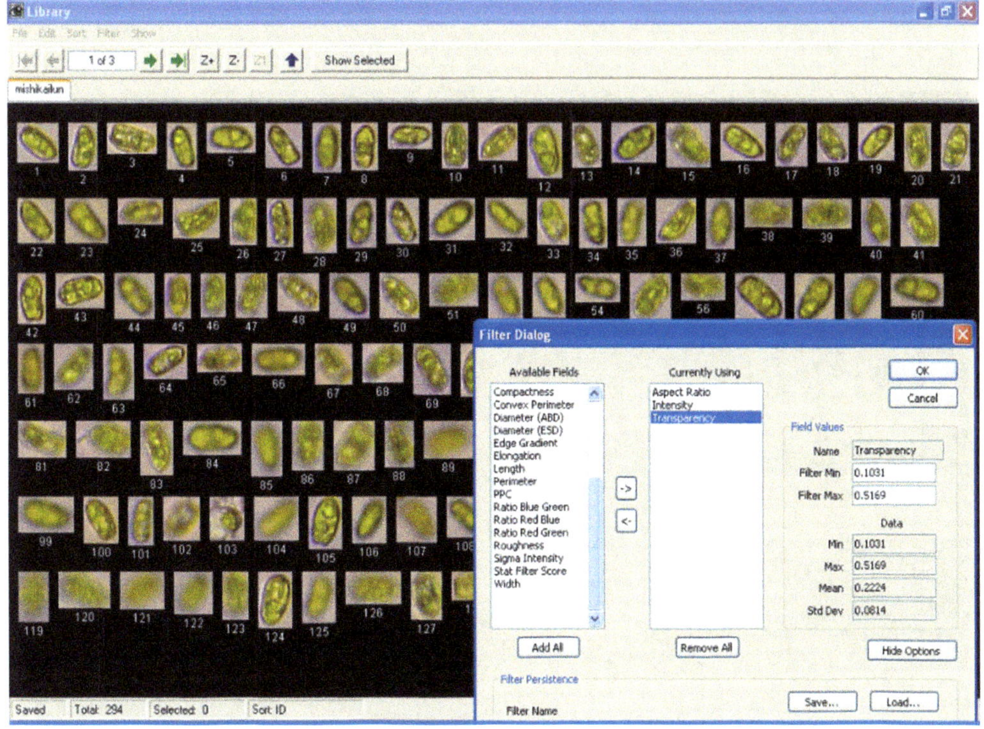

图4.10　纯培养裸甲藻(*Gymnodinium* sp.)图像数据库(.flb)

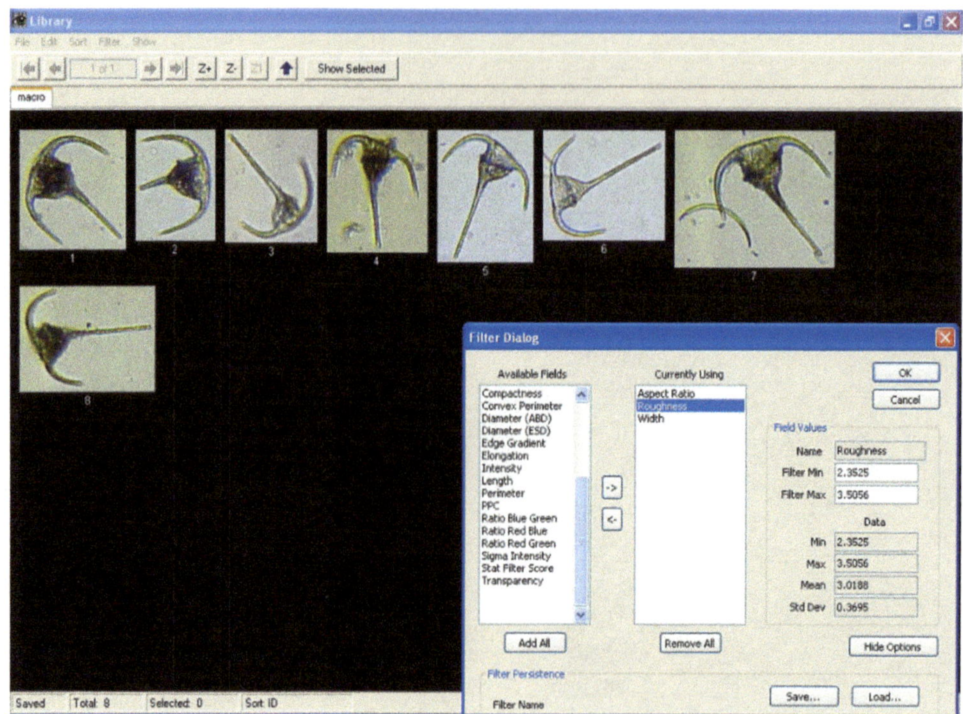

图4.11　三角角藻(*Ceratium tripos*)图像数据库(.flb)

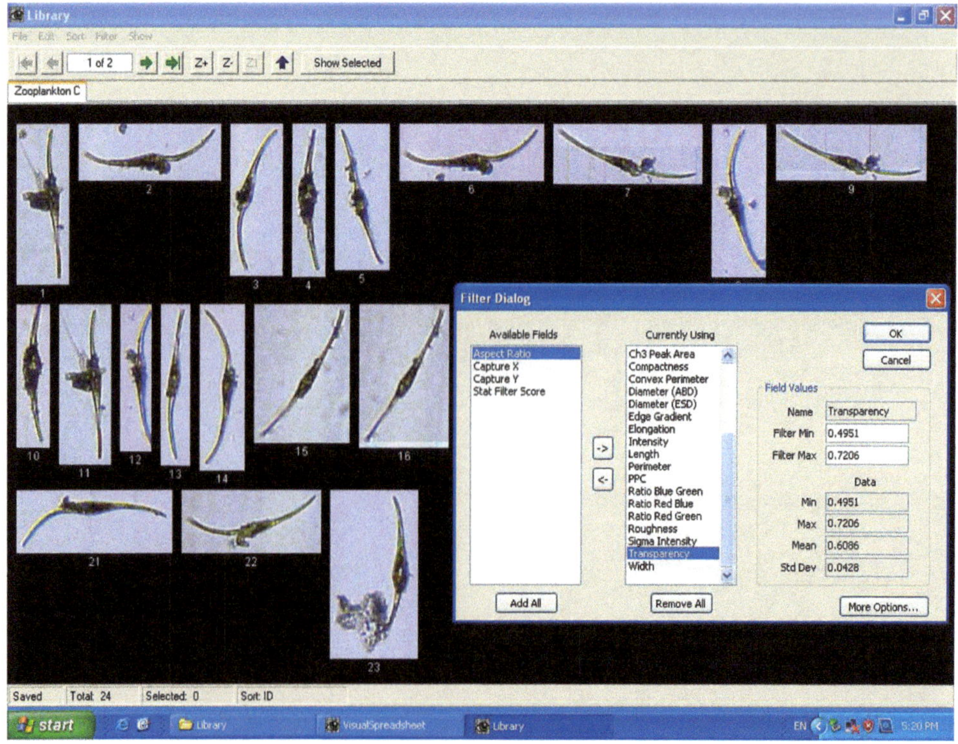

图4.12　纺锤角藻(*Ceratium fusus*)图像数据库(.flb)

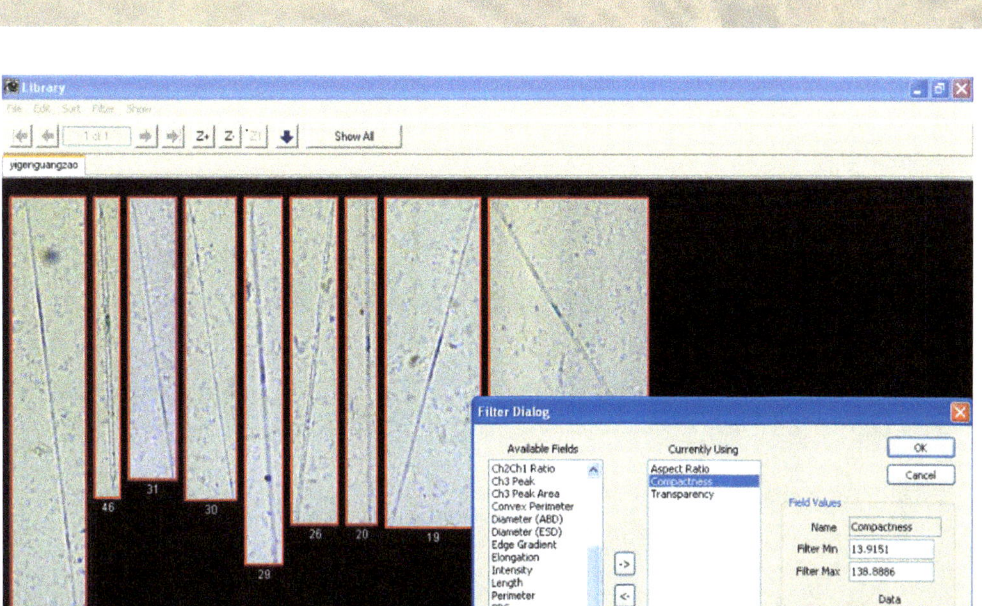

图4.13　细长翼根管藻(*Rhizosolenia alata* f. *gracillima*)图像数据库(.flb)

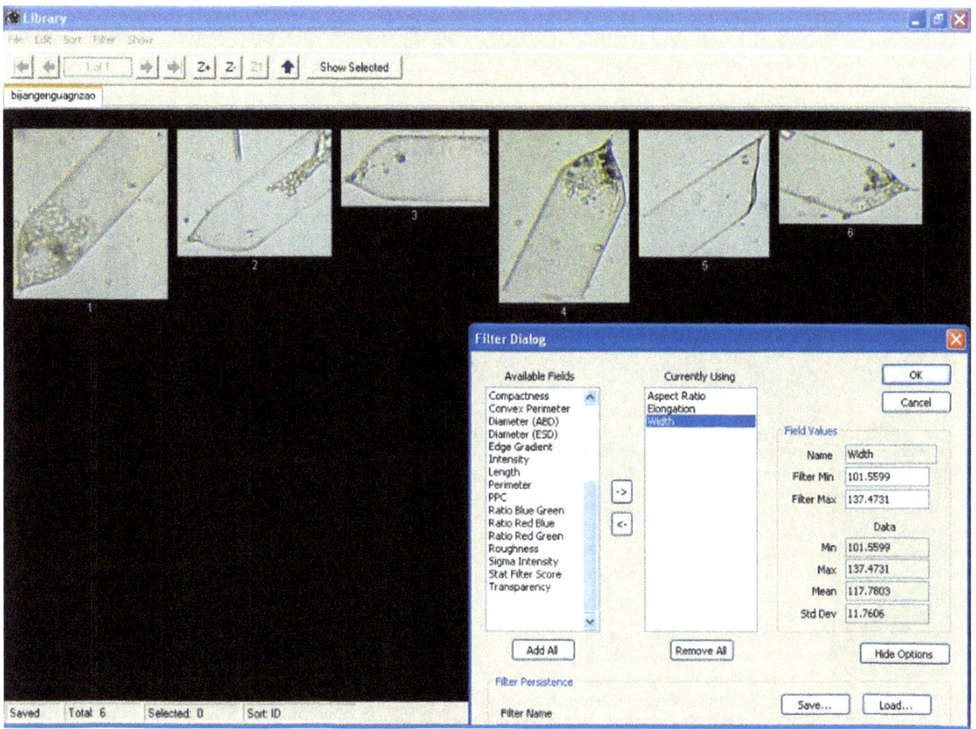

图4.14　笔尖形根管藻粗径变种(*Rhizosolenia styliformis* var. *latissima*)图像数据库(.flb)

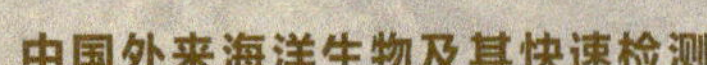

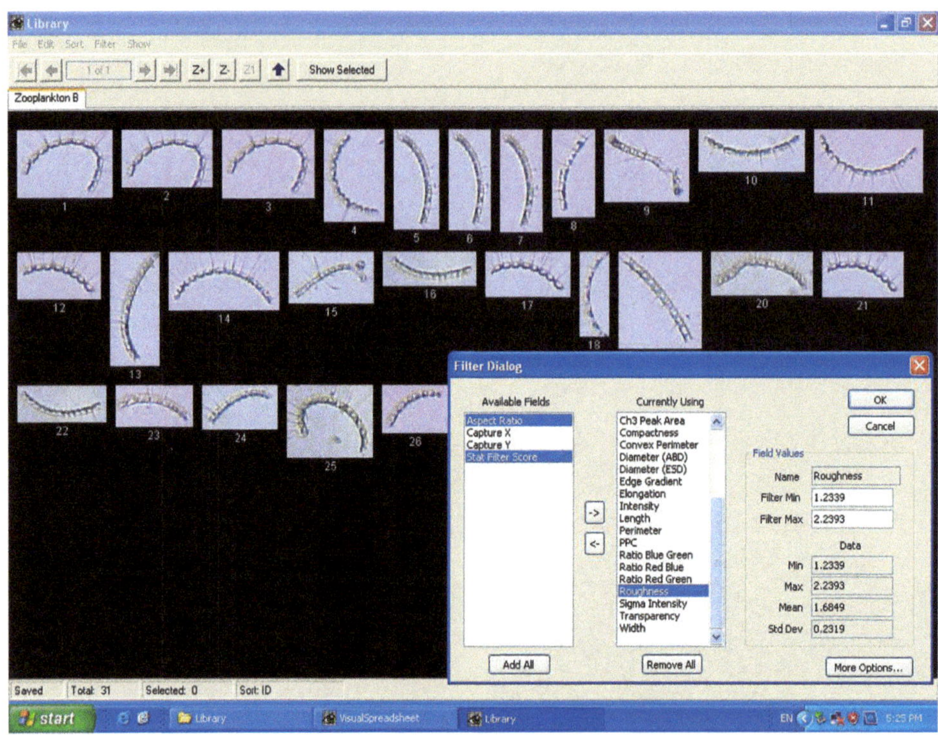

图4.15　旋链角毛藻(*Chaetoceros curvisetus*)图像数据库(.flb)

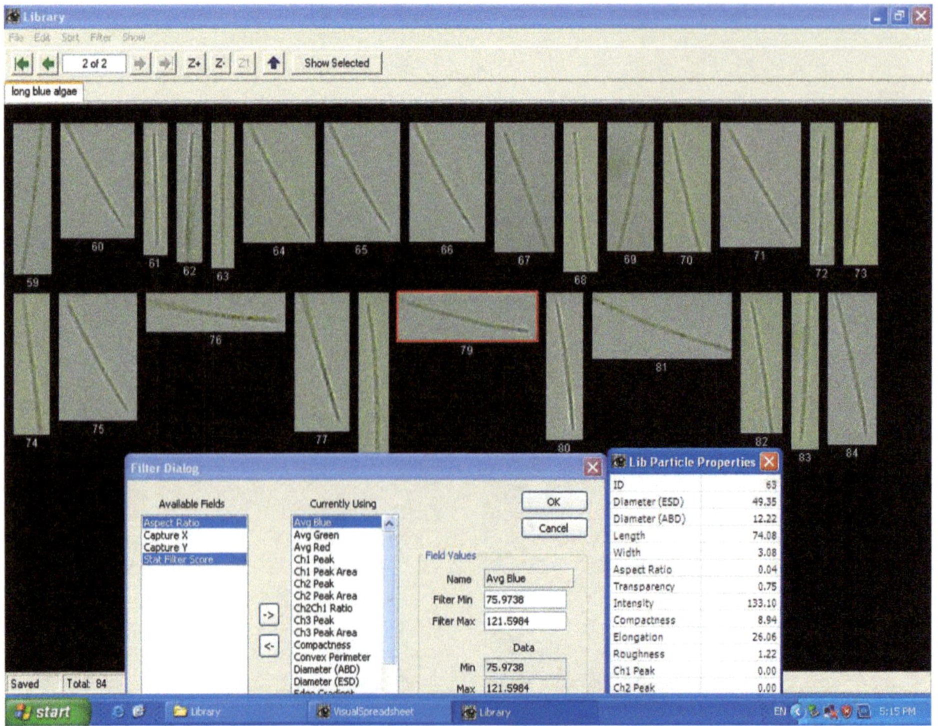

图4.16　小颤藻(*Oscillatoria tenuis*)图像数据库(.flb)

胞的粒径大小、像素特征、细胞长径、细胞宽径、近圆度、透明度等光学和形态学参数都被保存在微机系统中，以便进行统计分析。

结果表明，自动采集模式下，纯培养藻类流过流量池时，流式影像术抓拍其图像并统计其数量，检测时间较光学镜检少而快速。5种纯培养藻类均处在不同的生长阶段，每个种类的细胞密度均用流式影像术检测和光学镜检分别进行统计，结果比对表明二者线性较好，偏差不大（n=15，P=0.003＜0.01），表明这两种方法有较好的一致性（图4.17）。在海洋浮游植物的数量统计中，可以应用流式影像术的快速计数功能。对于流式影像术的自动采集模式，影响藻细胞数量统计结果的主要因素是同一细胞被重复计数，本次检测中流式影像术统计结果的每一次重复，均高于光学镜检的同次结果，这在流式影像术对藻细胞影像的自动采集模式中是较难避免的问题。

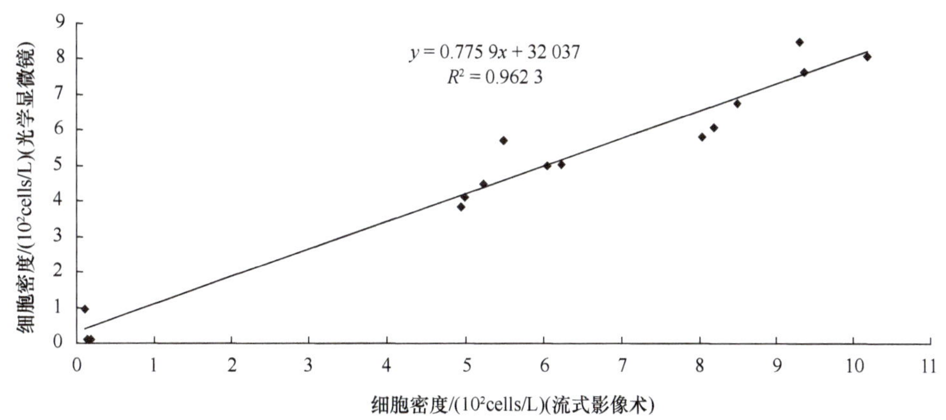

图4.17　纯培养浮游植物细胞密度的两种统计方法的线性回归关系（自动采集模式）

六、优点、存在的问题与建议

优点：流式影像术具备快速计数流体细胞功能，光学系统能自动捕获生物体的图像，弥补了流式细胞仪无法获得图像的缺陷，有别于显微成像方法的人工采集图像。经由流式影像术的图像处理软件分析研究对象的特征（粒径大小、像素特征、细胞长径、细胞宽径、近圆度、透明度等），构建图像识别数据文库，并实现自动识别到种类水平，这是与其他方法最显著的区别。

存在问题：因藻细胞自身粒径较小，检测过程中的流速、成像像素等均对图像的清晰获取造成困难。流式影像术对微小粒径浮游植物图像的采集方法尚需改进与完善，以便确立最佳采集条件，如流体流速（0.001～0.06mL/min）、CCD闪射频率（1～12帧/s）、图像分割阈值等。此外，自然海水中包含浮游植物、浮游动物和悬浮碎屑等，影响图像识别的准确区分效果的随机性很强。图像的自动识别尚未较好地实现，流式图像采集的大多数微型浮游植物图像的明晰程度不高，小型浮游植物图像能较好地表征其形态，目前只限于个体较大的有限种类。利用图像处理技术进行海洋生物分类鉴定是发展趋势，国内外同仁已经展开了研究工作，并研发了相应的设备和软件，

目前仍然处于不断完善中。

建议：在后续研究中，拟解决的关键问题是要建立图像识别的专家库系统，专家库系统的基础是标准图像和软件分析。因此，通过进一步深化分析软件(Visual-Spreadsheet)的应用，建立图像识别的专家库系统，可促进流式影像术在我国的应用。

参考文献

陈纪新, 黄邦钦, 李少菁. 2006. 海洋微型浮游植物分子生态学研究进展[J]. 厦门大学学报(自然科学版), 45(s2): 32-39.

高亚辉, 杨军霞, 骆巧琦, 等. 2006. 海洋浮游植物自动分析技术和识别技术[J]. 厦门大学学报(自然科学版), 45(2): 40-45.

贾永红. 2003. 数字图像处理[M]. 武汉: 武汉大学出版社: 9.

刘昕, 张俊彬, 黄良民. 2007. 流式细胞仪在海洋生物学研究中的应用[J]. 海洋科学, 31(1): 92-96.

王雨, 林茂, 林更铭, 等. 2010. 流式影像术在海洋浮游植物分类研究中的应用[J]. 海洋科学进展, 28(2): 266-274.

Edward J B, Cammie J H. 2006. Use of FlowCAM for semi-automated recognition and enumeration of red tide cells (*Karenia brevis*) in natural plankton samples[J]. Harmful Algae, 5: 685-692.

Fawley M W, Dean M L, Dimmer S K, et al. 2006. Evaluating the morphospecies concept in the Selenastraceae(Chlorophyceae, Chlorophyta) [J]. Journal Phycologia, 42(1): 142-154.

Fluid Imaging Technology. 2007. Digital on-line partical analyzer Flow CAM for Phytoplankton research and monitoring[R]. Company of Fluid Imaging Technologies, USA: 1-271.

Hebet P D N, Cywinska A, Ball S L, et al. 2003. Biological identifications through DNA barcodes[J]. Proceedings of the Royal Society B, 270(1512): 313-321.

Ishizaka J, Kitaura Y, Touke Y, et al. 2006. Satellite detection of red tide in Ariake Sound, 1998-2001[J]. Journal Oceanogra, 62(1): 37-45.

Jason H S, Lisa C, Tammil R, et al. 2005. Combing new technologies for determination of phytoplankton community structure in the northern gulf of Mexico[J]. Journal Plankton, 41(2): 305-310.

Kawai H, Saraki H, Maeba S, et al. 2005. Morphology and molecular phylogeny of *Phaeostrophion irregulare* (Phaeophyceae) with a proposal for Phaeostrophiaceae fam. nov., and a review of Ishigeaceae[J]. Phycologia, 44(2): 169-182.

Koehne B, Elli G, Jennings R C, et al. 1999. Spectroscopic and molecular characterization of a long wavelength absorbing antenna of *Ostreobium* sp. [J]. Biochimica et Biophysica Acta, 1412(2): 94-107.

Lew B. 2009. Particle Image Understanding-A Primer[M]. USA: Company of Fluid Imaging Technologies: 1-12.

Lucia Z, Xabier I, Jose A F. 2009. Changes in plankton size structure and composition, during the generation of a phytoplankton bloom, in the central Cantabrian sea[J]. Journal of Plankton Research, 2(2): 193-207.

Mackey D J, Blanchot J, Higgins H W, et al. 2002. Phytoplankton abundance and community structure in the equatorial Pacific[J]. Deep-Sea Research, 49(13-14): 2561-2582.

Matthew B B, Cary H, Marwan A M, et al. 2006. Automatic in situ identification of plankton[M]. NewYork: IEEE Computer Society.

Robert D V, Christopher W B, Robert R L, et al. 2004. Light backscattering properties of marine phytoplankton: relation ships to cell size, chemical composition and taxonomy[J]. Journal of Plankton Research, 26(2): 191-212.

Sieracki C K, Sieracki M E, Yentsch C S. 1998. An imaging-in-flow system for automated analysis of marine microplankton[J]. Marine Ecology Progress Series, 168 (1): 285-296.

Trubye W. 1997. Preparation of single-celled marine Dinoflagellates for electron microscope[J]. Microscope Research and Technique, 36 (4): 337-340.

附录　本书涉及物种

外来海洋生物

阿德利企鹅	*Pygoscelis adeliae*
澳大利亚斑点水母	*Phyllorhiza punctata*
澳大利亚海狮	*Neophoca cinerea*
澳大利亚鳗鲡	*Anguilla australis*
巴布亚企鹅	*Pygoscelis papua*
巴西刺盖鱼	*Pomacanthus paru*
白鲸	*Delphinapterus leucas*
白胸刺尾鱼	*Acanthurus leucosternon*
斑点海鳟	*Cynoscion nebulosus*
北海狮	*Eumetopias jubatus*
北极熊	*Ursus maritimus*
北美海蓬子	*Salicornia bigelovii*
草海龙	*Phyllopteryx taeniolatus*
长茎葡萄蕨藻	*Caulerpa lentillifera*
长心卡帕藻	*Kappaphycus alvarezii*
长叶海带	*Laminaria longissima*
橙鳍双锯鱼	*Amphiprion chrysopterus*
楚德白鲑	*Coregonus lavaretus maraenoides*
粗枝木麻黄	*Casuarina glauca*
大堡礁双锯鱼	*Amphiprion akindynos*
大菱鲆	*Scophthalmus maximus*
大麻哈鱼	*Oncorhynchus keta*
大米草	*Spartina anglica*
大绳草	*Spartina cynosuroides*
大西洋鲑	*Salmo salar*
大西洋浪蛤	*Spisula solidissima*
德氏高鳍刺尾鱼	*Zebrasoma desjardinii*
帝企鹅	*Aptenodytes forsteri*
额斑刺蝶鱼	*Holacanthus ciliaris*
凡纳滨对虾	*Penaeus vannamei*
仿刺参	*Apostichopus japonicus*
弓背阿波鱼	*Apolemichthys arcuatus*
冠企鹅	*Rockhopper Penguin*
海獭	*Enhydra lutris*
海湾扇贝	*Argopecten irradians*
海象	*Odobenus rosmarus*

褐黄金黄水母	*Chrysaora fuscescens*
黑足鲍	*Haliotis iris*
红鲍	*Haliotis rufescens*
红海刺尾鱼	*Zebrasoma sohal*
红罗非鱼	*Oreochromis niloticus*×*Oreochromis mossambicus*
洪堡企鹅	*Spheniscus humboldti*
狐米草	*Spartina patens*
黄金水母	*Chrysaora melanaster*
灰海马	*Hippocampus erectus*
火焰贝	*Lima scabra*
加州海狮	*Zalophus californianus*
桨鳍龙王	*Pyhllopteryx taeniolatus*
胶毛藻	*Trichoglaea lubricum*
旧金山卤虫	*Artemia franciscana*
巨藻	*Macrocystis pyrifera*
宽鼻白鲑	*Coregonus nasus*
蓝对虾	*Penaeus stylirostris*
利尻海带	*Laminaria ochotensis*
绿唇鲍	*Haliotis laevigata*
罗氏沼虾	*Macrobrachium rosenbergii*
骆驼虾	*Rhynchocinetes durbanensis*
马赛克水母	*Catostylus mosaicus*
麦瑞加拉鲮	*Cirrhina mrigola*
麦哲伦企鹅	*Spheniscus magellanicus*
帽带企鹅	*Pygoscelis antarctica*
美国红雀鱼	*Hypsypops rubicunda*
美国绿鲍	*Haliotis fulgens*
美国牡蛎	*Crassostrea virginica*
美洲红点鲑	*Salvelinus fontinalis*
美洲鳗鲡	*Anguilla rostrata*
莫桑比克罗非鱼	*Orechromis mossambicus*
漠斑牙鲆	*Paralichthys lethostigma*
墨西哥湾扇贝	*Argopecten irradians concentricus*
南非毛皮海狮	*Arctocephalus pusillus*
南美海狮	*Otaria Flavescens*
欧洲大扇贝	*Pecten maxima*
欧洲鳗鲡	*Anguilla anguilla*
膨腹海马	*Hippocampus abdominalis*
齐氏罗非鱼	*Tilapia zillii*
浅色双锯鱼	*Amphiprion nigripes*
犬齿牙鲆	*Paralichthys dentatus*
雀点刺蝶鱼	*Holacanthus passer*
日本西氏鲍	*Haliotis sieboldii*
日本真海带	*Laminaria japonica*
萨罗罗非鱼	*Sarotherodon melanotheron*

塞内加尔鳎	*Solea senegalensis*
舌状酸藻	*Desmarestia ligulata*
深海扇贝	*Placopecten magellanicus*
太平洋潜泥蛤	*Panopea abrupta*
条纹锯鮨	*Centropristis striata*
条纹狼鲈	*Morone saxatilis*
无瓣海桑	*Sonneratia apetala*
细鳞大麻哈鱼	*Oncorhynchus gorbuscha*
细枝木麻黄	*Casuarina cunninghamiana*
虾夷扇贝	*Patinopecten yessoensis*
咸水泥彩龟	*Callagur borneoensis*
岩牡蛎	*Crassostrea nippona*
岩扇贝	*Crassadoma gigantea*
眼斑拟石首鱼	*Sciaenops ocellatus*
眼点拟微绿藻	*Nannochloropsis oculata*
叶海龙	*Phycodorus eques*
银大麻哈鱼	*Oncorhynchus kisutch*
银锯眶鯻	*Bidyanus bidyanus*
硬壳蛤	*Mercenaria mercenaria*
雨点红点鲑	*Salvelinus pluvius*
圆尾麦氏鲈	*Macquaria ambigua*
杂交条纹鲈（条纹鲈♂×白鲈♀）	*Morone saxatilis*♂×*Morone chrysops*♀
掌状红皮藻	*Palmaria palmata*
中间球海胆	*Strongylocentrotus intermedius*
紫扇贝	*Argopecten purpuratus*

我国自有分布的引进复壮海洋生物

斑节对虾	*Penaeus monodon*
长牡蛎	*Crassostrea gigas*
红鳍东方鲀	*Fugu rubripes*
尖吻鲈	*Lates calacrifer*
巨螯蟹	*Macrocheira kaempferi*
美洲西鲱	*Alosa sapidissima*
裙带菜	*Undaria pinnatifida*
日本大鲍	*Haliotis gigantea*
日本对虾	*Penaeus japonicus*
日本盘鲍	*Haliotis discus discus*
条斑星鲽	*Verasper moseri*
条斑紫菜	*Porphyra yezoensis*

入侵海洋生物

奥利亚罗非鱼	*Oreochromis aureus*
白斑综合征病毒	*White spot syndrome virus*
斑节对虾杆状病毒	*Penaeus monodon baculo virus*

大菱鲆红体病虹彩病毒	*Turbot reddish body irido virus*
地中海贻贝	*Mytilus galloprovincialis*
反曲原甲藻	*Prorocentrum sigmoides*
副溶血性弧菌	*Vibrio parahaemolyticus*
鲑疱疹病毒	*Herpesvirus salmonis*
互花米草	*Spartina alterniflora*
环状异帽藻	*Heterocapsa circularisquam*
黄头杆状病毒	*Yellow head baculo virus*
链状裸甲藻	*Gymnodinium catenatum*
链状亚历山大藻	*Alexandrium catenella*
米氏凯伦藻	*Karenia mikimotoi*
尼罗罗非鱼	*Oreochromis nilotica*
沙筛贝	*Mytilopsis sallei*
塔玛亚历山大藻	*Alexandrium tamarense*
桃拉综合征病毒	*Taura syndrome virus*
韦氏团水虱	*Sphaeroma walkeri*
纹藤壶	*Balanus amphitrite*
象牙藤壶	*Balanus eburneus*
指甲履螺	*Crepidula onyx*
致密藤壶	*Balanus improvises*